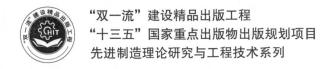

"双一流"建设精品出版工程
"十三五"国家重点出版物出版规划项目
先进制造理论研究与工程技术系列

先进液压传动技术概论

INTRODUCTION TO ADVANCED HYDRAULIC TRANSMISSION TECHNOLOGY

（第2版）

李松晶　彭敬辉　曾　文　编著

U0305454

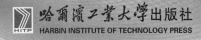

哈爾濱工業大學出版社
HARBIN INSTITUTE OF TECHNOLOGY PRESS

内 容 简 介

本书主要介绍液压传动技术的先进设计理念及实现方法。第1章介绍机电一体化的液压传动技术,其中包括机电一体化的液压元件、故障监测及诊断技术、遥控液压传动技术以及"工业4.0"下的液压技术;第2章介绍数字液压传动技术,主要介绍直接式数字液压传动技术,其中包括开关式、阀组式和步进式数字液压传动技术;第3章介绍节能环保液压传动技术,其中包括液压系统节能技术、振动及噪声控制以及生物可降解液压油液等;第4章介绍微流控技术,其中包括微流控技术的基本概念、驱动和控制方法、制作封装工艺以及微流控技术的应用;第5章介绍液压传动仿真技术,包括液压元件及系统数值模拟方法,给出了液压元件及系统分析设计实例,并对某些液压传动仿真软件进行了介绍;第6章介绍了新材料在液压传动技术中的应用,其中包括工程陶瓷材料、压电材料、功能流体材料以及记忆合金材料等的应用。

本书可作为机械和能源动力等专业本科生及研究生的教材使用,也可供相关工程技术人员参考。

图书在版编目(CIP)数据

先进液压传动技术概论/李松晶,彭敬辉,曾文编著.
—2 版. —哈尔滨:哈尔滨工业大学出版社,2020.12
ISBN 978 - 7 - 5603 - 8644 - 7

Ⅰ.①先…　Ⅱ.①李…②彭…③曾…　Ⅲ.①液压传动-概论
Ⅳ.①TH137

中国版本图书馆 CIP 数据核字(2020)第 017744 号

策划编辑　张　荣　鹿　峰
责任编辑　张　荣　佟雨繁
出版发行　哈尔滨工业大学出版社
社　　址　哈尔滨市南岗区复华四道街 10 号　邮编 150006
传　　真　0451-86414749
网　　址　http://hitpress.hit.edu.cn
印　　刷　黑龙江艺德印刷有限责任公司
开　　本　787mm×1092mm　1/16　印张 16.5　字数 402 千字
版　　次　2008 年 3 月第 1 版　2020 年 12 月第 2 版
　　　　　2020 年 12 月第 1 次印刷
书　　号　ISBN 978 - 7 - 5603 - 8644 - 7
定　　价　48.00 元

(如因印装质量问题影响阅读,我社负责调换)

第 2 版前言

液压传动技术具有功率质量比大、响应速度快、能够自润滑以及易于与数字化信息网络相连接等特点，被广泛应用于工业生产、航空航天以及日常生活等领域，成为当代最重要的工程技术之一。随着电子、网络、信息技术的发展以及人们对液压技术性能要求的提高，液压传动技术在集成化、数字化、环保性等方面得到了迅速发展。本书在综述国内外液压传动技术发展现状的基础上，着重介绍了液压传动技术在数字化、机电一体化、环保以及计算机仿真计算等方面的发展，并介绍了新材料在液压技术中的应用。

本书第 1 章介绍机电一体化的液压技术，其中包括机电一体化的液压元件、故障诊断技术、遥控液压技术以及"工业 4.0"下的液压技术；第 2 章介绍数字液压传动技术，主要介绍直接式数字液压传动技术，其中包括开关式、阀组式和步进式数字液压传动技术；第 3 章介绍节能环保液压传动技术，其中包括液压系统节能技术、振动及噪声控制以及生物可降解液压油液等；第 4 章介绍微流控技术，其中包括微流控技术的基本概念、驱动和控制方法、制作封装工艺以及微流控技术的应用；第 5 章液压传动仿真技术，主要介绍液压元件及系统数值模拟方法，给出了液压元件及系统分析设计实例，并对某些液压传动仿真软件进行了介绍；第 6 章介绍了新材料在液压传动技术中的应用，其中包括工程陶瓷材料、压电材料、功能流体材料以及记忆合金材料等。

本书由哈尔滨工业大学李松晶、彭敬辉和曾文共同撰写，具体分工如下：第 1 章和第 2 章由彭敬辉撰写；第 3 章、第 5 章和第 6 章由李松晶撰写；第 4 章由曾文撰写，博士研究生杨天航协助撰写。全书由李松晶统稿。书稿整理过程中，哈尔滨工业大学流体控制及自动化系博士研究生贾伟亮、符海、吕欣倍、朱銎峰、孙林、李鲁佳、张亚运和硕士研究生姜艳、吕斯宁、李睿智等协助完成了查找资料、绘图及仿真计算等工作。在本书的撰写过程中，还得到了哈尔滨工业大学流体控制及自动化系领导及同事的大力支持与帮助，在此作者对所有支持与帮助过本书撰写的同事表示衷心的感谢。

因作者水平有限，书中难免有不当和疏漏之处，恳请读者批评指正。

李松晶

2020 年 3 月

目　　录

第5章　液压传动仿真技术

第6章 新材料在液压传动技术中的应用

第1章

机电一体化液压传动技术

随着电气和电子技术的不断发展,机械及电力传动技术的优越性在某些应用场合已经超过了液压技术,因此液压技术只有不断吸取电气和电子技术的新理论和新方法,与机械、电气、电子、计算机及网络等技术紧密结合,形成机电液一体化技术,才能不断克服液压技术本身的缺点,进一步发挥液压技术的优越性,从而在与机电技术的竞争中保持更大的优势。尤其是德国"工业4.0"的提出,对机电一体化和基于物联网的液压技术提出了更高的要求。

机电液一体化技术具有很高的自动化程度,能够实现高精度、高效率的动作要求,因此具有更好的工作性能。近年来,机电技术与液压技术的结合主要体现在机电一体化的液压元件采用各种传感及信息技术实现的液压系统故障监测及诊断技术、节能技术、遥控技术以及网络化液压技术等方面。本章主要介绍机电一体化的液压元件、液压系统故障诊断及"工业4.0"下的液压技术,液压系统节能技术将在第3章节能环保液压传动技术中加以介绍。

1.1 机电一体化液压元件

传统液压元件多采用手动、液动、机械及电磁铁控制等简单操纵方法。近年来,随着电气和电子控制技术的发展,液压元件的电气及电子控制部分不但能够实现更为复杂和高效的比例或伺服控制,而且控制器和传感器等元件还能够与液压元件结合成一体,作为一个完整的液压元件出售。例如集成了各种控制阀和电子控制装置的变量液压泵,集成了各种传感器和控制电路的液压阀等。机电一体化的液压元件不但工作性能得到了明显提高,而且还具备了小型化和集成化的特点,从而使液压元件的使用更加简单可靠。

1.1.1 机电一体化液压泵

能够输出各种恒压、恒流量及恒功率特性的变量液压泵或液压油源是机电一体化技术在液压技术上的成功应用之一,例如伺服控制的斜盘型轴向柱塞泵变量机构。它以柱塞泵作为主体,利用控制阀、电气回路、传感器及计算机等设备,控制和调节柱塞泵斜盘的倾角,从而改变柱塞泵的输出流量,达到对整个液压系统的流量及压力特性进行控制的目的。

1. 常规轴向柱塞泵变量原理

(1)恒压变量原理

图1.1所示为液压泵恒压变量特性原理图及特性曲线,图1.1(a)中各元件分别为液压泵主体、变量活塞及变量控制阀,其中变量活塞和变量控制阀往往与液压泵集成为一体。变量控制阀可为比例式或伺服式,由液压泵出口的压力或传感器信号来控制阀芯位

移,从而调整变量活塞的移动方向及位移量。实际上,变量控制阀与变量活塞的作用相当于三通阀控制差动缸,通过变量控制阀控制变量活塞无杆腔的压力 p_a,使变量活塞达到力平衡。如果变量控制阀是比例式控制阀或伺服式控制阀,当阀芯向左移动时,变量活塞无杆腔压力 p_a 值降低,变量活塞向右移动;当阀芯向右移动时,p_a 值升高,变量活塞向左移动。变量活塞的移动可带动柱塞泵斜盘摆动,使斜盘相对于柱塞泵转轴中信线的倾角发生改变,从而改变柱塞泵的输出流量。图1.1(a)中液压泵出口 D 点压力同时作用在变量控制阀和变量活塞的左侧,当 D 点压力低于图1.1(b)中液压泵流量 q 开始下降点的压力 p_c 时,变量控制阀阀芯在弹簧力作用下处于左侧工作位置,阀相当于工作在右位。此时,变量活塞右侧直接接油箱,p_a 值很低,变量活塞在弹簧力作用下,处于最右端位置,斜盘倾角最大,液压泵以最大起始流量输出,在图1.1(b)的特性曲线中,液压泵的工作点在 AB 段上。当液压泵出口 D 点压力超过图1.1(b)中液压泵流量 q 开始下降点的压力 p_c 时,变量控制阀阀芯左侧作用力大于右侧弹簧作用力,阀芯向右移动,阀相当于工作在左位。此时,变量活塞右侧压力 p_a 接近于液压泵出口 D 点压力,该压力同时作用在变量活塞的左右两侧,由于变量活塞左右两侧的有效作用面积不同,右侧作用面积大于左侧作用面积,因此,在液压泵出口压力作用下,变量活塞克服弹簧力作用,向右移动,从而带动斜盘摆动,使斜盘倾角减小,液压泵输出流量减小,直到变量活塞上的作用力与弹簧力相平衡为止。此时,液压泵的工作点处于图1.1(b)特性曲线中 BC 段的某一位置。

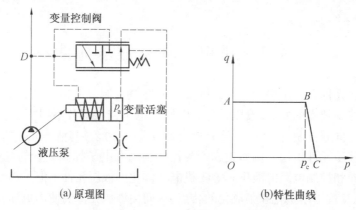

(a)原理图　　　　　　　　　(b)特性曲线

图1.1　液压泵恒压变量特性原理图及特性曲线

可见,通过液压泵上集成的比例或伺服式控制阀以及变量活塞的作用,可对液压泵的输出流量进行自动调节,从而使泵的输出特性满足恒压特性。

(2)恒流量变量原理

图1.2所示为液压泵恒流量变量特性原理图及特性曲线,图1.2(a)中各元件分别为液压泵主体、变量活塞、变量控制阀及节流阀。图1.2(a)中液压泵出口 D 点和节流阀出口 E 点压力分别作用于变量控制阀的阀芯两侧,即变量控制阀感受的是节流阀两端的压力差。当泵输出某一流量时,节流阀上的压力差在变量控制阀阀芯上产生的作用力与控制阀阀芯左侧弹簧力相平衡。当泵出口压力较低时,在弹簧力作用下,变量控制阀工作相当于在左位,变量活塞左侧直接接油箱,右侧压力为 D 点压力,在变量活塞右侧弹簧力作用下,变量活塞处于最左端,泵斜盘处于最大倾角位置。当液压泵出口压力较高时,变量

控制阀相当于工作在右位,变量活塞左右两腔压力均为 D 点压力,由于变量活塞左侧作用面积大于右腔作用面积,此时变量活塞左侧作用力与变量活塞右侧作用力及弹簧力相平衡,液压泵斜盘工作在某一倾角位置泵输出某一稳定流量。当液压泵转速发生变化或节流阀出口处压力随负载力变化时,通过调节变量活塞位置使液压泵的排量发生相反变化,从而使排量与转速的乘积保持不变或流量不受负载力变化影响,以满足恒流量的需要。

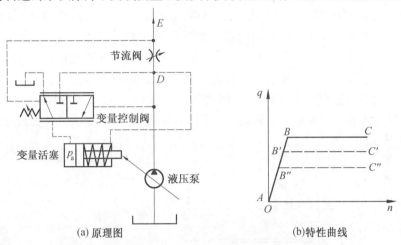

(a)原理图　　　　　(b)特性曲线

图 1.2　液压泵恒流量变量特性原理图及特性曲线

图 1.2(b)特性曲线中的 AB 段为起始段,泵输出的流量小于节流阀的调节流量,因此,随着泵转速的增加,经过节流阀的流量增大。BC 段为恒流量段,泵的输出流量不受泵转速 n 变化或负载变化影响。

例如,当液压泵转速增加时,经过节流阀的流量增大,D 点与 E 点的压差升高,变量控制阀阀芯右侧作用力增大,阀芯向左移动,结合图 1.2,根据三通阀控制差动缸的原理,此时变量活塞无杆腔压力 p_a 增大,从而使变量活塞向右移动,斜盘倾角减小,液压泵排量降低,直到变量活塞左侧作用力与右侧作用力及弹簧力相平衡为止。由于转速增加、排量降低,因此液压泵输出流量保持不变。

当节流阀出口处负载压力增加时,E 点压力增加,由于此时经过节流阀的流量不变,因此 D 点压力增加,D 点与 E 点的压力差保持不变,变量控制阀不动作。D 点压力的增加使泵的内泄漏增加,经过节流阀的流量减小,D 点压力稍有降低,控制阀阀芯向右移动,阀工作在左位,变量活塞向左移动,斜盘倾角增大,液压泵输出流量增加,从而使 D 点压力恢复,D 点与 E 点的压力差保持不变,经过节流阀的流量不变。当液压泵转速减小或负载压力减小时,调节原理相同。

调节节流阀开口量,BC 段可移动到 $B'C'$ 或 $B''C''$,泵的输出流量自动调节与节流阀所需要流量相适应。如果泵的输出流量大于节流阀的调节流量,则 D 点与 E 点的压差增大,变量控制阀阀芯向左移动,p_a 值增大,变量活塞上向右的作用力增加,活塞向右移动,斜盘倾角减小,泵的输出流量减小。泵的输出流量小于节流阀的调节流量时,调节原理相同。

(3)恒功率变量原理

图 1.3 所示为液压泵恒功率变量特性原理图及特性曲线。图 1.3(a)中各元件分别

为液压泵主体、变量活塞及变量控制阀,其中,变量控制阀及变量活塞的作用与恒压变量及恒流量变量回路中的变量控制阀和变量活塞作用相同。但恒功率变量原理中变量活塞同时也是变量控制阀的阀体,因此当变量活塞移动时,变量控制阀的工作状态也会发生改变。此外,恒功率变量情况中,变量控制阀阀芯的一侧有两条弹簧起调压的作用。图 1.3(a)中液压泵出口 F 点压力同时作用在变量控制阀和变量活塞左侧,当 F 点处的压力低于图 1.3(b)中液压泵流量开始下降点的压力 p_c 时,变量控制阀阀芯左侧液压油的作用力小于右侧作用在控制阀阀芯上的弹簧预紧力,控制阀芯在弹簧力作用下处于左侧工作位置,控制阀工作在右位。此时,变量活塞左侧直接接油箱,变量活塞在右侧压力作用下,向左移动,由于变量活塞同时也是变量控制阀的阀体,因此变量活塞的移动使变量控制阀逐渐回复到中位,阀口被封闭,变量活塞停止在最左端,斜盘处于最大倾角位置,液压泵以最大起始流量输出。此时,在图 1.3(b)的恒功率变量特性曲线中,液压泵的工作点在 AB 段上。

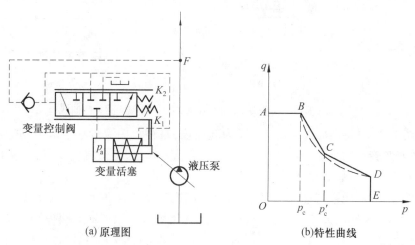

(a) 原理图　　　　　　　(b)特性曲线

图 1.3　液压泵恒功率变量特性原理图及特性曲线

当液压泵出口 F 点处的压力高于图 1.3(b)中液压泵流量开始下降点的压力 p_c 时,控制阀阀芯左侧液压油作用力大于右侧弹簧 K_1 的预紧力,控制阀阀芯向右移动,控制阀工作在左位。此时,液压泵出口 F 点处的压力同时作用在变量活塞两侧,由于变量活塞左侧的有效作用面积大于右侧的有效作用面积,因此,左侧作用力大于右侧作用力,变量活塞向右移动,从而带动斜盘摆动,使斜盘倾角减小,液压泵输出流量减小,直到变量活塞移动到使控制阀口关闭为止。此时,液压泵的工作点处于图 1.3(b)恒功率变量特性曲线中 BC 段上某一位置。

当液压泵出口 F 点处的压力进一步升高,超过图 1.3(b)中的压力 p_c' 时,变量控制阀阀芯左侧作用力大于右侧弹簧 K_1 和 K_2 同时作用的作用力,控制阀阀芯右移,控制阀工作在左位,从而控制变量活塞进一步右移,斜盘倾角进一步减小,液压泵输出流量也进一步降低,直到变量活塞的移动使变量控制阀口关闭为止。此时,液压泵的工作点在图 1.3(b)恒功率变量特性曲线的 CD 段上。由于工作点在 CD 段时有两条弹簧同时工作,因此 CD 段与 BC 段的斜率不同。如果把 BC 和 CD 两条线段近似为一条弧线 BD,则弧线

BD 可用关系式"*pq* = 常数"来表示,其中 *p* 为液压泵出口 *F* 点的压力,*q* 为液压泵的输出流量,因此,液压泵的输出特性为恒功率特性。

2. 机电一体化液压泵的原理及电子控制设备

液压泵输出恒压、恒流量或恒功率特性的目的是在液压系统的整个工作循环过程中,使液压泵的输出特性与系统负载需要相适应,从而实现液压系统的调速及节能。实现这一目的往往需要与电子及电气控制技术相结合,以达到更好的控制调节效果。电子控制的负荷传感技术就是实现这一目的的有效方法之一。

负荷传感技术是一种利用液压泵出口压力与负载压力之间的差值来控制和调节液压泵输出流量的技术,是在开环的液压传动回路中实现的一种压力闭环液压泵控制方式。负荷传感系统通常由负荷传感控制器、节流元件(有时是换向阀的阀口)和变量泵组成。负荷传感控制器在感知液压泵输出流量与负载所需要流量的匹配程度或节流元件两端压力变化程度后,发出相应的控制指令,以改变液压泵的流量输出,从而使液压泵输出流量与负载所需流量相匹配。或者,当节流元件出口压力由于负载力变化而变化时,负荷传感控制器相应调节液压泵的排量,使经过节流元件的流量保持不变,从而使执行元件运动速度不随负载力变化而变化。而变量泵排量的调节通常是利用各种电子及电气控制技术来实现的。

电子控制的负荷传感技术原理图如图 1.4 所示,由于采用了各种传感器及控制技术,电子控制的负荷传感技术控制精度和灵敏度高、动作响应快,因此得到了越来越广泛的应用。

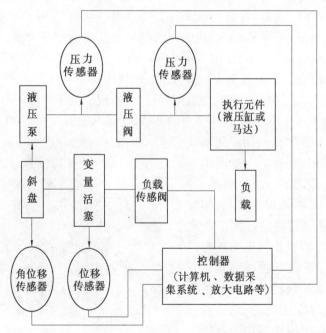

图 1.4　电子控制的负荷传感技术原理图

图 1.4 所示的电子控制负荷传感技术中液压泵通常采用变量活塞泵,控制器通常为计算机,计算机中安装有数据采集以及程序控制等软件。压力传感器、位移或角位移传感

器等传感器信号通过放大电路及数据采集系统被转换成数字信号,传入控制器,作为控制器发送控制指令的依据。实际应用中,使用角位移传感器或位移传感器中的一种即可,通常使用位移传感器。负荷传感阀通常为开关阀、比例换向阀或伺服阀,该阀的控制信号由控制器发出,控制器发出的数字信号经过 D/A 转换电路转换成模拟量,再经过放大电路转换成可以控制负荷传感阀的电压或者电流信号,控制负荷传感阀的开关,从而控制液压泵变量机构的动作。目前,大多数液压泵生产厂家都把负荷传感阀、传感器等元件集成在液压泵上,作为液压泵的一部分一起出售。此外,生产厂家还为用户提供控制阀的各种配套电子设备,例如,负荷传感阀的放大电路板、电源以及控制器和控制软件等,使变量泵的使用更加方便,操作更加简单。

负荷传感技术主要应用在如下液压系统:

①单泵供油的多执行元件系统;

②需要输出可变流量的系统;

③在低压和小流量下需要卸荷的系统;

④无论转速和负载力如何变化,工作循环中需要输出恒定流量的系统;

⑤要求节省能耗、减小发热的系统;

⑥需要不受负载变化影响、以恒定的转速来驱动的马达系统;

⑦经常会达到峰值压力的系统。

3. 机电一体化液压泵的应用

目前,许多液压泵生产厂家都能够为用户提供具有恒压、恒流量及恒功率等特性的机电一体化变量泵产品,例如,日本川崎重工(Kawasaki)生产的用于挖掘机液压系统的 K3V/K5V 变量液压泵,美国 Eaton 公司生产的变量泵及负荷传感系统,美国 Parker 公司生产的 PV 系列轴向柱塞泵以及德国 Bosch Rexroth 公司生产的 A4VSO 和 A4VSG 系列轴向柱塞泵等。在实际应用中,这些多功能液压泵的使用往往与计算机、传感器等电气电子技术相结合,不仅体现了机电一体化的发展趋势,也体现了液压元件与电子器件集成化的特点。例如,德国 Bosch Rexroth 公司生产的 A4VSO 系列轴向柱塞泵,在斜盘式轴向柱塞泵的主体上集成了各种比例阀或伺服阀,实时调节变量机构的动作,以输出各种恒压、恒流量及恒功率特性。Parker 公司的 PV 系列轴向柱塞泵,如图 1.5 所示,在斜盘式轴向柱塞泵的主体上集成了由压力或比例电磁铁控制的负荷传感阀,不仅可通过感知液压系统中压力差来控制柱塞泵的变量机构,从而改变柱塞泵的排量;也可通过计算机和数字控制模块发出控制指令,控制负荷传感补偿器产生相应的动作,从而改变柱塞泵的排量。

上述机电液一体化液压泵的使用

负荷传感阀

变量机构

泵主体

图 1.5　Parker 公司的 PV 系列轴向柱塞泵

[图片来源:Parker 公司,Introduction of Axial Piston Pump Series PV]

使外部液压回路的连接大大简化,不仅可提高回路的工作性能,而且便于用户操作和使用。

目前,机电液一体化的变量泵和负荷传感技术已广泛应用于航空航天、工程机械、自动化加工设备、林业机械以及农业机械等领域,例如,日本小松(Komatsu)公司生产的 PC200 系列挖掘机、日立(Hitachi)公司生产的 EX100WD2 挖掘机等。

日立公司生产的 EX100WD2 型轮式液压挖掘机,其液压系统原理图如图 1.6 所示,该液压系统主要由主、辅两个液压泵,方向控制阀,高速开关阀(负荷传感阀),液压缸,各种传感器,控制器以及多个执行元件组成。由于采用了机电一体化的变量泵和电子负荷传感技术,因此液压系统不但能够满足负载的工作需要,还可实现节能的目的,充分体现了机电一体化技术与液压技术相结合的优越性。

图 1.6 所示 EX100WD2 挖掘机的液压系统中两个液压泵由发动机驱动,同轴转动,其中泵 15 为辅泵,给方向控制阀 17 以及可变压力补偿阀 12 提供控制油,并推动变量伺服缸动作;主泵 16 为变量泵,其斜盘倾角由变量伺服缸控制。高速开关阀 1、2,变量伺服缸,压差传感器 9,泵缸体摆角传感器 7 以及控制器等元件组成电子负荷传感控制系统。

EX100WD2 液压系统的控制器通常是一台计算机,压差传感器 9 用于测量主液压泵 16 出口与各执行元件最大工作压力之间的差值,并把这一差值送入主液压泵的变量控制器,泵缸体摆角传感器 7 用于测量主液压泵 16 的斜盘倾角,发动机转速传感器 6 用于测量发动机的转速,二者的测量信号也输入控制器。控制器根据 3 个测量信号,采用一定的控制算法,向高速开关阀发出指令信号,推动主液压泵变量机构,控制主液压泵的斜盘动作,从而改变主液压泵的排量。控制调节的目的是使主液压泵的输出流量略大于各个执行元件所需要流量的总和,并且主液压泵输出压力与负载所需要压力的差值尽可能小,从而达到节能的目的。在某一稳定转速下,变量泵斜盘倾角随压差调节的过程是:液压泵输出压力与执行元件工作压力的差值小于系统给定的参考值时,表明主泵流量小于系统所需流量,此时高速开关阀 1 打开,高速开关阀 2 关闭,辅泵油同时进入变量伺服缸的大腔和小腔,大腔一侧的作用力大于小腔一侧的作用力,变量活塞向小腔一侧移动,柱塞泵斜盘倾角增大,主泵排量增加,输出流量增大。当压力差大于给定的参考值时,高速开关阀 1 关闭,高速开关阀 2 打开,辅泵油进入变量伺服缸的小腔,变量伺服缸的大腔接油箱,变量活塞向大腔方向移动,主泵斜盘倾角减小,排量减小,输出流量也减小。压力差等于给定参考值时,1、2 两阀都关闭,变量伺服缸各油路被切断,柱塞泵排量保持不变。

当所有换向阀处于中位时,如果主液压泵继续供油,则液压泵出口工作压力不断升高,达到卸荷阀 14 的调定压力时,系统卸荷,系统中压差传感器 9 检测到的信号为卸荷压力(大于给定参考压力值),此时,控制器向高速开关阀发出信号,高速开关阀 1 关闭,高速开关阀 2 打开,变量活塞向大腔方向动作,斜盘倾角减小,直到使主泵以最小排量运行为止。此时,主液压泵的输出流量仅用以维持系统内部泄漏,因此系统功率损失很小。当系统负载过大而出现执行元件不能动作时,系统工作压力不断升高,达到溢流阀 10 的调定压力时,溢流阀 10 溢流,保证系统安全。

除液压系统与负载可实现能量匹配外,通过电子负荷传感控制系统的控制,也可实现发动机与液压系统的功率匹配,以进一步提高系统效率,节约能源。

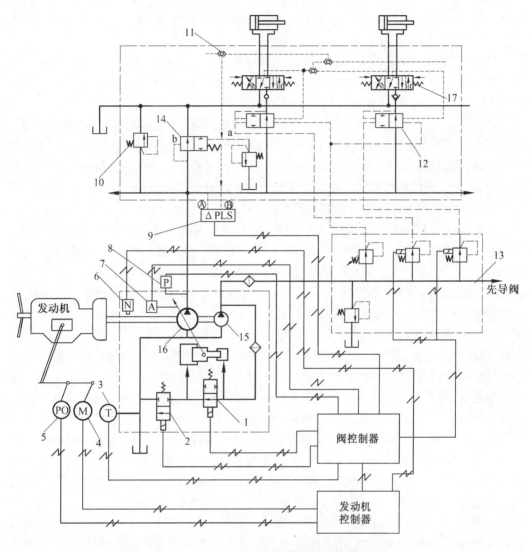

图 1.6　EX100WD2 挖掘机的液压系统原理图

1,2—高速开关阀;3—液压油温传感器;4—油门开度马达;5—油门开度传感器;6—发动机转速传感器;7—泵缸体摆角传感器;8—压力传感器;9—压差传感器;10—溢流阀;11—梭阀;12—可变压力补偿阀;13—比例电磁阀组;14—卸荷阀;15—辅泵;16—主泵;17—方向控制阀

1.1.2　机电一体化液压阀

在液压传动系统中使用的各种液压控制阀主要由阀体、阀芯、弹簧及控制调节机构组成,其中控制调节机构有手轮、推杆及电磁铁等形式。为了达到更高的控制精度和更好的控制效果,比例技术、伺服技术及传感器技术在液压阀控制上得到了广泛的应用。而且,为了进一步节约空间,减少电路连线的复杂性,比例或伺服控制电路以及各种传感器往往与液压阀集成为一体,形成机电液一体化的液压阀。

例如,德国 Bosch Rexroth 公司的 4WRPEH6 型比例电磁阀,如图 1.7 所示。该阀在传统比例方向控制阀的基础上集成了阀芯位移传感器和电子控制器,具有阀芯位置反馈功能,因此响应速度更快,控制精度更高。

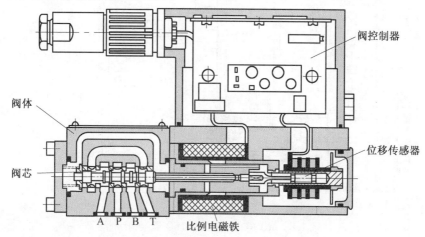

图1.7　4WRPEH6型比例电磁阀

[图片来源:Bosch Rexroth公司,http://www.boschrexroth.com]

　　液压比例阀和伺服阀均是由于采用了先进的机电液一体化驱动技术,因此具有更高的控制调节精度和更快的响应速度,从而使液压系统具备了更好的控制性能。过去,这些液压控制阀除元件本身外还需要外置的控制设备和控制软件的支持,例如,放大电路板、计算机及控制软件等,因此给元件的使用者带来使用和调节的不便。电子技术和传感器技术的小型化和集成化促进了比例阀或伺服阀的放大电路以及微处理器等设备与液压阀的集成。把放大电路以及微处理器与液压阀制作成一体,可减小液压元件及外部设备的体积,简化电路连线,给系统的参数调节及操作维护带来更大的方便。例如,美国伺服阀生产厂家MOOG公司生产的D660及D941pQ系列伺服-比例液压阀就是机电一体化技术与液压阀技术的集成,D941pQ系列伺服-比例阀的结构图如图1.8所示。

　　D941pQ比例阀既可用于控制流量,也可用于压力调节或限压。图1.8中伺服-比例阀的结构表明,该比例阀除了具有普通比例阀或伺服阀的阀体外,还集成了位移传感器、压力传感器及控制电路板等元器件。其中阀体部分分为两级,前置级为射流管阀,主阀为滑阀,滑阀的阀芯上安装有位移传感器,以实时检测阀芯的工作位置;压力传感器与控制油口连通,用以测量系统中的工作压力。集成在阀内部的控制电路用于采集和处理传感器信号,并对比例阀发出控制指令。

　　这种新型阀实际上是一种数字阀,由于取消了模拟量控制并为用户提供了可配置的功能,因此用户可自定义阀的动态特性以满足某些特殊需求,例如提供高精度的数字流量和压力控制等。尽管该阀的流量很大,但用户不需要通过机械部件或电子元件的调整,而只需通过软件上参数的设置,即可调节阀的工作特性。因此在使用过程中,需要改变阀的工作参数时,即使不具备专业技术知识的操作人员也可以对阀进行调节,用户使用更加方便。

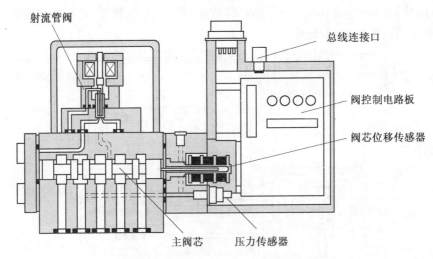

图 1.8 MOOG 公司的 D941pQ 伺服-比例阀

[图片来源:MOOG 公司,http://www.moog.com]

由于采用了内置的传感器及微处理器,D941pQ 伺服-比例阀与传统伺服或比例阀相比具有如下优势。

1.通信可靠

由于采用了现场 CAN Bus 总线通信技术,使该阀具备了更高的抗噪声能力、更高的可靠性以及现场、远程故障诊断能力。

2.操作灵活

通过现场总线连接控制计算机或直接从上级 PLC 程序中下载参数,使该阀工作参数易于配置,甚至在机器循环期间或机器操作过程中,也能够在不改变硬件的情况下,通过软件的配置来对阀参数进行优化调试,使之与工作条件相匹配,因此阀的操作更加灵活。

3.节约成本

由于压力控制环节可通过软件而不是电子元件进行调节,因此只需存储一种阀的控制参数就可用于多种应用,从而减少了阀模型的使用量,串联接线电路减少了接线量,节约了成本。

4.控制性能好

由于采用了固有频率很高(500 Hz)的射流管作为先导级,同时采用了先进的电流控制算法,因此该阀具有更好的动态性能,也使得液压系统具有更好的静态和动态响应特性,能够满足更高的控制要求。

目前 MOOG 公司的 D941pQ 伺服-比例阀已成功应用在 Metso 造纸公司生产的 PM12 大型造纸机上,提高了造纸机的控制精度及动态性能。该造纸机是由总部位于芬兰的 Metso 公司为瑞典 Kvarnsveden 造纸厂制造生产的、可称为目前世界上最大的造纸机,每年的纸张生产量约为 420 000 t,通过 15 000 个控制元件处理 75 000 个控制信号,技术复杂程度非常高。

造纸机的基本工作原理是在获取纸浆后,通过压纸辊的挤压将纸浆中的液体挤出,然后使纸浆干燥,以生产出纸张。传统的造纸机液压系统原理图如图 1.9 所示。

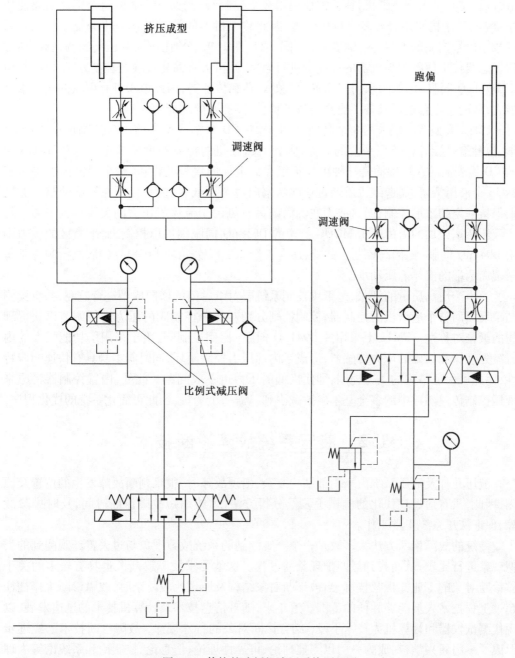

图 1.9　传统的造纸机液压系统原理图

　　图 1.9 所示传统造纸机液压系统能够完成纸张挤压成型和跑偏的动作,其中回路中的比例式减压阀用来控制挤压成型回路的压力,从而控制挤压成型液压缸输出的挤压力;回路中的多个调速阀用来调节跑偏液压缸的运动速度,从而控制跑偏动作的完成,此外,调速阀还可起到保证多个液压缸同步动作的作用。

目前传统造纸机均使用模拟信号控制的液压阀,如图 1.9 中的比例式减压阀。一台造纸机,尤其是大型造纸机,往往需要使用多个控制阀,例如,PM12 的每个辊筒需要使用 78 个阀,整个机器则需要多达 600 个阀,因此整个机器的控制及接线十分复杂。如果采用数字信号控制的 D941pQ 伺服–比例阀,取代图 1.9 中的比例式减压阀和调速阀,通过现场总线技术使各阀与机器的控制器进行通信,则可大大简化接线及控制方式。同时,由于 D941pQ 伺服–比例阀采用了内置的微处理器和传感器,因此该阀具有更高的实时诊断能力,从而使整台机器具备了更高的故障预警、监测及处理能力。

PM12 大型造纸机采用 8 个高精度的 SYM–CD 窄幅成型辊筒来生产高度研光(SC)纸,该种纸张拥有更光亮平滑的表面,因此对造纸机的控制精度要求更高。SYM–CD 中的 CD 代表横向,CD 辊筒是一种可校正纸卷筒上横向误差的设备,每个辊筒内安置了多达 76 个液压活塞,而造纸机就通过这些活塞向每个压纸区施力,以便在辊筒的整个宽度上保持一定的辊形控制,而这些力在辊筒的另一侧由于流体静压力的关系得到平衡。每个液压活塞施加的力由一个 MOOG 公司的 D638pQ 伺服阀加以控制,而平衡区的压力则由 D941pQ 伺服–比例阀控制。此外,还有 4 个 MOOG 公司的 D638pQ 伺服阀控制位于每个辊筒两端的流体静压轴承。

为生产出高质量的纸张,造纸机控制系统要对纸卷筒的横向成型进行监测,并将监测结果反馈回整个造纸机的控制器,控制器则分别对每个控制阀的压力进行调节以获得理想的纸张对称性。PM12 上采用的 D941pQ 伺服–比例控制阀,由于采用了功能强大的内置微处理器和精确的压力传感器,形成了内部压力控制闭环,同时阀本身具有快速响应特性,因此可保证精确的压力控制,即使极低的压力也不成问题。此外,内置控制器将原来液压控制传递函数中的多个基本参数减少到只需一个变量,因此可简化系统的优化程序。

1.2　液压系统故障诊断技术

液压元件及液压系统由于内部结构复杂,出现故障时,很难判断故障发生的位置及原因,因此,只有通过现代化的测试手段及分析方法,才能缩短故障诊断时间,及时排除故障,保证液压系统正常工作。

传统的故障诊断方法大多数是一个把观测到的系统故障现象与过去曾经观测到的类似现象进行比较,从而找到最匹配现象的过程。这就要求故障诊断人员具有较多的关于被诊断对象的专业知识及技术,当被诊断对象结构及原理比较复杂时,故障诊断工作往往超过工程技术人员能够胜任的范围。近年来,随着信息技术及计算机技术的迅速发展,以现代测试仪器和计算机为技术手段,结合诊断对象的特殊规律,故障诊断技术已经逐步形成了一门新兴学科,成为一门以测控理论、可靠性理论、信息论、控制论和系统论等为理论基础的综合性技术。液压系统故障诊断技术便是这一技术在液压技术中的具体应用。

1.2.1　故障诊断方法

故障诊断的实施通常基于两种不同的知识类型:一是由训练获得的学术知识,例如电机的输出转矩与电流成正比;二是通过经验而不是通过内部机理而获得的知识,例如要找出液压系统的泄漏,首先要查找接头部位,因为由经验可知,泄漏往往出现在接头部位。这两种知识也分别称为深层和浅层(表面)知识。故障诊断从学科整体的角度分,有十余种理论和方法,常用的故障诊断方法可分为如下几种。

1. 经验法

工程技术人员在进行故障诊断时,不需要对整个被诊断对象的工作机理进行详细的了解,主要把目前所出现的故障归结为过去所发生故障的一种,然后根据以往的经验来排除故障。这种方法虽然具有很大的随机性,但却是最快捷的,而且不需要具体的专业知识和技术,也不需要图纸、使用说明书以及故障诊断仪器等的支持。

2. 逻辑法

故障诊断的经验法是基于浅层知识的方法,而大多数故障诊断的逻辑法是基于深层知识的方法。常用的故障诊断逻辑法是把基于被诊断对象的专业技术知识、元件动作特性以及已知的常见故障等知识结合起来,形成一个故障原因列表,根据故障发生的可能性以及测试的容易程度选择一个故障原因,然后对故障原因进行测试,以进一步确认或排除这一假设的故障原因。这一过程可表示为图 1.10 所示的故障诊断流程图。

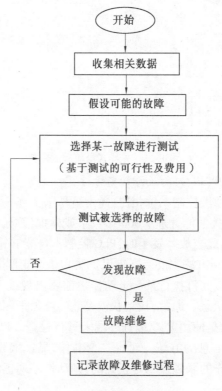

图 1.10 故障诊断流程图

3. 故障树法

故障树法通常是基于一种有两个或多个分支的树状结构的判断方法。如图 1.11 所示的先导式溢流阀故障树,每一个故障原因处有两个判断分支。作为一个系统中某一个元件的故障判断规则,这种方法可以被存储起来,并可以被其他不同的故障诊断程序调用。故障树法也是一种基于深层知识的故障诊断方法。

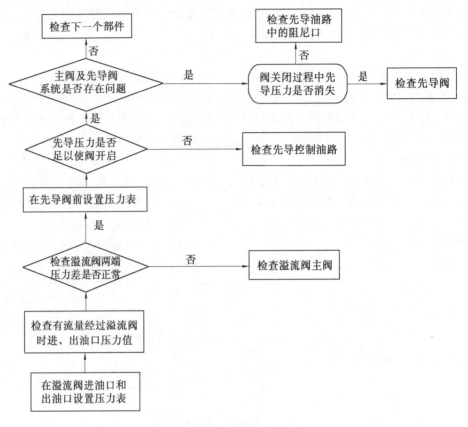

图1.11   先导式溢流阀故障树

4. 基于可编程控制器(PLC)的故障诊断方法

PLC控制系统与计算机控制系统相比,通常更易于工程技术人员使用和操作,一个典型的中等规模PLC系统大约能处理1 000多数字或模拟信号,由于PLC控制直接针对被控制对象的控制信号,因此当故障发生时,PLC控制本身能够完成一些最初的故障诊断任务。基于PLC的故障诊断方法主要有联锁保护法和状态变换图法。

联锁信号是在系统被允许执行某一个动作之前要出现或不出现的信号,控制系统本身知道这些联锁信号的状态。通常,找到联锁失效的原因很困难,因此当某一执行动作被终止时,唯一的解决方法是使用PLC编程终端来进行检查。PLC驱动显示屏是一种非常简单且有效的显示联锁信息的方法。对每一个动作,显示屏将显示出所有相关的联锁。如果操作人员所需要动作的联锁显示是正确的,则动作序列正常进行;如果联锁显示不正确,则动作序列终止。

PLC的控制动作通常都是一些自动序列,这些序列可被设计成正在执行动作的状态,把这些序列和一些需要显示出来的、允许下一个动作继续进行的信号变换图相联系,就构成了状态变换图。状态变换图就是操作步骤的图形化。最有效的状态变换图故障诊断方法是把系统的执行信息动态地显示在PLC的控制屏幕上,这些信息包括系统工作状态、PLC正在执行的动作以及运行到下一个状态所需要的控制信号等。当系统在某一个状态下停止工作时,通过状态变换图的显示,操作人员可以很直观地看到没有接收到的信号,以便迅速找到事故原因。

5.基于计算机的故障诊断方法

近年来随着计算机及自动控制技术的发展,基于计算机技术的故障诊断技术得到了迅速的提高,基于计算机的故障诊断理论和方法也层出不穷。概括起来,基于计算机的故障诊断理论和方法可分为基于非模型的故障诊断理论和方法以及基于数学模型的故障诊断理论和方法两种。基于非模型的故障诊断方法有仿生法、故障树法、基于实例的推理、人工智能和专家系统等;基于数学模型的故障诊断方法适合于那些系统特性能够用一定的数学手段进行描述和预测的系统,通常在这些系统的设计过程中都可以利用一定的数学手段、建模和仿真软件等,对系统的静态及动态特性进行预测。因此,在系统运行过程中,把实时观测到的系统运行状态与利用数学手段预测到的系统状态进行比较,便可进行故障诊断及监测。这种方法的优点是可对系统故障进行提前预测,但也有很多缺点,例如需要大量的设计时间,运行时很耗费机时等,因此这种方法实际上并不经济实用,一般只适用于对可靠性和安全性要求非常高的场合。

(1)基于专家系统的故障诊断方法

基于专家系统的故障诊断方法框图如图 1.12 所示。对于在线诊断系统,数据库中的内容是实时检测得到的数据。对于离线诊断系统,数据库中的内容可以是发生故障时检测到的数据,也可以是人为检测到的数据。知识库中存放的一般知识,可以是系统的工作环境,也可以是系统的知识,反映了系统的工作机理及系统的结构。规则库是一组规则,反映系统

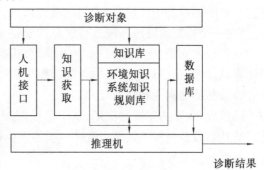

图 1.12　专家系统的故障诊断方法框图

的因果关系。人机接口可以为数据库增加系统故障前后或者故障发生时观测到的一些特征量。专家系统的诊断程序在知识库和数据库的支持下,综合运用各种规则,进行一系列的推理,必要时还可以随时调用各种应用程序。它在运行中向用户索取必要的信息后,可以快速直接地找到最终故障或者最有可能的故障,再由用户来证实。

专家系统的核心问题是知识的获取和知识的表达,知识的获取是专家系统的瓶颈,合理的知识表达方法能合理地组织知识,提高专家系统的能力。为了方便专家系统拥有丰富的知识,必须进行大量的动作来充实专家知识。

(2)基于人工神经元网络的故障诊断方法

人工神经元网络由于具有大规模并行处理、自适应学习能力和分布式信息存储的特点而受到了广泛的重视,尤其是 20 世纪 80 年代中期以来国际上更是关注神经元网络的研究。随着神经元网络软硬件的普及,越来越多的系统采用神经元诊断方法。神经元网络应用于故障诊断的步骤如下:

①选择能够反映系统的动态响应、建模误差和干扰影响性的变量作为神经元网络的输入变量,并规定网络的输出变量值;

②选择适当类型的神经元网络；

③根据所选择的输入输出信号的历史数据，使神经元网络进行自学习，确定有关的权值及阈值；

④将新的反映系统动态特性的输入信号作用于神经元网络，当神经元网络的输出值超出了所给定的阈值时，可认为系统出现了故障。

由于神经元网络具有联想记忆和自学习的能力，因此当出现新的故障时，它可以通过自学习，不断地调整权值和阈值，以提高检测率，降低误报率和漏报率。神经元网络诊断方法相对于传统的诊断方法具有较大优越性，因此它的应用领域不断扩大，目前在设备故障诊断领域正掀起一股神经元网络的研究热潮。

神经元网络也有一些局限性，例如学习过程艰苦，训练时间长，另外知识分布在系统内部，不能像专家系统那样清晰可见等。因此很多人将专家系统和神经元网络结合起来，取长补短，得到一个更好的诊断系统。

对于单个液压元件的故障诊断，实现起来相对容易，因此可采用上述故障诊断方法的一种或几种相结合的方法进行诊断。但由于液压系统是一个封闭的完整系统，液压油液在这一封闭的系统中传输时，人们很难深入到系统内部，难以对系统进行观测和监控，因此，要对一个完整的液压系统进行故障诊断是十分困难的。工程技术人员除了要具备专门的液压技术知识，还要掌握一定的故障分析方法才能胜任这一工作。所以，如果能够利用计算机技术，采用机电液一体化的监测手段及先进的故障诊断方法，就能够提高液压系统故障诊断的准确性和快速性。

经过近30年的发展与应用，基于信号处理和建模处理的故障诊断技术，虽然取得了显著的社会效益与经济效益，但进一步的理论研究与应用结果表明，它本身存在着以下几个方面的局限性：

①各种信息检测手段和诊断方法大多是利用对象所表现出来的特征信号来诊断故障，未能有效地考虑多故障同时发生和各故障间可能存在的相互联系和影响。

②多种检测手段和诊断方法在某种程度上是简单的"堆积"，缺乏统一的概念体系和系统化理论。

③仅仅在一定程度上弥补了人类数值处理上的不足，缺乏领域专家运用知识处理问题的方法，尤其是辩证思维和符号处理能力。

④基于信号处理和建模处理的故障诊断系统专用性强，一旦完成，诊断能力很大程度上也就定了，其功能难以扩充或修改，并且人机接口的"柔性"很差。

要更好地实施液压系统的故障诊断，最佳途径是结合人工智能以及领域专家的技术知识和经验，建立相应的状态检测和故障诊断专家系统。

1.2.2　液压系统故障诊断方法及步骤

要进行液压系统的故障诊断，首先要了解液压系统的故障特征、失效形式以及引起液压系统失效的机理等。液压系统的失效形式有：污染失效、磨损失效、疲劳、老化与断裂失效、气蚀失效、腐蚀失效、泄漏失效、冲击断裂、液压卡死等。总的来说，不管液压系统的故障形式是什么，都会表现为流量、压力及方向3个方面的问题。因此应从这3个方面入手,把故障原因归结为三者之一或三者的结合,然后对整个液压回路进行审查,找出与三者相关的元件,列出需要检查的元件清单,并根据元件与故障的相关程度以及实施检查的难易程度,对需要检查的元件排列优先级,制订检查程序,然后对元件进行初步检查。如果不能够找到故障原因,可对元件进行进一步的仪器检查;如果找到故障原因,则对元件进行维修或更换,然后再重新启动并运行液压系统。

根据液压系统的基本工作原理,液压系统的故障诊断过程概括起来可按图 1.13 所示的诊断步骤进行。但由于具体应用场合不同,不同的液压系统具有不同的结构及工作特点,因此,实际液压系统的故障诊断过程还需结合液压系统的具体特点,采取相应的诊断方法及诊断步骤。

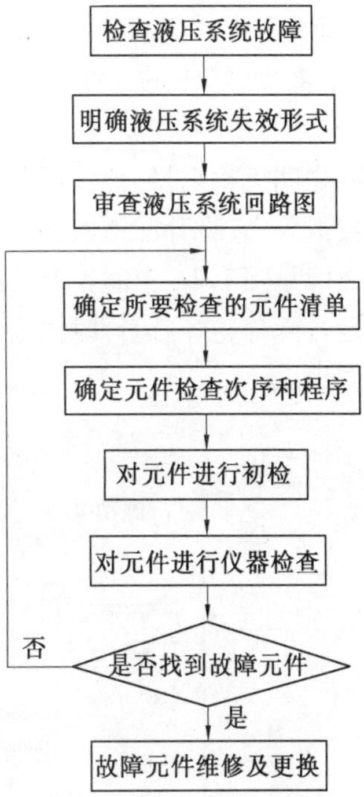

1.2.3 故障诊断实例

液压系统的故障诊断分为液压元件状态监测与故障诊断、液压系统状态监测与故障诊断以及液压油液状态监测等。由于液压元件工作在封闭油路中,工作过程不像机械传动那样直观,也不像电气设备那样易于测量运行参数,影响液压系统特性的因素又多种多样;同时,液压系统存在伺服阀、执行器、管路和负载等强烈的非线性时变环节,数学模型极其复杂,现有模型都是在各种假设和近似下得到的,因此,基于信号处理和建模处理的液压系统整体状态监测与故障诊断技术难以实现。

目前,对液压系统的状态进行监测与故障诊断多是基

图 1.13 液压系统故障诊断步骤

于液压元件、液压系统局部故障及液压油液污染进行的。
例如,浙江大学流体传动及控制国家重点实验室对液压系统泄漏的故障诊断技术、基于神经网络的液压系统故障诊断技术以及液压系统工况监测和故障诊断的实现技术等进行了研究;山东科技大学利用故障诊断专家系统分析法,建立了矿井中双滚筒提升机液压站故障诊断知识库,对基于计算机逻辑推理的故障诊断专家系统进行了研究;武汉冶金科技大学采用功率谱分析法,对溢流阀进行了计算机在线故障诊断方法的研究,通过传感器及计算机对溢流阀动态压力信号的测量与频谱分析,把先导式溢流阀导阀磨损、主阀芯阻尼孔阻塞以及导阀回油孔发生变化等故障情况下的功率谱与溢流阀正常工作时的功率谱进行比较,从而判断溢流阀故障。哈尔滨工程大学对液压系统故障诊断方法进行了研究。中南工业大学对基于计算机的液压速度控制系统的泄漏故障诊断及液压泵气蚀故障诊断技术进行了研究。此外,还有对基于计算机的汽车液压制动系故障诊断系统的研究,沥青混凝土摊铺机液压系统的计算机故障诊断,建筑机械、工程机械和铣刨机液压系统的计算机故障诊断研究,以及数据融合技术在液压系统故障诊断中的应用等研究。

液压油液的污染程度监测也是液压系统监测与故障诊断的重要方面,在航空航天液压系统中发挥着重要作用。液压油液污染分析仪就是电子检测及分析技术与液压技术的

结合。目前,液压油液污染分析仪早已产品化,例如美国 PALL 公司生产的 PALLSCOPE 流体分析仪以及 PFC400 系列激光粒子计数器等,可在线对液压系统和润滑系统中的油液进行污染度及健康状况分析。

哈尔滨工业大学动力控制及可靠性研究所对汽轮机调节系统的故障诊断技术进行了研究,并将这一技术应用于一台 200 MW 汽轮机液压调节系统的故障诊断。

200 MW 汽轮机电液并存调节系统原理图如图 1.14 所示,图中只给出了两个高压油动机(液压缸)中的一个,并且省略了中压油动机。电调方式和液调方式通过切换阀切换,电液转换器代替了液压调节系统中的分配滑阀。为了能在机械液压调节和电液调节方式之间无扰切换,该液压系统还带有跟踪系统。为了防止汽轮机超速,系统还安装有微分器滑阀,它将分配滑阀作为泄油孔,分配滑阀的动作代表着转速的变化。该系统易发生的故障是图 1.14 中的 5 个滑阀的卡涩。该汽轮机调节系统的工作状态有并网运行和单机运行两种,并网运行时主要功能是加减负荷操作以及一次调频,单机运行时起调节转速的作用。

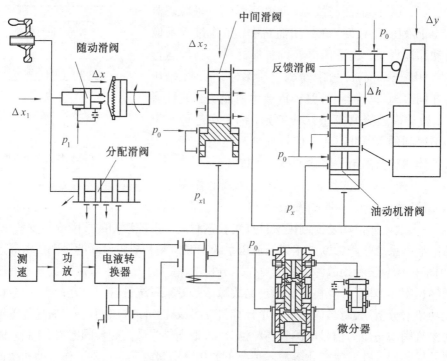

图 1.14　200 MW 汽轮机电液并存调节系统原理图

要诊断汽轮机调节系统故障,首先要分清调节系统故障包括什么,哪些是调节系统故障现象。采用故障树方法进行故障诊断是一种十分常用和简单的诊断方法。按照故障树建立方法,忽略人为的操作失误,建立超速故障、单机工况下转速不稳定故障、并网工况下功率不稳定故障的故障树。单机工况下转速不稳定故障树如图 1.15 所示。各故障树的底事件列在表 1.1 中。

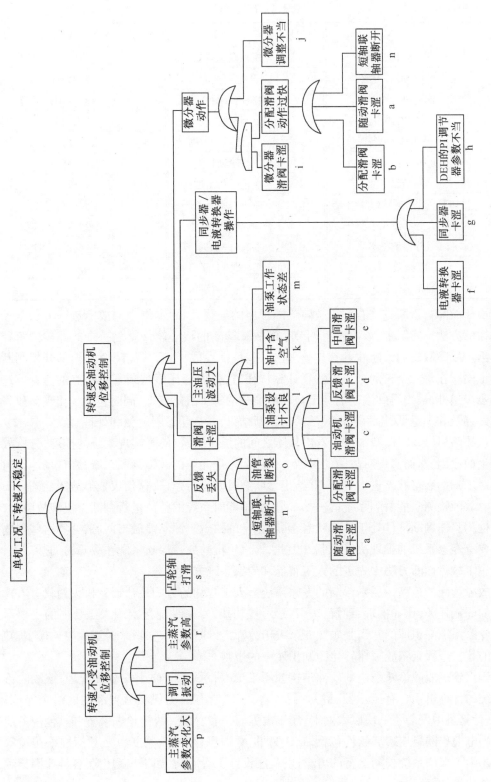

图 1.15 单机工况下转速不稳定的故障树

表 1.1　底事件表

代号	名字	代号	名字	代号	名字
a	随动滑阀卡涩	n	短轴联轴器断开	x2	主汽门动作限幅
b	分配滑阀卡涩	o	油管断裂	x3	节流滑阀卡涩
c	油动机滑阀卡涩	p	主蒸汽参数变化大	y1	遮断器调整不当
d	反馈滑阀卡涩	q	调门振动	y2	遮断器间隙大
e	中间滑阀卡涩	r	主蒸汽参数高	y3	保安滑阀卡涩
f	电液转换器卡涩	s	凸轮轴打滑	z	阀杆断裂
g	同步器卡涩	t	逆止门关闭过慢	z1	反馈斜板软调整不当
h	DEH 的 PI 调节器参数不当	u	逆止门关闭不严	z2	调速器过软
i	微分器滑阀卡涩	v	调节汽门卡涩	z3	滑阀油口被堵塞
j	微分器调整不当	w	主汽门关闭不严	z4	电调设定不当
l	油泵设计不良	x	阀杆卡涩		
m	油泵工作状态差	x1	主汽门弹簧坏		

由于故障树诊断方法有利于故障诊断程序的编写,因此本例中的故障诊断方法基于故障树的方法。实际上,该汽轮机调节系统故障诊断的核心软件就是一个故障树的解释器。给定故障数据后诊断软件首先整理出一些特征参数,然后从故障树的根部开始判断树的走向。在每一个树的分支点解释计算特征值,根据特征值判断下一个点的位置。这样一步步递推,最终得到诊断的结果。在故障树的每个故障点上,同时包含了出现该故障时的解释及处理意见,诊断软件最后给出诊断结果,并打印诊断解释和处理意见。

从故障树(FAT)模型中可以看出故障之间的层次关系,便于实现系统的推理,分析故障产生的原因,从而实现对故障的诊断。但作为一个完整的故障诊断系统,在现场运行时需要对未知的系统状态进行判断,并给出诊断意见和运行建议,这仅仅依靠故障检测是不行的。故障检测只能看到系统的一小部分,而不能对系统的整体进行判断。出现故障时,故障检测只能判断部件处于什么状态,而对系统的故障来源不能做出回答,回答这些问题就需要有专家系统的推理决策机制。因此,该汽轮机的故障诊断系统在故障树的基础上,又采用了故障诊断方法中先进的人工智能和专家系统方法。

故障诊断的最高一层是诊断的专家系统。人工智能的目的是让计算机去做只有人才能做的职能任务,比如推理、理解、决策、学习等功能,专家系统是实现人工智能的主要形式。专家系统知识库的知识是领域专家关于故障的诊断知识,知识来源于故障树模型,知识库的建立过程是将故障树转化为知识库中的规则。

该汽轮机故障诊断系统的硬件结构如图 1.16 所示,为了便于安装和管理,该故障诊断系统的计算机不含有显示器、键盘、鼠标等设备,所有的实现和管理都在网络上完成。为此,计算机中安装了一块以太网卡,用于数据通信和管理。故障诊断装置和其他设备使用同轴电缆作网络连接。软件包括 A/D 测量、数据保存、故障判断以及数据网络传输等部分。为了保证系统长期运行的可靠性,程序设计了看门狗,如果出现由于各种原因导致的系统死机,看门狗可以自动重启计算机。

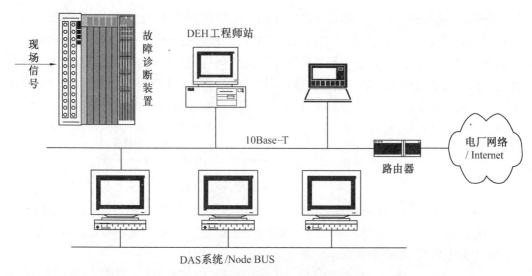

图 1.16　汽轮机故障诊断系统硬件结构

可见,只有结合先进的测试技术、现代化控制理论、信息技术以及专家系统故障诊断方法,才能更好地进行汽轮机调节液压系统以及其他液压系统的故障诊断,保证液压系统的安全运行。

1.3　遥控液压传动技术

许多液压系统的应用场合不适合人类工作,例如具有高辐射等级的核设施、外太空、深海、矿井以及生产有毒物质的化工车间等。在这些工作场合,一方面,工作人员的人身安全会受到严重威胁;另一方面,为了保证工作人员的人身安全,必须采取一系列安全保护措施,从而大大提高了成本。因此,在这样的工作场合,大多采用遥控的液压操作机构来完成必要的执行动作。

目前,遥控液压技术已广泛应用于工程机械、林业机械及海上设备等,例如无线遥控液压起重机、无线遥控水下液压缠绕机、遥控核电厂液压装载机、无线遥控混凝土泵车以及遥控电液海底操作机器人系统等。

1.3.1　遥控技术概述

遥控技术就是对被控对象进行远距离控制的技术。被控对象可以是固定的,如工厂的机器,输油、输气、供水管道上的泵与阀,铁路上的变电所、分区亭、开闭所,电力系统的发电厂、变电站的开关等;也可以是活动的,如无人驾驶飞机、卫星等。

1. 遥控技术的基本原理

如果一个系统包括操作者、遥控操纵装置以及要完成的远程任务,这个系统就可以被定义为遥控操纵系统,其原理图如图 1.17 所示。其中,操作者可以是工作人员,也可以是控制计算机;遥控操纵装置是能够在执行机构和操作者之间进行数据传输的机器或平台;执行机构则是用于完成工作任务的机器,例如电机、液压缸、液压马达等。操作者对遥控操纵装置发出命令信号,由遥控操纵装置通过执行机构完成远程的工作任务。工作任务的完成情况可通过各种传感器返回到遥控操纵装置,再由遥控操纵装置把监测到的反馈信号反馈给操作者,然后操作者根据反馈信号做出判断,给出下一步动作的命令信号。

图 1.17　遥控操纵系统原理图

图 1.17 表明,遥控操纵系统存在两个重要环节,即操作者和遥控操纵装置之间的交互以及遥控操纵装置和远程环境下的工作任务之间的交互。如何更好地实现这两部分交互,是完成遥控操纵任务的关键。

在很多情况下,操作者有可能会是一个操作机构,例如计算机。在这种情况下,为能自动地完成所要求的任务,操作机构必须配备大量的传感器、智能控制系统以及能够实现大范围物理动作的能力,这就使整个系统变得复杂、昂贵。

如果远程操作机构在人的控制下实现动作,由人类提供必要的任务安排、执行任务所需要的分析技巧、学习和优化某些操作的智能以及对突发事件做出反应的能力,这样通过操作者和操作机构的结合,就使系统具备了完成远程任务的必要能力。例如操作人员可通过远距离观测执行机构的工作位置以及工作进程等情况,来决定下一步要发出的指令。这样的系统可节省大量测试设备费用,但控制精度相对较低。

2. 遥控技术的分类

遥控技术可根据控制信号的形式、遥控系统工作方式以及控制信号传输介质的形式等方式分成不同的类型。

(1)根据控制信号的形式分类

根据控制信号的形式不同,遥控技术可以分为模拟遥控技术和数字遥控技术。

模拟遥控技术就是完成遥控任务的控制信号是以模拟信号的方式进行发送与接收的。模拟遥控技术系统结构简单,易于控制和操作,响应速度快,但控制精度不高。

数字遥控技术就是完成遥控任务的控制信号是以数字信号的方式进行发送与接收的。数字遥控技术系统结构复杂,实现困难,响应速度慢,但控制精度高,控制效果好。

(2)根据遥控系统工作方式分类

根据遥控系统工作方式不同,遥控技术可分为一点对一点工作方式、一点对多点工作方式和多点对多点工作方式。

一点对一点工作方式是指仅需要一个控制端和一个被控端的遥控系统,例如高空通信气球及飞行器的遥控系统,这是最常见的工作方式。

一点对多点和多点对多点的工作方式是指具有多个控制端和多个被控端的遥控系统,例如建筑工地上一人控制多台工程机械的遥控系统,这种遥控工作方式设备复杂、操作不便,因此有时也采用分级控制方式。

（3）根据控制信号传输介质的形式分类

根据控制信号传输介质的形式不同，遥控技术可以分为有线遥控技术和无线遥控技术。

有线遥控技术是利用线缆传输控制信号，对机械设备进行操作控制。

无线遥控技术是通过无线电、红外线、激光和微波等方式传输控制信号，对机械设备进行操作控制。

有线遥控技术在使用中具有如下缺点：

①线缆布置不方便，特别是机械设备在高空或者地下作业时，线缆布置时间甚至占整个施工准备时间的一半以上；

②长距离线缆的成本很高；

③设备在作业过程中如果线缆遭到破坏，容易引起网络中断，有时还很难找到损坏位置，难以得到及时处理；

④在危险工况下，操作人员的安全无法得到保障。由于布线距离有限，造成操作控制地点不能有效地远离施工地点。如果施工出现故障，很容易对操作人员造成伤害。

无线遥控技术则克服了有线遥控技术的上述缺点，因此必将是今后遥控技术发展的主要方向。

3. 遥控数据传输系统的组成

遥控系统的数据传输过程如图 1.18 所示，在数据传输过程中，首先由信息源发出数据信息，通过信源编码和信道编码过程，对数据流进行相应的压缩与处理，以减少数据的传输量，增强数据通信的可靠性，从而提高纠错能力和抗干扰能力。经过信源编码和信道编码处理后，数据信息被传递到调制器，然后分配到各个信道进行传输，在信道中经过噪声器的处理，消除干扰噪声后，再传输到解调器。调制器的主要作用就是波形变换，将数字信号的波形变换成适合于模拟信道传输的波形。解调器的作用相当于一个波形识别器，它将经过调制器变换过的模拟信号恢复成原来的数字信号。解调后的信号再经过信道译码和信源译码，把经过处理和压缩的信号恢复成原始信号，发送到被控制终端，执行被控制动作。

图 1.18　遥控系统的数据传输过程

1.3.2　无线遥控技术

无线遥控技术是随着无线通信技术的发展而兴起的一门新技术，它使用射频和红外线传递信号及指令，对机械设备进行远程操作控制。无线遥控操作消除了线缆控制所带来的故障隐患，特别是运用在移动作业的机械或者临时性的机械设备上，更具有有线控制所不可比拟的优越性。随着数字化时代的到来，模拟式无线遥控技术由于控制精度低而正在逐渐被数字式无线遥控技术所取代。

数字式无线遥控技术的飞速发展与数字式无线通信技术的进步密不可分。其中,无线局域网(Wireless Local Area Network,WLAN)无疑是最有应用前景的技术。无线局域网是指采用无线传输媒体的计算机局域网。

无线局域网技术可以非常便捷地以无线方式连接网络设备,人们可随时、随地、随意地访问网络资源,是现代数据通信系统发展的重要方向。无线局域网可以在不采用网络电缆线的情况下,提供以太网互联功能。无线网通信协议通常采用IEEE 802.3和IEEE 802.11。无线局域网可以在普通局域网基础上通过无线 Hub、无线接入站(AP)、无线网桥、无线 Modem 及无线网卡等设备来实现,其中无线网卡使用最为普遍。

1. 无线局域网的 OSI 七层网络模型

为便于分析和理解网络的结构及原理,通常把数据在一个无线局域网中的传输过程分成 7 个顺序工作的功能层,这就是 ISO 国际标准组织定义的开放系统互联 OSI(Open System Interconnect)七层网络模型,它们从低到高依次是:物理层、数据链路层、网络层、传输层、会话层、表示层及应用层,如图 1.19 所示。其中物理层、数据链路层和网络层通常被称作媒体层,是网络工程师所研究的对象;传输层、会话层、表示层和应用层则被称作主机层,是用户所面向和关心的内容。

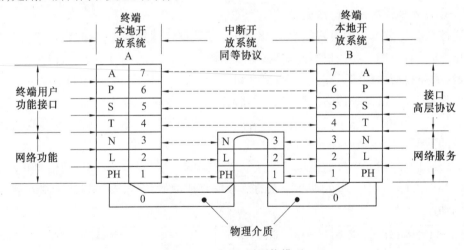

图 1.19   OSI 七层网络模型

OSI 七层网络模型各层的功能为:

(1)第 1 层——物理层

物理层定义了通信网络之间物理链路的电气或机械特性,以及激活、维护和关闭这条链路的各项操作。它的特征参数包括:电压、数据传输率、最大传输距离、物理连接媒体等。

(2)第 2 层——数据链路层

由于实际的物理链路不可靠,会出现错误,因此数据链路层的作用就是通过一定的手段将有差错的物理链路转化成对上层来说没有错误的数据链路。它的特征参数包括:物理地址、网络拓扑结构、错误警告机制、所传数据帧的排序和流控等。其中物理地址是相对网络层地址而言的,它代表了数据链路层的节点标识技术。网络拓扑结构表示的是网络中各个设备以何种方式相连,例如,总线型——所有设备都连在一条总线上;星型——所有设备都通过一个中央结点相连。错误警告机制是向上层协议报告数据传递中错误的发生;数据帧排序可将所传数据重新排列;数据帧流控则用于调整数据传输速率,使接收端不至于过载。

(3)第 3 层——网络层

网络层将数据按一定长度分组,并在分组头中标识源和目的节点的逻辑地址,这些地址就像街区、门牌号一样,成为每个节点的标识;网络层的核心功能便是根据这些地址来获得标识源到目的节点的路径,当有多条路径存在时,还要负责进行路由选择。

(4)第 4 层——传输层

传输层为上一层提供透明(不依赖于具体网络)的可靠的数据传输。它的功能主要包括:流控、多路技术、虚电路管理和纠错及恢复等。其中多路技术使多个不同应用的数据可以通过单一的物理链路共同实现传递;虚电路是数据传递的逻辑通道,在传输层建立、维护和终止;纠错功能则可以检测错误的发生,并采取措施(如重传)解决问题。

(5)第 5 层——会话层

会话层在网络实体间建立、管理和终止通信应用服务、请求和响应等会话。

(6)第 6 层——表示层

表示层定义了一系列代码和代码转换功能以保证源端数据在目的端同样能被识别,比如文本数据的 ASCII 码、表示图像的 GIF 文件或表示动画的 MPEG 文件等。

(7)第 7 层——应用层

应用层是面向用户的最高层,通过软件应用实现网络与用户的直接对话,如:找到通信对方、识别可用资源和同步操作等。

建立七层模型的主要目的是为了解决异种网络互联时所遇到的兼容性问题。它的最大优点是将服务、接口和协议这 3 个概念明确地区分开来,"服务"说明某一层为上一层提供一些什么功能,"接口"说明上一层如何使用下层的服务,而"协议"涉及如何实现本层的服务。

在数据的实际传输中,发送方将数据送到自己的应用层,加上该层的控制信息后传给表示层;表示层再将数据加上自己的标识传给会话层;以此类推,每一层都在收到的数据上加上本层的控制信息并传给下一层;最后到达物理层时,数据通过实际的物理媒体传到接收端。接收端则执行与发送端相反的操作,由下往上,逐层将标识去掉,重新还原成最初的数据。由此可见,数据通信双方在对等层必须采用相同的协议,定义同一种数据标识格式,这样才可能保证数据的正确传输。

实际网络中用到的协议并不一定严格按照这七层来定义,有时可能只用到其中的几个层,或者也可能是多个层合成为一个层来定义。例如常用的 TCP/IP 协议,它的多数应用协议将 OSI 七层网络模型中的应用层、表示层、会话层的功能合在一起,构成其应用层,二者的映射关系如图 1.20 所示。

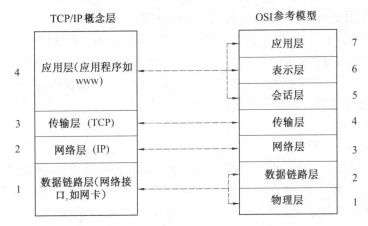

图1.20　TCP/IP与OSI结构模型的映射关系

2. 无线遥控信息的传输方式

在无线局域网的终端之间进行的数据传输是通过七层网络协议中的物理层利用传输媒体来实现的。目前无线局域网采用的传输媒体主要有两种:红外线和微波。家庭中广泛使用的家电遥控器几乎都是采用红外线传输技术,红外线频率仅低于可见光,和可见光一样,它不能穿过障碍物,此外红外传输的距离比较短,这些都限制了它的应用。采用微波作为传输媒体的无线局域网按调制方式不同,可以分为扩展频谱方式与窄带调制方式。在扩展频谱方式下,数据信号的频谱被扩展成几倍甚至几十倍后再被发射出去。该方式虽然降低了频带带宽,但与窄带调制方式相比,它提高了系统的抗干扰能力和安全性能。扩展频谱方式的实现方法共有3种,即直接序列扩频、跳频扩频和跳时扩频。其中直接序列扩频采取主动占有方式,同时使用整个子频段,信号被多次扩展而无损耗;跳频扩频是被动适应,连续间断跳跃使用多个频点,当跳跃至某个频点时,判断该频点是否有噪声干扰,若无噪声干扰则传输信号,若有则依据算法跳至下一频点继续判断。采用扩频方式的无线局域网一般选择ISM(Industry, Science and Medical)(工业、科学和医疗)频段,这一频段是留给工业、科学和医疗等行业进行短距离无线通信使用的。如果无线设备的发射功率满足规定的要求,则无须提出专门的申请就可以使用这些ISM频段。在窄带调制方式下,数据信号在不做任何扩展的情况下即被直接发射出去。与扩展频谱方式相比,窄带调制方式占用频带少,频带利用率高。但采用窄带调制方式的无线局域网要占用专用频段,因此需经过国家无线电管理部门的批准方可使用。当然,用户也可以直接选用ISM频段来免去频段申请。但所带来的问题是,当临近的仪器设备或通信设备也在使用这一频段时,会严重影响通信质量,通信的可靠性无法得到保障。

3. 无线局域网协议的种类

无线遥控技术区别于有线遥控技术的特点之一是标准不统一,不同的标准有不同的应用。无线局域网是当前发展最迅速的领域之一,相应的新技术也层出不穷,目前无线局域网技术的协议主要有IEEE 802.11、HomeRF和蓝牙等,它们都可以工作在2.4 GHz频段上。

IEEE 802.11只规定了开放式系统互联参考模型(OSI/RM)的物理层和MAC层,其MAC层利用载波监听多重访问/冲突避免(Carrier Sense Multiple Access with Collision

Avoidance,CSMA/CA)协议。而在物理层,IEEE 802.11 定义了 3 种不同的物理介质:红外线、跳频扩谱方式(Frequency Hopping Spread Spectrum,FHSS)以及直接序列扩频方式(Direct Sequence Spread Spectrum,DSSS)。IEEE 802.11 支持 1~11 Mb/s 的数据速率,但是它只支持数据通信,为进行无线数据通信,数据设备先要安装无线网卡。

另一种无线局域网技术 HomeRF 是专门为家庭用户设计的。HomeRF 利用跳频扩频方式,通过家庭中的一台主机在移动数据和语音设备之间实现通信,既可以通过时分复用支持语音通信,又能通过载波监听多重访问/冲突避免协议,提供数据通信服务。同时,HomeRF 提供了与 TCP/IP 协议的良好集成,支持广播、多播和 48 位 IP 地址。

与上面两种技术不同,蓝牙技术具有一整套全新的协议,可以应用于更多的场合。蓝牙技术中的跳频更快,因此更加稳定,同时它还具有低功耗、低代价和使用灵活等特点。蓝牙技术从应用的角度来讲,与目前广泛应用于微波通信中的一点多址技术十分相似,因此,它很容易穿透障碍物,实现全方位的数据传输。

总的来讲,IEEE 802.11 比较适于办公室中的企业无线网络,HomeRF 可应用于家庭中的移动数据和语音设备与主机之间的通信,而蓝牙技术则可以应用于任何能够用无线方式替代线缆的场合。目前这些技术还处于并存状态,但是有可能引起干扰等问题,从长远看,随着产品与市场的不断发展,它们将走向融合,而其中最有竞争力的就是蓝牙技术。

在工业自动化领域,有成千上万的感应器、检测器、计算机、PLC 及读卡器等设备,需要互相连接形成一个控制网络,通常这些设备提供的通信接口是 RS-232 或 RS-485。无线局域网设备使用隔离型信号转换器,将工业设备的 RS-232 串口信号与无线局域网及以太网络信号相互转换,符合无线局域网 IEEE 802.3 和 IEEE 802.11b 以太网络标准,支持标准的 TCP/IP 网络通信协议,有效地扩展了工业设备的联网通信能力。

4. 无线遥控技术的发展趋势

在传统情况下,遥控操作设备只有在诸如操作者的人身安全受到威胁等极其危险的环境中才会被使用,然而这些设备系统往往非常复杂,需要特制,且价格昂贵。随着计算机控制系统和电子控制元件(例如电液阀和泵)的飞速发展以及商用无线传输系统的广泛应用,促进了各种灵活机动、成本低廉及高效的遥控技术在机械工程领域中的广泛使用,遥控系统的应用领域已不再局限于那些非遥控莫属的特殊领域。如今遥控技术在工业上的应用,不仅能提高操作者的舒适度,使他们不再遭受诸如灰尘、噪声、振动、天气变化等不利因素的影响,而且还能提高生产效率(一个操作者在控制室可以控制多台远程操作设备),同时又能完成远距离诊断和数据资料记录等工作。无线遥控技术的发展趋势主要有如下几个方面:

(1)功能更强大的反馈系统

反馈系统可实现运动机器与发射器之间的联络,实时反映机器所处的运行状况,如:负荷的质量、电机转速、油温、压力等数据。这些传感器的模拟信号通过光缆或同轴电缆传递给机器上的无线电接收器,由其转变成数据信号后传递给发射机,显示在发射机的显示屏上。

例如在某些先进的物料仓库中,吊车司机的发射机装有数据采集模块,操作员可用连接在发射机上的微型键盘或激光扫描器将操作数据(产品批号、件数、时间、存放位置编码等)通过接收器串行接口输送给计算机中心,从而进行数据的统计处理。

车间行车以及类似运输设备,可以用遥控装置配备的激光扫描器或者数据采集器与计算机中心之间联网。从物料吊起开始,控制系统通过工厂行车上的传感器计算物料的质量,操作员可将负荷质量、品种、数量与订货单进行比较并将结果以及辅助数据(例如时间、存放位置)通知计算机中心。计算机中心根据这些数据进行计算、处理,并决定是否出库还是转库。

(2)用于生产计划和管理

现在有不少成功应用计算机管理和电子数据交换的企业将无线电数据传输装置应用于自动化生产及其计划的管理上,把物料运输设备进行自动化控制并将其控制设备的控制信息与工厂计算机控制系统直接联网。采用无线电数据传输装置,有关生产情况的信息不仅可以通过反馈模块用操作者的母语在发射机的显示器上显示出来,而且操作员能直接通过发射机上的数据采集装置向计算机中心传递生产报告。无线电数据传输装置的外壳可以特别设计制造,从而能够适应各种恶劣的使用环境,尤其是适应于远距离野外作业的机械。

(3)自动程序化和智能功能

在某一固定场地范围内使用的各种智能型无线电控制系统可对某些动作直接反应以替代操作人员对相关机器的操作。这种智能型的无线电控制装置可不理会操作者偶然误操作的输入而相互自行联络并做出反应,或者根据某一程序的"约定"来决定如何反应。无线电控制装置的智能模块可以"学习"既定的操作方案,并可以"记忆储存"何时执行谁的指令以及所执行的功能种类。人工智能系统在未来的无线电装置中能储存成串的指令并自动检验和执行。

例如对于垃圾处理企业的双梁自动起重机来说,大、小车和起升机构的移动是经 PLC 设置自动调节、受微波雷达测距系统来控制的;抓斗的开/闭是由抓斗的质量传感器和钢丝绳的张力开关来控制的;抓斗作业的质量是通过无线电称重系统来测量、统计的。在垃圾料斗旁边有一工作间,操作人员在里面可以监控垃圾的抓取和释放过程,必要时,可以干预操作过程。

计算机网络技术、无线技术以及智能传感器技术的结合,产生了"基于无线技术的网络化智能传感器"的全新概念。这种基于无线技术的网络化智能传感器使得工业现场的数据能够通过无线链路直接在网络上传输、发布和共享。无线局域网技术能够在工厂环境下,为各种智能现场设备、移动机器人以及各种自动化设备之间的通信提供高带宽的无线数据链路和灵活的网络拓扑结构,在一些特殊环境下有效地弥补了有线网络的不足,进一步完善了工业控制网络的通信性能。

(4)基于 Internet 的技术

虽然无线遥控技术逐步实现了更高的自动化和智能化,但无线局域网的控制范围总是有限的。例如红外遥控技术,由于红外光具有与可见光一样的散射性,因此遥控范围一般不超过 10 m,性能好的遥控设备控制范围也通常不超过 100 m。配备增距天线的微波遥控技术,其遥控范围可以超过 1 000 m,甚至达到几千米。但即使是这样的遥控距离,要想实现跨国际的遥控或地面对外太空的遥控也是不可能的。随着 Internet 技术的发展和覆盖率的提高,为了进一步拓展远程控制的距离和范围,基于 Internet 的远程控制技术得到了发展和应用。

20 世纪 90 年代以来,Internet 已经逐渐成为覆盖全世界的计算机网络。随着 Internet 的广泛应用,计算机网络及其相关技术也逐渐走向成熟。这些不仅对人们传统的生活方式产生了巨大的冲击,而且给其他技术领域的发展也带来了深刻的影响。例如网上图书馆、电子商务和网上虚拟医院等,都已被大家所熟悉。而基于 Internet 的远程控制技术更引起了工业界的广泛关注,并在核电站监控、石油的输送管道远程监测、电网运行监控和机器人以及工程机械的远程控制等领域均得到了应用。基于 Internet 的远程控制系统实现了数据共享,具有信息传递快捷和交互性强等特点,推动着控制技术向着网络化、分布性和开放性的方向发展,这种发展趋势使控制系统功能的扩展更加灵活,性能不断提高,使用更加简便。因此,基于 Internet 的遥控技术将是遥控技术今后发展的必然趋势。

5. 基于 Internet 的遥控技术应用及关键技术

Internet 和工业控制技术的结合,使控制技术飞速发展。国内外已积极地开展了基于 Internet 的远程控制研究和应用,例如,1998 年 Swiss Federal 技术学院的 P. Saucy 博士进行了基于 Internet 的移动机器人的远程控制实验。中国科学院等离子体物理研究所采用基于 Internet 的控制方法,对 HT-7 超导托卡马克装置进行了远程控制。由于该装置规模大、参数多,整个系统采用不同类型的计算机,操作系统也不同,而且各个子系统的控制计算机分布在不同的实验现场,相距甚远。实验的特殊性要求控制系统能完成实时控制,而且各功能子系统间的数据传输量要大。为实现整个系统的实时监控及诊断保护,系统采用了基于交换式快速以太网的网络技术,利用基于 TCP/IP 协议的 Socket 网络编程,不仅实现了数据共享、高速可靠的数据传输,而且系统具有组网简单、升级方便和性价比高等优点。由西安交通大学开发的基于 Internet 的快速成型和快速加工技术,只要用户安装 www 浏览器,就可以通过 http 获得远程服务部 TSB(Tele-Service Bureau)在线技术支持和数据交换。比如提供 3D CAD 文件和物理模型,加工测试数据反馈给 TSB 等。此外,澳大利亚 Weston 大学研制了 Australia's Telerobot 遥控机器人系统。北京理工大学和日本东京工业大学对基于 Internet 的液压系统远程控制技术进行了控制算法和试验研究,从北京通过 Internet 网络对位于日本东京工业大学的液压伺服控制系统进行了远程控制测试。

目前基于 Internet 的远程测控系统已经投入到实际的应用领域,并取得了很好的经济效益,其应用前景是十分广阔的。在工业领域中,可实现数据网络和控制网络的集成,即把现场总线和计算机网络融为一体,实现真正的虚拟工厂(Virtual Plant)和虚拟制造(Virtual Manufacture)。基于 Internet 的远程控制技术的成熟也将促进其在环境监测、电网监控上的应用。另外,基于 Internet 的远程测控技术也将使机器人完成更多更复杂的任务,如深海探测、南极勘探、井下作业和外太空探测等。

但是基于 Internet 的远程控制技术由于存在着控制延时和数据传输安全等问题,仍然有待于进一步的研究和完善。要真正实现基于 Internet 的远程控制,不仅要考虑原有局域网络技术和控制技术的特点,还要考虑现有系统的新特性。比如数据传输的可靠性和准确性、设备的实时性、协议的简单化、网络数据库和协议等。目前,有待于解决的关键技术如下。

（1）控制延时滞后

系统中的延时处理技术是实现基于 Internet 远程控制的关键,处理不好将影响整体系统的性能。系统的延时主要由数据采集延时和数据传输延时组成,一旦采集方式确定,系统的信号延时就主要由网络传输延时决定,而网络传输延时具有很大的不确定性。采用特殊的数据压缩技术和适当的控制补偿算法有助于消除基于 Internet 的远程控制延时和延时不确定性问题。

（2）现场总线技术

目前,由于现场总线技术出现的时间还不长,仍处于发展阶段。采用现场总线技术的各种控制元件产品很少,例如液压系统中的各种控制阀很少采用现场总线技术。而且现在应用的现场总线产品主要是低速总线产品,高速现场总线主要应用于控制网络内的互联、连接控制计算机、PLC 等智能程度高、处理速度快的设备,以及实现低速现场总线网桥间的连接。以太网是高性能现场总线的最好选择,不仅保证实现现场总线与 Internet 的数字式互联、互操作性和开放性,还可以保证网络的实时性、可靠性等。采用以太网的现场总线可保证远程控制技术的持续发展,而且必将推进控制领域的彻底开放,实现控制技术更加迅速的发展。

（3）网络安全问题

随着 Internet 应用的普及,网络安全问题日益突出,基于 Internet 的远程控制技术也必须把网络安全问题放在重要的位置。网络通信的数据安全主要包括:数据传输的安全性,即保证在 Internet 上传输的数据不被第三方窃取;数据的完整性,即数据传输过程中不被篡改;身份验证,保证交换数据时确认对方的真实身份,防止黑客入侵。保证网络通信安全的措施主要有防火墙技术、数据加密技术和身份确认技术等,如果对网络安全有特殊要求,还可采用专用的网络进行通信。

6. 无线遥控技术的安全问题

在使用过程中,通常要求无线遥控技术具有准确度高、动作速度快、可靠性高以及抗干扰性强等特点。此外,无线遥控技术还要注意使用中的安全问题。

（1）紧急断电保护

冶金、机械工业行业使用的无线遥控系统安全规则规定,工业遥控须采用实时通信方式,在接收器内必须具有智能被动急停功能,简单地说就是双 CPU(中央处理器)配置,它完全不同于某些双 CPU 高级计算机,其中一个 CPU 是常用的,一个 CPU 是备用的。该系统配置的双 CPU 同时工作,当其中一个 CPU 由于某种原因中断工作时,则急停功能的CPU 立即启动紧急断电功能。若急停功能的 CPU 也中断工作时,则接收器的所有执行元件断电或回到零位。

（2）互锁及限位

对于所有具有手动操作和遥控操作功能的机器,必须有遥控和手动操作互锁转换开关以及限位开关和限速控制等,以避免操作中的危险。例如在工厂中广泛使用的遥控行车,应设置限速控制限制遥控行车的运动速度,不要超过人员的行走速度(80 m/min),且所有的传动设备都要备有限位开关。

（3）避免信号干扰

遥控装置在使用时,要考虑到使用地点是否会有其他无线电遥控的机械在运行,或者有特别强的无线电信号干扰源。例如一台混凝土泵车在混凝土搅拌车旁作业,高层楼面上的操作员正在通过便携式遥控器来控制泵车,将混凝土送到指定的灌浆点。在附近,又有一台无线电控制的建筑塔吊正在装卸建筑材料,而一台无线电遥控的汽车吊正在吊装建筑地桩用的钢管。如果所有这些遥控设备恰好使用了同一频段,在工作中则很容易互相干扰,发生事故。通常,如果多台同一厂家的无线电遥控系统在同一工作场地使用,且遥控的机械相对固定时(例如工厂厂房的行车),则在遥控器订货时对每一无线电遥控装置规定不同的使用频点即可。如果多台不同厂家无线电遥控系统在同一工作场地使用,而且遥控的机械相对移动时,在遥控系统订货时,需增加"自动频率扫描器"。通常通过频率扫描器选择一个安全频点后,接收器内置的频率扫描装置会自动负责"检查"其他的控制装置占用的频点,然后会确定未被占用的安全频点并用其与相同地址码的发射器联络。

总的来说,无线遥控系统必须具备完善的安全自检系统,并且禁止视线阻隔状态下或状态监测中断情况下进行遥控操作。在多人使用同一机械、设备、机器时,在操作过程中会存在某种不安全因素,所以操作时必须符合各种安全规程。同时,也需要注意工业遥控装置使用无线电管理机构批准的专用频率时,不应对飞机导航、警方或消防通信系统的频率造成干扰。

1.3.3 遥控液压传动技术概述

无线遥控液压技术是遥控工程技术的主要应用之一,与其他遥控工程技术的不同之处为执行无线遥控液压技术工作任务的是液压元件和液压系统。

1. 无线遥控液压系统原理及组成

无线遥控液压系统的工作原理如图 1.21 所示,信号发射端对指令信号进行编码、载波调制以及信号放大,然后通过发射天线将控制指令以无线电波的形式发射出去。接收机将收到的无线电信号放大、解调、译码后发送给输出电路,比例阀(电磁阀)或伺服阀接到指令信号后分别驱动相应的液压缸或传动机构使各工作部件工作。

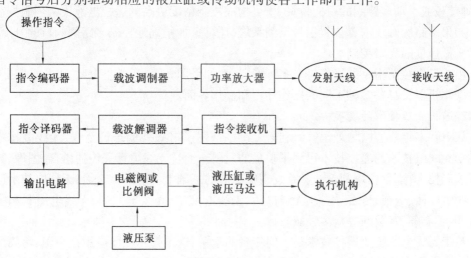

图 1.21　无线遥控液压系统的工作原理

图 1.21 表明,与传统的液压传动或液压伺服系统一样,采用遥控技术的液压系统也是由能源元件、执行元件、控制调节元件以及辅助元件几部分组成的,只不过其中控制调节元件必须采用电磁式、比例式或伺服式控制元件,而不能采用机械式或手动控制的元件。能源元件有时也需要采用伺服方式控制的变量泵,以满足遥控液压系统自动调节的需要。除液压系统的基本组成元件外,要实现遥控的目的还需要一定的电子电气控制设备、计算机、信号发射及接收装置、有线或无线网络及相应的软件等。

能够在遥控液压系统中使用的各种液压元件有以下几种。

(1)电液比例阀

电液比例阀包括电液比例多路阀、比例节流阀、比例调速阀和比例减压阀等。利用微小电流信号及比例电磁铁来控制各种液压阀的动作,从而实现液压系统中的流量及压力等参数的远程控制。Hawe,Bosch-Rexroth,Parker,Apitech,Delta Power 以及 MOOG 等厂家均有电液比例液压阀产品。与伺服阀相比,比例阀结构简单,可大大降低系统成本,既可用于液压传动系统,也可用于液压伺服控制系统。

(2)伺服阀

伺服阀包括伺服流量阀和伺服压力阀。由微小电流信号及力矩马达来控制阀的动作,主要用于液压伺服控制系统的控制。伺服阀结构复杂,成本高,对系统的污染度等级要求较高。

(3)比例伺服变量液压泵

采用比例或伺服阀来进行变量调节的各种液压泵,都可通过遥控装置进行控制,从而达到遥控调节液压执行机构运动速度的目的。例如第 1.1 节中介绍的机电一体化恒压、恒功率特性的变量液压泵,均可采用遥控装置控制相应的调节阀以达到遥控变量的目的。

(4)比例伺服执行机构

比例伺服执行机构由比例压力阀、液压放大器、位移传感器以及活塞驱动机构组成。将多个比例或伺服液压阀块控制的执行机构(液压缸或马达)安装在遥控机械的手动拉杆、脚踏板或手动多路阀的双向拉杆上,可构成控制精度更高的遥控电液比例伺服控制系统。如果多路阀阀块内置位置信号反馈系统,还可更加精确地控制多路阀阀口的开度,达到对机械速度的无级控制。

用于发出控制指令的操作机有多种形式,例如采用计算机、掌上电脑、PLC 控制器等,各种操作机器又具备多种不同的操作环境和操作界面。

2. 遥控液压技术的发展

从 100 多年前德国物理学家海利希·赫兹证明了电磁波的理论至今,无线电技术以及基于无线电技术的遥控技术得到了长足的发展。通过无线电远程传播语言、图像、数据和音乐等技术,都是在海利希·赫兹发现电磁波的基础上实现的。今天,无线电技术已涉及无线电广播、电视、传真、电报、无线电话、无线电定位、无线电测向、无线电遥测和雷达技术、电子商务、互联网等众多领域。

基于无线电的工业遥控技术是一门年轻的学科,这项技术主要应用在高温、污染严重以及对人类有害的环境中(矿山、化工车间、核电站等)。通过遥控设备对处于上述环境中的运动机械进行遥控操作是十分必要的,而在这些运动机械中,液压机械占据着相当大的比例。遥控液压设备的广泛应用,促进了遥控液压技术的快速发展。

20 世纪 60 年代初期,人们曾尝试利用拖缆遥控装置来控制液压机械上的手动/电液控制多路阀,但在生产使用过程中,拖缆遥控装置的弊病逐渐暴露出来。由于实际使用过程中往往需要长达数米甚至数十米的电缆线,这些电缆线成为生产事故中的主要根源,而且由于电缆线长度的限制,拖缆遥控装置的使用范围十分有限。因此,为了消除拖缆式遥控装置所带来的故障隐患,采用无线电频率来传递控制指令的无线遥控技术得到了发展。1987 年,无线电比例控制技术经多次试验被研制成功。这种比例信号控制技术可靠实用,对发射的指令有很高的分辨率。使用模拟技术可以使液压驱动机构的加速/减速动作与无线电遥控发射器上的动作完全成比例,从而实现对液压驱动机构的无级控制。近年来,随着数字化技术和网络的发展,基于 Internet 的液压遥控技术由于应用范围广、控制精度高而逐渐得到认可和发展。

目前,几乎所有采用液压控制的建筑工程机械、机器人及搬运设备等都可通过遥控改造实现遥控,例如,汽车吊、建筑塔吊、混凝土泵车、混凝土布料杆、矿山机械、装载机、推土机、凿岩机、矿山碎石机、港口门机、集装箱岸桥、装/卸船机、调车机车、公铁两用车、远距地球卫星(行星)上的探测器等。

(1)矿山机械

建筑业和采矿业的专用机械通常都是在极恶劣的环境下工作。灰尘、潮湿、坠物等都可能伤害操作人员。为了减少事故、改善工作条件,在井下作业的液压钻孔机往往采用无线遥控方式进行操作。在使用遥控系统操作这些液压机械凿石、钻孔时,操作员可自由选择安全地点。在矿井里能见度较低、环境恶劣的地方,可选用配有反馈装置的无线电遥控系统控制液压机械,通过通信协议将钻孔机的工作状态信息传递给发射机。在钻孔机进行钻孔作业时,孔的坐标可以显示在操作员发射机的 LCD 液晶显示屏上,操作员根据显示的坐标信息来控制钻机的空间位移。在钻机移动过程中,反馈系统将钻机的位移坐标在 LCD 显示屏上实时显示,同时,也可显示凿岩机的故障信息。

(2)转炉履带清渣装载机

在转炉炼钢过程中需要利用钢包台车和钢渣台车将钢水和热炉渣运送到不同的加工、处理地点。在转炉出钢、出渣时,炽热的炉渣溅落在台车行走的轨道中间,如不及时清理,炉渣堆积,将会影响台车的行走,从而影响转炉的正常出钢。过去的炉下清渣作业是由操作员驾驶装载机进入炉下,在台车的轨道间进行清渣作业。由于现场环境恶劣,金属粉尘污染严重,时常有热炉渣溅落,所以在完成清渣作业时转炉必须停炉。由于温度高再加上炉渣凝固,清渣作业十分困难。为提高转炉生产率,保证炼钢质量,实现转炉不停炉清渣,采用无线遥控系统的装载机在冶金行业得到了广泛应用。无线遥控装载机可以模拟原履带装载机的机械动力性能和作业功能,达到无人驾驶完成清渣作业的目的。其中液压遥控系统包括无线电遥控发射装置、接收装置、分离式液压系统和液压比例伺服驱动机构以及机械传动机构等。遥控装载机在冶金行业的成功运用消除了以往环境恶劣、视线不清以及高温落渣带来的事故隐患,使操作人员从恶劣的环境中解脱出来,提高了清渣作业效率,改善了冶金工人的工作环境,降低了工人的劳动强度。

（3）混凝土泵车

操作混凝土泵车时,因控制台距泵送作业面有几十米甚至上百米距离,需数人配合才能完成灌浆和浇注作业。长期以来,这种传统操作方式因人员多、效率低,限制了混凝土泵车的性能发挥。采用无线电遥控系统后,不但可以最大限度地发挥整机的性能,而且可保证经营者投资的回报及设备的高回购价值。泵车司机在工作地点驾车定位后,即可用便携式无线电遥控装置依次操作泵车的各个动作,如液压支架的升、降,泵车的水平校正,布料杆的左右回转,多级杆的变幅升降等。混凝土经混凝土泵,沿着多节可折叠的料杆被输送到软管喷口。泵车司机可远离泵车控制台,直接站在软管喷口旁边观察混凝土泵送情况,控制布料杆的动作和混凝土泵的运作。随着无线电遥控装置在混凝土泵车的广泛运用,泵车也在向超高度、大排量方向发展。

（4）汽车起重机

由于具有安全、便捷的特点,无线电遥控装置在中、小型载货随车吊上得到了广泛的应用。无线电遥控装置的控制功能包括:起重臂的伸缩、变幅、回转,吊钩的升降,抓斗的开闭。吊车司机手动操作液压支腿将载货汽车支撑、调平后,即可转换到遥控操作。吊车的所有功能都可利用比例式遥控装置来监控。比例式无线电遥控装置对于多级起重臂和工作半径大的液压随车吊最为适合。比起装在车辆两侧的多路阀手拉杆,使用遥控装置,吊车司机的操作更为安全、有效。在德国,几乎所有的 5 t 以上的移动式吊车都装上了比例式无线遥控系统。比例式无线遥控系统采用的比例输出信号($0 \sim 5$ V,$0 \sim 10$ V 或 $4 \sim 20$ mA)与吊车的电液多路阀信号完全匹配,可模拟原手动操作方式,达到与液压控制系统相互间的协调。通常,遥控装置还配置了数据反馈装置,反馈装置可将控制数据和吊车机械运行状态在操作员的发射机上显示出来,例如,载重量,实际工作半径的吨米数,角度等,操作员可根据显示数据来监控吊车。发射机上可配置大平面的 LED 显示屏,不断向吊车司机报告负荷、起重臂长、负荷力矩、油温、压力等其他重要的运行参数。

目前,许多工程机械、建筑及矿山机械等生产厂家都为自己的产品配备了无线遥控装置。例如,美国杰瑞-丹(Jerr-Dan)救援设备公司的救援拖车,配备了远程遥控的液压系统,其中所有的手臂伸缩和起升动作均可实现无线遥控,这些遥控动作都是由无线遥控器控制液压系统中的比例控制阀来实现的。意大利 IMET 公司生产的工程机械用无线远程PWM 电液系统,电液回路和工程机械之间安装灵活,不需要任何焊接连接。

1.3.4　遥控液压传动技术的应用

遥控液压技术可采用模拟量控制和数字量控制两种方式,模拟遥控技术结构简单,易于实现,因此是目前使用较广的遥控技术。近几年随着数字控制技术的发展,基于无线局域网或互联网的数字遥控技术逐渐受到关注。这里将分别给出模拟式遥控液压技术和基于无线局域网的数字式遥控液压技术的应用实例。

1. 模拟遥控输油臂液压系统

输油臂是输油码头上用于给油船输油的机构,能够在受控状态下,把码头上的油管与船上的进油口连接起来,其结构及控制系统如图 1.22 所示。图 1.22 表明,输油臂由内臂、外臂、竖管以及快速接头等组成,输油臂内臂、外臂和竖管的动作均由液压系统驱动。输油臂共有 8 种运动姿态:内臂向前和向后,外臂向上和向下,竖管水平左转和右转,快速接合和断开。如果液压系统采用手动控制,操作人员则必须在码头上进行操作,由于距离快速接头太远,看不到快速接头与船上油口的对接情况,因此还需要一名指挥人员在船上指挥,反复操作,才能对准,对接过程准确率差、效率低。如果采用无线遥控系统,由操作人员在油船输油口附近远程控制液压系统的工作,则可以大大提高工作效率。

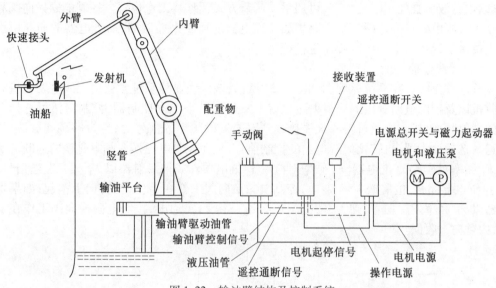

图 1.22　输油臂结构及控制系统

（1）液压系统原理

控制输油臂动作的液压系统由液压泵、方向控制阀以及液压缸和液压马达组成,内臂、外臂及快速接头的动作由液压缸驱动,竖管由液压马达驱动。内臂、外臂、快速接头及竖管分别形成 4 个支回路,由 4 个电磁换向阀控制其动作方向,因此该阀称为控制电磁阀。其中内臂支回路的液压系统原理图如图 1.23 所示。

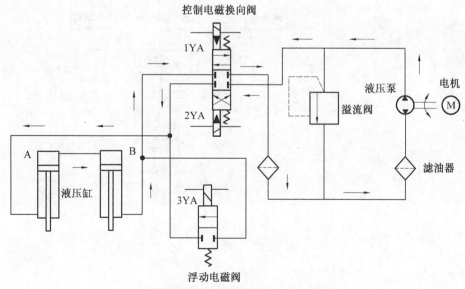

图 1.23　输油臂内臂支回路液压系统原理图

当图1.23中电磁铁1YA通电时,控制电磁换向阀工作在上位,液压泵的来油进入液压缸下腔,上腔接油箱,内臂液压缸活塞向上移动,从而推动内臂向上抬起;当电磁铁2YA通电时,控制电磁换向阀工作在下位,内臂液压缸活塞向下移动,从而推动内臂向下收回。如果电磁铁1YA和2YA断电,3YA通电,浮动电磁阀工作,此时液压缸上、下两腔连通,内臂液压缸处于浮动状态,可用手动调节方式调整其工作位置。控制电磁换向阀和浮动电磁阀电磁铁的通断是由电路中相应继电器的通断来控制的,而继电器的通断由操作人员调节遥控器上的调节旋钮进行控制。

(2)无线遥控系统

输油臂无线遥控系统原理图如图1.24所示,该无线遥控系统主要由无线电发射机和接收机以及控制电路等组成。发射机也就是操作人员手中的控制器,控制旋钮可选择不同的发射频率,接收机通过接收天线接收到不同发射频率的信号后,经过解调和滤波,然后送入选频放大器,再转化成继电器的控制信号,从而控制电磁换向阀电磁铁的通断。例如 F_1 频率对应着 J_1 继电器, F_2 频率对应着 J_2 继电器。如果发射器以 F_1 频率发送信号,则 J_1 继电器闭合,电磁铁1YA通电,控制电磁换向阀工作在上位,内臂向上抬起;如果发射器以 F_2 频率发送信号,则 J_2 继电器闭合,电磁铁2YA通电,控制电磁换向阀工作在下位,内臂向下收回。

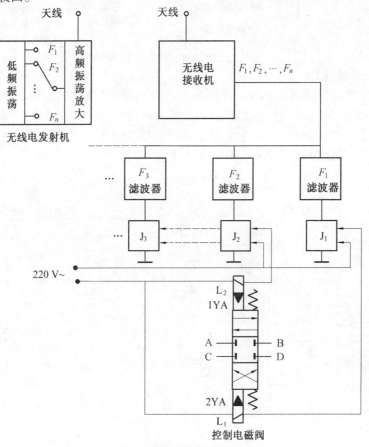

图1.24　输油臂无线遥控系统原理图

　　各电磁换向阀的控制电路如图 1.25 所示,无线遥控电路除了能够完成内臂、外臂、快速接头及竖管的动作控制外,还能实现各液压缸及液压马达的浮动控制以及液压泵电机的启动和制动控制。

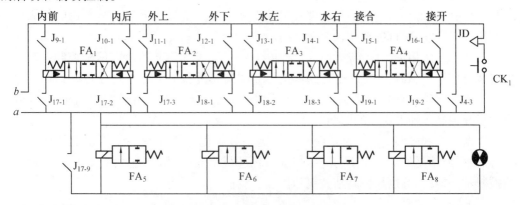

图 1.25　电磁换向阀的控制电路

　　由于输油臂动作控制精度要求不高,而且操作人员可以在现场进行操作,不需要采用传感器或摄像机等设备对动作情况进行监测,因此,采用模拟量控制的无线遥控液压系统,输油臂就能够快速而准确地完成从输油码头到油船的输油任务。近几年,随着数字控制技术的发展,数字遥控输油臂液压技术也应运而生。

　　2. 数字遥控液压装载机

　　数字遥控技术主要应用于需要传输大量数据的遥控系统中,尤其是需要对执行机构的工作状态进行实时监测的情况。数字遥控技术目前主要采用无线局域网或 Internet 技术进行数据传输和通信。

　　由芬兰 AvantTecno 公司生产,坦佩雷理工大学(Tampere University of Technology)液压及自动化研究所协助研制的数字遥控液压装载机,载重能力约为 1 t,主要应用在搬运、清洁、农业生产以及建筑工地等场合。基本工作结构包括铲斗和举升两部分,目前铲斗部分采用液压驱动,如果铲斗部分改用其他同样由液压驱动的工具,也可实现其他不同的动作功能。遥控液压装载机遥控系统的实现主要包括 3 部分:车辆上的局部控制、数据的无线传输以及远程控制中心用户界面的设计。需要在原有液压工程车辆上进行的改造任务是把机械驱动的液压阀替换成电动的伺服阀,并在控制系统中安装大量的传感器。该遥控装载机车辆和控制中心之间的无线连接是通过一个无线网卡实现的,这种方式成本低、工作可靠,而且技术成熟。远程控制中心的控制界面采用了两种方式:装有方向盘的笔记本电脑和手持式计算机(掌上电脑)。

　　(1)装载机简介

　　该遥控液压装载机两侧的前轮和后轮由铰链连接起来,分别由一个液压马达驱动。当左、右两侧的液压马达获得同样的流量输入时,装载机实现直行的动作。同理,如果左侧和右侧的车轮以不同转速转动,则实现转向动作。由于车轮转速与进入液压马达的流量成正比,因此,用液压阀调节进入液压马达的流量即可调节车轮转速。

　　铲斗和举升部分包括由两个液压缸驱动并用转动铰连接起来的两个连杆,铲斗和举升动作的方向和速度由两个液压阀来控制。

在未经改造的装载机中,液压马达和液压缸由 4 个阀来控制,操纵者通过手动操纵阀杆来机械地操作阀的动作。为了能够实现液压机械的遥控操作,机械操纵阀被电液伺服阀代替,从而使低功率的电信号能够准确地控制大功率的液压元件。被选用的伺服阀单边阀压降为 3.5 MPa 时,额定流量为 24 L/min。

液压系统采用 1 个由柴油发动机带动的变量泵,发动机转速由电信号控制。装载机上安装有多个传感器,其中 3 个传感器用于监测柴油机和车轮转速,2 个传感器用于测量铲斗和举升液压缸直线位移,5 个压力传感器用于测量液压马达和管路中的压力,此外还有对远程控制起辅助作用的照明装置及喇叭等。

数据采集和底层局部控制系统是由安装在装载机上的带 Dspace 控制卡的计算机来实现的,用户编制的程序用于与局部控制系统进行交互,收集数据,并把数据无线地传输给控制站,操作者可以从控制站监视和控制装载机。

(2)无线传输过程

装载机和控制站之间的无线连接是通过一个从市场上可以买得到的无线网卡和一个外置的天线来实现的,使用现有的网卡可以利用网卡中已有的数据传输方法(用 TCP/IP 协议实现的对等网络连接),不必再考虑无线网络硬件上的实现,因此是一种更经济的选择。

通信数据可以在 200 m 的范围内以 20～200 Hz 的速率进行传输,数据传输速率与装载机和控制站之间的距离以及是否有障碍物有关,数据在计算机之间采用对等网络异步传输。数据传输系统结构如图 1.26 所示。

系统初始化之后,装载机上的计算机通过传感器采集数据,然后把数据信息打包发送到控制站。控制站检测到数据包后,进行误差检测,以确保数据的完整性,一旦数据被接收并确认后,控制站便把数据显示给用户,并把不同执行元件的新参考数值发送给装载机(先前的参考数值是由操作者输入的)。当装载机上的计算机检测到有新的信息传来时,进行一定的判断和转化,并把新的参考值和已有的传感器测量值相结合,产生新的执行元件(伺服阀、柴油机带动的泵和节流元件)的控制信号,然后,传感器数据再一次被采集,并发送回控制站,这样形成一个封闭的通信环节。在控制站和装载机之间传输的数据有传感器数据和参考数据,这些数据被压缩在有 200 个字节的数据包中。装载机上还设有安全保护装置,如果正确的数据包在 300 ms 内没有被接收,则自动停机。

(3)操作者界面

操作者要进行远程控制的动作有装载机的行驶方向和速度,以及铲斗和举升手臂的位置。因此为能成功地完成工作任务,操作者必须要接收来自传感器的信息,包括装载机的运行信息和铲斗及手臂举升信息等。运行方向和速度信息可通过安装在车轮上的速度传感器来获得,也可结合操作者的直接观测或通过摄像机的观测来获得;铲斗和手臂举升的位置信息可通过安装在液压缸上的位移传感器来获得,也可结合操作者的直接观测或摄像机的观测来获得。

除了完成任务所必需的传感器信息外,还有一些与安全和效率有关的信息需要传递给操作者,例如,无线连接的状态、油温、剩余的燃油量、柴油发动机每分钟的转数,以及车轮转矩等。

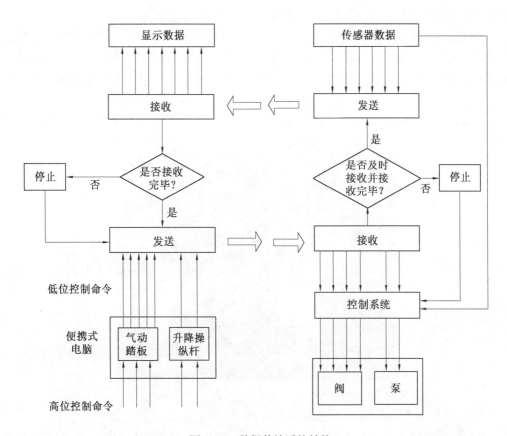

图 1.26 数据传输系统结构

为这种小型的遥控液压装载机所开发的人机界面有两种形式:一种是使用带转向轮的笔记本电脑以及用于远程控制的气动踏板,采用直接观测或摄像机观测的方式进行控制;另一种是使用掌上电脑,通过传感器信息加直接观测的方式进行控制。

通过前面介绍的无线传输协议,使用上述两种人机界面中的任何一种进行远程控制,都不需要对装载机上的计算机进行任何修改。

原装载机上的手动控制是由车上的操作者使用两个操纵杆来完成的,当向前推或向后拉左侧的操纵杆时,左侧车轮分别向前或向后运动;同样操作右侧操纵杆,右侧车轮做同样动作。铲斗和手臂举升动作分别由左侧和右侧操纵杆的水平移动来实现。此外,操作者可通过拨动位于左操纵杆上端的一个推杆来实现速度高低的切换。

车上的操作者可得到的传感器信息包括油温和指示灯信息,例如发动机运转指示、电池低电量警告以及油温过高指示等。

采用带转向轮的笔记本电脑这种人机交互界面时,笔记本电脑安装了转向轮、气动踏板以及一个操纵杆,气动踏板用于加速或减速运动控制,操纵杆用于远程操纵铲斗和手臂的升降,由转向轮、气动踏板和操纵杆产生的高级控制命令被转换成用于控制装载机上伺服阀的低级控制命令,并被无线传输到装载机上的局域控制系统。

实现运动控制的转向轮和气动踏板使用方便,相对于原来的手动控制中采用左、右两个操纵杆来控制动作的方式,现在的控制方式具有更大的优越性。

人机交互界面上的控制系统还设置了一个虚拟的齿轮箱,操作者可以在中间位置、低速、高速及倒车之间进行选择,通过按下转向轮上的"齿轮-上"和"齿轮-下"按钮即可选择想要的虚拟齿轮。转向轮和操纵杆上的按钮还可实现前灯、喇叭及其他附属功能的切换。

采用带转向轮的笔记本电脑人机交互界面如图 1.27 所示,操作者可以从计算机屏幕上看到的信息包括装载机的速度、柴油发动机的转速、车轮扭矩及供油压力等。

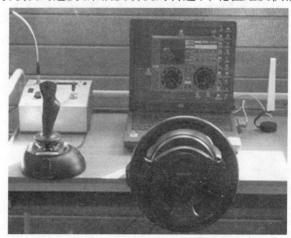

图 1.27　带转向轮的笔记本电脑人机交互界面
[图片来源:http://www.iha.tut.fi]

在笔记本电脑人机交互界面中,还可采用基于数学模型的远程控制方法,即利用计算机产生的装载机三维虚拟模型来显示铲斗和手臂举升的位置,也可采用直接观测或摄像机观测的方式进行额外的监测。因此,人机交互界面中也可显示装载机运动的虚拟图像或摄像机反馈回来的装载机动作图像。

在人机交互方式中也可采用掌上电脑进行交互式操作,操作者用金属笔在触摸屏上选择需要执行的操作,其图形界面如图 1.28 所示。

如果采用掌上电脑人机交互界面,则控制装置体积小,便于携带。但由于掌上电脑屏幕尺寸小,操作者能够看到的信息量也受到了限制。此外,为提高控制效率,操作者用于控制远处装载机的控制命令也必须进行处理和压缩。掌上电脑人机交互界面,整个屏幕从下到上被分成 4 个区域:移动控制区、操作(网络连接、紧急刹车、前灯、工作灯和喇叭)按钮区、信息显示区以及铲斗和手臂升降控制区。如图 1.28 所示,移动控制和铲斗及手臂升降控制用带箭头的按钮表示。

装载机的移动动作是通过位于屏幕下部的控制区来实现的。气动踏板的动作是用两个位于屏幕下部中间位置的上、下箭头键来控制的,这两个键分别代表增大和降低柴油发动机的转速以及装载机的运行速度(通过开大、关小相应的伺服阀来控制)。

柴油发动机的工作状态显示在位于上、下气动键右侧的显示条中,显示的是发动机相对于最大转速的相对转速。转速的数值和装载机的行驶速度值一起显示在信息区域中。方向控制通过向左和向右的箭头键来实现,当某一个按键被按下后,相应被选择的那个方向转速将增加。位于方向控制键下方的显示窗口显示了装载机的角速度。操作者需要使用的虚拟齿轮(中位、低速、高速及倒车)可用位于屏幕右下角的上、下箭头来选择,上、下箭头分别代表"齿轮-上"和"齿轮-下"。

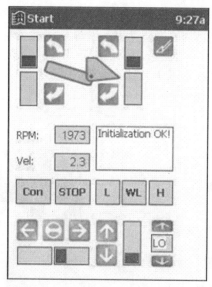

图 1.28　掌上电脑人机交互界面

动作控制按钮有 5 个,它们从左到右分别是:"Con"按钮,用于启动装载机的网络连接;"STOP"按钮,重置所有命令初值为零,并把这些值发送到装载机;"L""WL"和"H"分别用于切换前灯、工作灯和喇叭。

信息显示区域用于显示装载机目前的行驶速度和柴油发动机的转速,以及其他所有与装载机和掌上电脑的工作状态有关的信息。

铲斗和手臂升降动作是由位于屏幕上部的控制区控制的,要对铲斗和手臂升降进行控制,必须先激活屏幕右上方的按键才能实现,左、右两侧的箭头键分别用于增大或减小驱动铲斗和手臂动作的液压缸的速度。

(4)应用场合及人机界面选择

对于需要实现远程控制的装载机或其他液压工程机械,根据控制站中的操作者和远处工程机械之间的距离,控制系统人机界面方式可分为 3 种类型。

①操作者离被遥控工程机械很近,能够直接看到工程机械的工作情况。对于这种类型的远程控制,可采用掌上电脑实现的人机界面。因为掌上电脑具有便于携带的优点,所以这种人机界面的好处是:当工程机械完成某些辅助的任务时,例如行驶到服务区、加油或夜间停车等,操作者可以始终跟随在工程车附近。

②操作者和工程机械之间中等距离的场合,可使用带转向轮、气动踏板及操纵杆的笔记本电脑。在这种情况下,仍然要求操作者能够直接观测到远处被操纵的机械。

③远距离的遥控控制,这种应用场合最好是采用一个配备了多个监视器的控制室作为用户界面,多个监视器可以显示从远处摄像机(安装在现场的固定式摄像机和安装在被遥控机器上的移动式摄像机)传来的工作录像,同时与为中等距离遥控情况开发的转

向轮、气动踏板及操纵杆一起使用。如果控制系统需要,还可增加路线跟踪、计划和控制功能等。

3."大狗"机器人中的遥控液压技术

"大狗"(BIGDOG)机器人是由美国波士顿动力公司(Boston Dynamics)专门为美国军队研制的一种形似机械狗的液压驱动四足仿生机器人,其整体结构如图1.29所示。"大狗"与真狗一般大小,主要功能是在恶劣环境下运送重型单兵物资与武器,例如为士兵运送弹药、食物和其他物品等,从而在战场上发挥重要作用。"大狗"机器人的成功研制和在美军的使用加快了军队机械化的速度,也为遥控液压技术在机器人上的应用提供了成功典范。

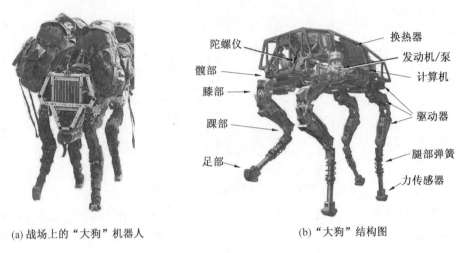

(a) 战场上的"大狗"机器人　　　　　(b) "大狗"结构图

图1.29　"大狗"机器人的整体结构(波士顿动力公司)

美国波士顿动力公司的"大狗"机器人由汽油发动机驱动的液压系统带动其有关节的四肢运动,陀螺仪和其他传感器帮助机载计算机规划每一步的运动。"大狗"机器人依靠感觉来保持身体的平衡,如果有一条腿比预期更早地碰到地面,计算机就会认为它可能踩到了岩石或是山坡,然后就会相应地调节自己的步伐。这种平衡性通过四条腿维持,每条腿由3个液压传动装置为关节提供动力,并有一个"弹性"关节。这些液压驱动的关节由一个机载计算机处理器控制,机载计算机由远程终端进行监控,从而实现了"大狗"机器人的远程控制。"大狗"机器人项目由美国国防部高级研究计划署(DARPA)资助,该机构希望"大狗"机器人可以在那些军车难以出入的险要地势助士兵一臂之力。另外,地面上士兵往往需要携带40 kg的装备。波士顿动力公司的创始人雷波特说,最新款"大狗"机器人可以攀越35°的斜坡,可承载40 kg的装备,约相当于其质量的30%。

"大狗"机器人的液压系统如图1.30所示,由汽油发动机带动变量液压泵供油,此外液压系统还装有液压油箱、蓄能器、换热器、过滤器、阀块等液压元件以及各种压力、流量、温度传感器等。4条腿上共装有12个集成液压驱动装置,该关节液压驱动装置如图1.31所示,主要由集成了两级伺服阀、位移传感器、力传感器的液压缸组成。"大狗"机器人的心脏为12.7 kW的双缸内燃机,在其驱动下变量泵可输出20.68 MPa的高压油,经由主阀块按需分配至4条腿的液压驱动装置。电液伺服阀的响应频率高达1 000 Hz,可高频率精确调节液压驱动装置所需液压能量,以应对外界复杂多变的环境要求。

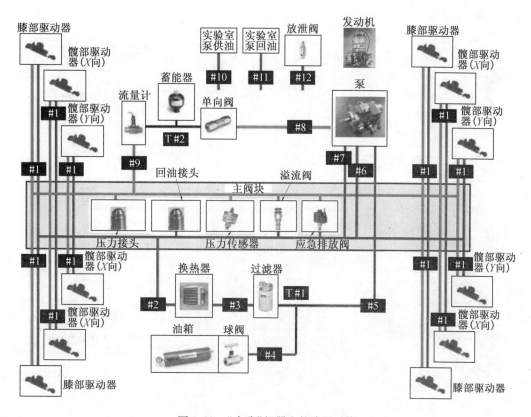

图 1.30 "大狗"机器人的液压系统

图 1.31 "大狗"机器人的关节液压驱动装置

整个液压系统的运行由一个机载计算机进行控制,该机载计算机通过接收远程控制终端的控制指令对液压驱动装置进行控制,从而控制"大狗"机器人的腿部关节实现机器人的运动控制和动作调整,机载计算机通过"大狗"机器人上安装的各种传感器感知机器人的运动,经过控制算法对机器人进行进一步的步态调整,发送进一步的控制指令。为实现以上功能,"大狗"机器人拥有一套专属的软件系统,其软件架构如图 1.32 所示,主要包括人员跟踪、姿态估计、传感器驱动、路径规划、运动控制、驱动器、数据记录等子模块。其中人员跟踪模块主要采用无线遥控技术以确保机器人始终跟随在步兵前后,包括利用三维激光扫描仪和视觉测距单元识别步兵背部的激光引导器,确保机器人与步兵的距离始终维持在一定范围;利用 GPS 数据引导,步兵携带的 GPS 设备可通过无线通信的方式将位置数据发送给机器人,机器人根据自己当前 GPS 位置自主规划路径寻找步兵;步兵亦可利用无限雷达收发装置直接呼叫机器人并下达路径规划指令,机器人接收指令后自主寻找步兵。

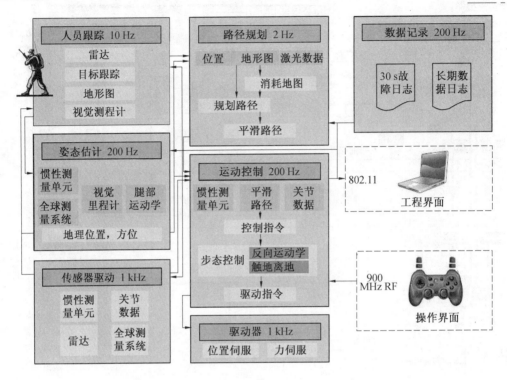

图 1.32 "大狗"机器人的软件架构

1.4 "工业4.0"液压技术

液压技术的发展有其自身特点,但同时又深受工业革命发展变革的影响。随着工业革命由信息化时代("工业3.0")向智能化时代("工业4.0")迈进,机电一体化液压技术已不能满足"工业4.0"对智慧型液压元件及系统的要求。因此,一种结合液压、电子电气控制和开放式通信技术的网络化解决方案正逐渐成为未来的发展趋势,智能化的"液压4.0"时代亦随之到来。

1.4.1 "工业4.0"概述

"工业4.0"是基于工业发展的不同阶段而言,又称之为第四次工业革命。其中"工业1.0"是机械化时代,利用水力及蒸汽能作为动力源而突破了人力或兽力的限制;"工业2.0"是电气自动化时代,电力的广泛应用为生产提供动力与支持,同时使得机器生产机器的目标成为现实,生产力得到飞跃发展;"工业3.0"是信息化时代,电子设备及信息技术的发明和使用极大消除了人为影响以实现精确自动化的工业制造;"工业4.0"是智能自动化时代,主要依托网络物理系统(Cyber-Physics System)的建立,可主动排除生产障碍,从而使高度自动化的工业生产得以实现。

　　"工业 4.0"的概念最早是在 2011 年的汉诺威工业博览会上提出,2013 年德国工程院正式发起"工业 4.0"倡议,这一举措进一步巩固了德国作为生产制造基地、生产设备供应商和IT 业务解决方案供应商的地位。"工业 4.0"的核心特征是高度自动化的智能集成感控系统,主要包括智能工厂、智能生产和智能物流三大主题。其中,智能工厂是构成"工业 4.0"的核心元素,在智能工厂内要求单体设备是智能的,而且要求工厂内所有设备、设施与资源(机器、物流、原材料、产品等)实现互通互联,以满足智能生产和智能物流的要求。

　　与传统生产相比,"工业 4.0"有以下优势:产品上的部件均携带信息,可与操作者和机器进行交互通信;部件、操作者和机器之间可实时交换实际状态与生产能力数据,以保证生产的顺利进行;操作者可与机器携手工作;移动辅助系统可通过自动联网实时分析部件和机器的数据以支持人类工作;可提前预测并预防各类故障发生;使得智能工厂更加灵活稳健。它对未来的生产有以下潜在影响:个性化和定制化产品可以大规模批量生产;对工作和市场环境中不可预料的外部变化具有更强的抵抗力;产品、机器和人之间的数据交换为服务行业提供了新的机遇,同时也意味着更多的工作机会;未来的工厂只生产所需的产品,避免了资源的浪费。

　　"工业 4.0"技术和方法不仅适用于产品的制造和组装,还可用于支持产品生命周期的其他阶段,如图 1.33 所示。比如,在产品设计阶段,客户可下载液压产品制造商提供的仿真模型,使用 MATLAB/Simulink 等仿真工具对整个液压系统进行仿真,以提高早期开发阶段的产品设计质量;在购买阶段,使用在线配置工具加快个性化产品的购买,以适应客户的精确需求;在产品调配阶段,采用射频识别(RFID)标签追踪每个零件的准确位置,以提高可靠性并降低库存;系统数据的实时远程访问使专家能在数千公里外提供技术支持,大大加快了产品的设置和配置过程;在产品使用和运行阶段,工件可以自我识别需要的制造步骤,并自主匹配下一流程所需的机器,以实现更灵活的分散式生产过程控制;在产品维护阶段,通过分析来自跨组件和系统传感器的数据,可以创建一个全面的状态图,并基于已知的原因关系模型或大数据分析预测可能的故障,以降低维护成本和意外停机时间。

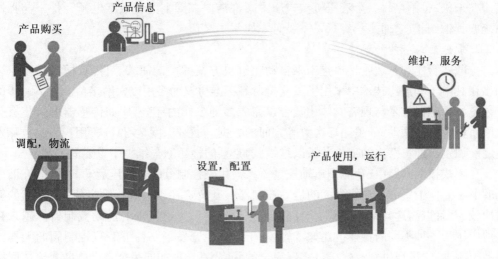

图 1.33　产品生命周期图

1.4.2 "液压4.0"技术

纵观液压技术的发展历史,可以发现其发展历程与工业革命惊人一致。"液压1.0"是低压水液压时代,"液压2.0"是油液压时代,"液压3.0"是机电一体化液压时代,而"液压4.0"是网络化智能液压时代。"工业4.0"的到来给现行的液压技术提出了更高的要求,如何将液压系统融入"工业4.0"中,从而快速迈入"液压4.0"时代是当前液压行业亟须解决的难题。

在"工业4.0"中,将实际生产的物理世界与信息技术的虚拟世界紧密融合正变得愈发重要。其对自动化技术的要求已明确定义为:分散式智能和自主行为,开放的通信标准,快速的联网能力以及实时的集成环境。将液压系统与数字控制和开放式通信技术相结合的网络化解决方案,可完美吻合"工业4.0"的要求。此外,该方案还带来了液压系统的独特物理优势,例如高功率密度、模块化设计或网络解决方案的鲁棒性。

目前,将液压系统集成到"工业4.0"的关键步骤已经基本实现:连接液压执行机构与数字控制电子装置,以此将液压元件(如控制阀)的功能转移至软件。流体技术的所有特征将会以算法的形式存储在软件中,该驱动技术的非线性亦会被算法自动抵消。凭借这种分散式智能,液压驱动器能自主运行并适应其参数变化过程。

目前"液压4.0"中已经实现或亟须解决的关键技术问题包括:

1. 智能联动技术

智能联动技术是"液压4.0"实现的关键。在传统液压技术中,机械元件多用来完成阀的控制任务,目前电子控制器中的分散式智能模块正逐步取代这一功能。例如,博世力士乐公司的Sytronix系列驱动器可根据执行元件的功率需求自动调节泵驱动器的转速,这种变转速液压系统与定量系统相比可节约高达80%的能耗。

有关"工业4.0"的讨论显示,对所有必要的功能或机能进行重新定义至关重要。只有在机械、电子和传感器等产品完全实现标准化的前提下,才有可能实现主动的互联和通信。在未来,也不是每一个液压机械式压力阀都需要在阀上配置数字电子元件来与控制系统或其他阀相连,而是只有真正需要时才如此。

2. 带分散式智能的解决方案

分散式智能和开放式接口是未来自动化解决方案的关键需求。目前,博世力士乐公司已在其电子和液压技术中采用了可支持所有标准协议的多用以太网接口。其下一步的计划是将传感器技术与现有阀体相融合以完成多种多样的任务,比如传感器可采集有关油液质量、油温、振动、开关循环次数等方面的数据。通过深度学习算法,用户可在故障发生之前识别出即将磨损的部件并予以维护,这是预防性诊断与维护中重要的一环。

在闭式控制回路中,智能型单轴控制器已被用来控制分散式液压运动。为此,在液压阀的电子元件中集成了功能强大的运动控制器。其负责在现场进行给定值-实际值的实时比较,并且以高达几微米的精度对阀进行控制。这种无电气柜的运动控制器已越来越多地应用于各种不同的行业。比如,博世力士乐公司开发了一种带IAC控制阀的无柜式运动控制器,它可通过开放式接口实现完全的联网,其功能如同一个自带分散式流体回路的伺服液压轴。在这种即装即用的轴中,电机泵组、阀块和油缸形成独立的组件,机器制造商仅需为其接上电源和控制电缆即可。

3. 即插即用式液压元件

在未来,一流的控制器将完全取代迄今为止对运动控制仍十分重要的控制阀。例如,电动驱动器可直接接收液压缸的定位。如此,液压传动原则上完成了与机电式线性驱动器同样的功能:将电驱动器的回转运动转换成线性运动,同时还具有所有液压的优点,包括无磨损和高功率密度。

而接下来的自给自足式线性轴的发展阶段将这种优势发挥得更加明显。它们将形成带有高度集成流体回路的、即装即用型液压缸组件。因此,机器不再需要分立式中央液压动力站。这种自给自足式线性轴可以如同电驱动器一样进行连接,仅需一条动力电缆以及与控制系统相连的通信电缆。在设备调试工作中,可使用与电驱动器一样的软件工具。调试人员不再需要拥有深厚的液压知识,其仅需配置预编程的液压功能即可。

4. 采用 3D 打印的新型设计

"液压 4.0"时代,在新材料与加工技术领域亦有所突破。采用 3D 打印的型芯铸造阀或者直接打印的阀在工作中能够节约大量的能耗。在采用闭式模具制作型芯时,必须在型芯设计中充分考虑到型芯模具的可分性,而采用 3D 打印技术制作的型芯则没有这种顾虑。采用该技术设计的流道在工作过程中只会产生很小的压力损失,由此大大改善了能耗情况。在一个流量为 10 000 L/min 的阀中,由于流动阻力的减少可节省高达 10% 至 20% 的运行成本。

1.4.3 "液压 4.0"技术实例

博世力士乐公司于 2017 年 4 月推出了全新的变频控制液压动力单元 CytroPac,其总体结构图如图 1.34 所示。该产品集液压元件、变频器、电机、泵、传感器于一体,是一款无须安装柜的动力单元。由于引入了按需速度控制设备,CytroPac 的能源消耗大大降低,调

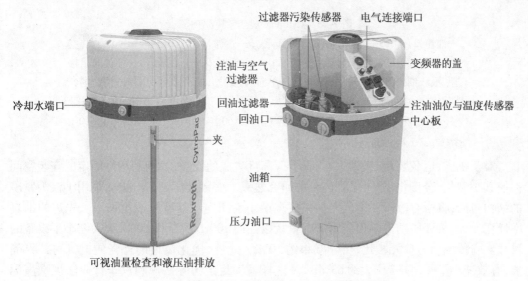

图 1.34　博世力士乐公司的 CytroPac 总体结构图

试亦得到简化,可实现即插即用。同时,分散式变频液压站能够监测所有的操作状态,完美适配"工业4.0"技术方案需求。其功率最高可达到4 kW,最高工作压力为24 MPa,流量可达35 L/min。

从本体结构看,可以将CytroPac分为上、下两段。压力输出和排油端口位于下半部分,而在中间结合部的两侧分别为冷却液和油路回流的端口。CytroPac的上半部分半圆形盖板下覆盖有空气过滤器、回油过滤器以及多个电气连接端口,包括双以太网端口,快插交流电源端口,USB端口,油位、油温和回油过滤器传感器。而变频液压动力总成的内部结构由交流变频器、电机和油泵自上而下串联组成。CytroPac可将交流电能转换成设备需要的可调节液压动力输出,其液压系统原理图如图1.35所示。

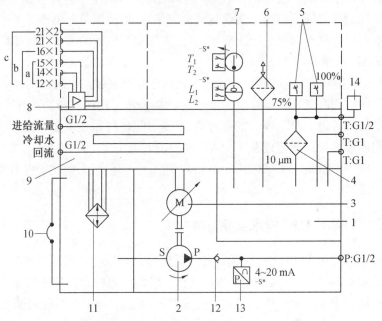

图1.35 CytroPac液压系统原理图

1—油箱;2—泵;3—电机;4—回油过滤器;5—过滤器污染传感器;6—注油与空气过滤器;7—注油油位与温度传感器;8—变频器;9—中心板;10—可视油量检查和液压油排出;11—制冷组件;12—单向阀;13—压力负载单元;14—注油耦合器;a、b、c—传感器配置:"基本""高级""顶级";$T_{1,2}$—温度传感器的值(读数)上下限;$L_{1,2}$—注油油位传感器的读数上下限,60 ℃时警告,65 ℃时停止;10 L时警告,7 L时停止

对于机床、运载装备、机器人、飞行器等高度集成的设备,如何利用好固定的安装空间促使其小型化、轻量化,一直是国内外的研究热点。变频液压站CytroPac采用了极为紧凑的结构布局,将所有液压和电气元件集成在最小空间内。其液压油箱采用了先进的抽真空优化设计,将液压动力输出所需的油量从以往的100 L减至仅20 L,大大缩小了设备的尺寸。与传统动力单元相比,尺寸减小约50%。此外,优化设计的外壳使电机与外界隔离,有效减小了噪声排放(大约63 dB)。这样就满足了国际法规和汽车行业法规噪声标准,而无须外设占用空间的昂贵外壳。

CytroPac 在 Sytronix 变速泵驱动器的基础上研发而来,其采用一体式变频器,能够根据负载需求自动控制电机转速,实现按需供应流量和压力。与恒定动力单元相比,CytroPac 可根据不同的负载周期特性,在输出功率保持不变的情况下,将能源需求降低 30%~80%。这样不仅可以适应环境对社会的可持续发展要求,也极好地满足了欧盟生态设计指令 2009/125/EC 对二氧化碳排放量和能源消耗的要求。同时,按需速度控制减少了油液的输入量,抑制了热量的产生,从而很大程度上降低了冷却需求。此外,为进一步提升连续输出功率和性能,CytroPac 还集成了节省空间的创新解决方案——热管技术。该技术可将泵内热量迅速传递至变频器下方的散热片处,再与冷却液进行热交换,整个泵体的散热功率高达 2 kW。

一体式变频器是一种分散式智能元件,其可通过常用的实时以太网接口 Sercos、EtherCAT、PROFIBUS、EtherNet/IP、Modbus/TCP 及 PROFINET 与机器控制设备进行通信。调试过程将变得十分简单,只需接通电源,就可实现控制系统、液压回路和冷却水回路的互联通信。

CytroPac 专为"工业 4.0"时代日益提升的信息需求而设计,其核心价值在于其内部有一套集成了变频驱动器、各类状态监测传感器和总线数据端口的油路控制系统。基于这样一套油路变频控制系统,CytroPac 的使用亦变得极其简单,仅通过简单的参数设置即可实现对其各项功能(如压力、流量等)的快速调整,而无须再在设备控制系统中编写过多的液压油路控制逻辑和程序。内部集成的各类传感器和与之配套的可视化调试软件,能够让用户更加直观地监控液压站当前和历史运行状态,例如,油温、压力、油位和回流滤芯污染状态等,并依此及时优化参数设置或更换模块部件(如回路滤芯)。同时,由于 CytroPac 集成有以太网通信端口,用户有机会借助网络总线将液压站纳入整台设备(甚至整个产线)的运行、操作和监控系统,这将极大地提升用户对于液压站的应用体验,尤其是在使用过程中与运维和保养相关的部分。而双以太网端口的设计,将方便用户在一个设备网络中同时串入多台动力单元,实现包括主从、冗余等在内的各种复杂液压应用。

CytroPac 这种"数字式智能型液压站"的出现,不仅仅提升了液压动力产品的应用体验,未来很可能彻底改变生产线中液压动力系统的配置方式:小功率液压动力单元网络将会逐步普及甚至取代大功率分立式液压站。产线将会因此受到更多益处,例如,灵活的空间布局,更高效的动力分配,整个系统亦将更加节能高效。

参考文献

[1] 王明霞,华兰品. 3700 造纸机液压系统及计算机闭环控制的应用[J]. 轻工机械,2004 (4):12-14.

[2] THOMPSON H A. Wireless and internet communications technologies for monitoring and control [J]. Control Engineering Practice, 2004(12):781-791.

[3] 刘琛,乔占俊. 机电一体化技术在液压挖掘机中的应用[J]. 河北理工学院学报,2002,24 (3):42-47.

[4] 曹军义,刘曙光. 基于 Internet 的远程测控技术[J]. 国外电子测量技术,2001(6):17-21.

[5] 王晓峰,吴平东,黄杰,等. 基于因特网的液压系统远程控制的基础研究[J]. 兵工学报, 2004,25(5):581-585.

[6] 张剑慈. 计算机测试技术在液压系统故障诊断中的应用[J]. 机床与液压, 2003 (1):6,250.

[7] 眭召令,闵永军,陈旻,等. 汽车液压制动系的计算机诊断系统[J]. 南京林业大学学报, 2000,24(4):32-34.

[8] 祝海林,邹旻. 人工智能在液压系统故障诊断中的应用[J]. 液压与气动,1995(5): 5-6.

[9] 阳洪志. 微机在液压系统故障诊断中的应用[J]. 工业仪表与自动化装置,1995(2): 24-27.

[10] 纪云锋,陈欠根,何清华. 小松液压挖掘机机电一体化控制系统分析[J]. 现代机械, 2003(5):4-5.

[11] 石红,王科俊,李国斌. 液压设备故障诊断技术的研究与发展[J]. 中国机械工程, 2001,12(11):1323-1326.

[12] 陈章位,路甬祥,傅周东. 液压设备状态监测和故障诊断技术[J]. 液压与气动, 1995(2):3-7.

[13] 诸葛起. 液压元件故障诊断与工况监测技术研究[D]. 杭州:浙江大学,1989.

[14] 蔡倩,湛从昌. 液压系统计算机辅助监测与故障诊断[J]. 武汉冶金科技大学学报, 1997,20(3):348-355.

[15] 湛从昌,蔡倩. 液压元件及系统计算机辅助监测与故障诊断[J]. 机床与液压, 1997(6):53-54.

[16] 徐瑞银,董和平. 液压站故障诊断专家系统分析法[J]. 煤矿机械,2004(10):131- 132.

[17] 陈丰峰,柴光远,郑大腾. 液压装载机机电液一体化节能控制[J]. 起重运输机械, 2005(1):22-24.

[18] 路晶,王庆波. 现代液压挖掘机的机电一体化技术[J]. 济南交通高等专科学校学报, 1998,6(2):38-42.

[19] 汪健,倪维斗. 人工神经元网络用于电厂故障诊断[J]. 动力工程,1997,17(2):6-11.

[20] 王少萍,王占林. 液压泵故障诊断的神经元网络方法[J]. 北京航空航天大学学报, 1997,23(6):714-718.

[21] 许益民,邹伟. 基于 BP 网络的伺服阀故障诊断方法[J]. 武汉冶金科技大学学报, 1999,22(6):164-166.

[22] 周建华,胡敏强,周鄂. 基于思维模式融合故障诊断的专家系统与神经元网络[J]. 电工技术学报,1999,14(2):1-4.

[23] 王仲文. 工程遥控遥测技术[M]. 北京:机械工业出版社,1991.

[24] 王晓峰,吴平东,任长清,等. 基于 TCP/IP 的远程控制系统中动态补偿器的仿真研究[J]. 北京理工大学学报,2002,22(6):695-698.

[25] LAMPINEN S, KOIVUMAKI J, MATTILA J. Full-dynamics-based bilateral teleoperation of hydraulic robotic manipulators [C]. Munich: 2018 IEEE 14th International Conference on Automation Science and Engineering (CASE), 2018: 1343-1350.

[26] RANEDA A, VILENIUS J, HUHTALA K. Teleoperation interfaces for a remote controlled hydraulic mobile machine [C]. Kobe: Proceedings of the 2003 IEEE/ASME International Conference on Advanced Intelligent Mechatronics, 2003: 784-789.

[27] RANEDA A, VILENIUS J, HUHTALA K. Development of a teleoperated hydraulic mobile machine[C]. Tampere: Proc. SICFP 2003, 2003: 449-459.

[28] BigDog overview[EB/OL]. (2008-11-22)[2020-01-01]. https://www. offiziere. ch/wp-content/uploads/bigdog_overview. pdf.

[29] 丁良宏. BigDog 四足机器人关键技术分析[J]. 机械工程学报, 2015, 51(7): 1-23.

[30] WOODEN D, MALCHANO M, BLANKESPOOR K, et al. Autonomous navigation for BigDog[C]. Alaska: 2010 IEEE International Conference on Robotics and Automation, 2010: 4736-4741.

[31] GUENDER A. New design for hydraulic power units[EB/OL]. (2018-04-19)[2020-01-01]. https://community. boschrexroth. com/t5/Rexroth-Blog/New-design-for-hydraulic-power-units/ba-p/99.

[32] Ready for Industry 4. 0: Connected hydraulics[EB/OL]. (2017-07-01)[2020-01-01]. https://www. boschrexroth. com/en/xc/trends-and-topics/directions/ready-for-industry-4-0-connected-hydraulics/.

[33] 许仰曾. "工业 4. 0"下的"液压 4. 0"与智能液压元件技术[J]. 流体传动与控制, 2016(1): 1-10.

[34] 张海平. 工业 4.0 给流体技术行业带来的机遇和挑战[J]. 液压气动与密封, 2016, 05: 78-89.

[35] BRANDSTETTER R, DEUBEL T, SCHEIDL R, et al. Digital hydraulics and "Industrie 4. 0"[J]. Proceedings of the Institution of Mechanical Engineers Part I Journal of Systems & Control Engineering, 2017, 231(2): 82-93.

第 2 章 数字液压传动技术

相对于模拟系统，数字系统具有成本低、可靠性高、性能优越、易于程序化等优越性。随着计算机技术在液压技术中的大量应用，流体控制元件的数字化成为一种必然的趋势。数字液压技术按照数字技术实现的方式，可分为间接式数字液压传动技术和直接式数字液压传动技术两种，本章将主要介绍直接式数字液压传动技术。

目前可实现数字化的液压元件有液压泵、液压缸、液压阀以及各种液压测试装置等，而实际上大多数液压泵和液压缸的数字化也主要通过内置各种数字式的液压阀来实现。因此液压阀的数字化是液压传动技术数字化的关键，也是本章主要介绍的内容。

2.1 概　　述

间接式数字液压传动技术和直接式数字液压传动技术各有其优缺点。间接式数字液压传动技术由于技术路线和硬件条件成熟，因此成为目前普遍采用的数字化液压传动技术；直接式数字液压传动技术虽然还有待于进一步发展和完善，但由于其具有可靠性高、结构简单等特点，因此正逐渐被应用。

2.1.1 间接式数字液压传动技术

间接式数字液压传动技术是指采用传统的液压比例阀或伺服阀等模拟信号控制元件，通过数字量和模拟量转换接口（D/A 接口），把数字控制信号转换成模拟控制信号，从而实现比例阀或伺服阀等控制元件动作的控制方式。利用这一技术，所有的液压比例阀或伺服阀都可以进行数字化改造，因此实现原理相对简单。本书第 1.1 节中介绍的 MOOG 公司 D941pQ 伺服-比例阀就是通过这一方式来实现数字化的。间接式数字液压传动技术的实现原理如图 2.1 所示。

间接式数字液压传动技术存在以下缺点：

①由于控制器中存在着模拟电路，容易产生温漂和零漂，这不仅使得系统易受温度变化的影响，同时，也使得控制器对阀本身的非线性因素，如死区、滞环等难以实现彻底补修；

②增加了 D/A 接口电路，增加了成本和故障发生概率；

③用于驱动比例阀和伺服阀的比例电磁铁和力矩马达存在着固有的磁滞现象，导致阀的外控特性表现出 2% ~8% 的滞环，采用阀芯位置检测和反馈等闭环控制的方法可以基本消除比例阀的滞环，但却使阀的造价大大增加；

④由结构特点所决定，比例电磁铁的磁路一般只能由整体式磁性材料构成，在高频信号作用下，由铁损而引起的温升较为严重。

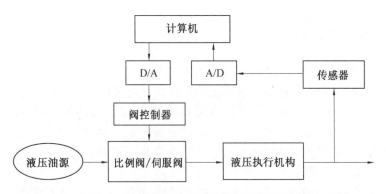

图 2.1　间接式数字液压传动技术的实现原理

2.1.2　直接式数字液压传动技术

直接式数字液压传动技术是指不需要数字量和模拟量转换接口(D/A 接口),直接利用数字信号来控制液压元件动作的控制方式。目前,直接式数字液压传动技术主要可分为开关式数字液压传动技术、阀组式数字液压传动技术以及步进式(增量式)数字液压传动技术等几种。

1.开关式数字液压传动技术

开关式数字化方式是通过控制高速开关元件的通断时间比,以获得在某一段时间内流量或压力的平均值,进而对下一级液压执行机构进行控制的控制方式。在液压系统中,这种控制方式的控制信号是开关量,因此本质上是直接数字控制。该方法通常采用脉宽调制(Pulse Width Modulation,PWM)方式控制高速开关元件的动作,因此该数字液压传动技术的性能很大程度上取决于高速开关元件的性能。

2.阀组式数字液压传动技术

阀组式数字液压传动技术的控制调节元件由多个普通的液压阀组合而成,这些普通的液压阀可以是电磁换向阀、压力阀或流量阀,液压阀组中的每个阀具有不同的参数等级,组合起来形成一个阀组,该阀组接收由微机编码的、经电压放大后的二进制电压信号,从而使阀组中具有不同参数的液压阀按编码方式工作或不工作,形成不同的工作组合,从而实现对液压系统压力或流量的数字化控制。该数字化方式省去了昂贵的 D/A 转换装置,但需要多个液压阀。

3.步进式(增量式)数字液压传动技术

步进式(增量式)数字液压传动技术是由步进电机作为驱动设备来实现的数字液压传动技术。步进电机是一种数字控制元件,利用步进电机加适当的旋转-直线运动转换机构来驱动液压阀芯和液压缸、或由步进电机直接驱动转阀再控制液压马达,就可以实现直接数字控制。由于这类控制方式是采用步进电机作为电-机械转换元件,将输入信号转换为与步进电机的步数成比例的输出信号,因此具有重复精度高、无滞环、无须采用D/A转换和线性放大器等优点。但又由于这种控制方式是通过步进运动方式将输入的信号量化为相应的步数(脉冲数),因此存在量化误差。通过增加工作步数可以减小量化误差,但响应速度会大大降低。

2.1.3　数字液压元件

1. 数字液压阀

液压阀的数字化方式也有间接数字化和直接数字化两种,可通过增加 D/A 转换器来实现间接数字化的液压阀主要是各类比例阀和伺服阀,而普通的液压阀难以实现间接的数字化。普通的液压阀可通过组合方式或步进驱动方式来实现直接数字化,例如对于响应速度快的高速开关阀,可采用 PWM 控制方式来实现直接的数字化。

2. 数字液压执行元件

目前,数字液压缸大多采用的是增量式数字液压传动技术,把液压缸制作成一种增量式数字控制电液伺服元件,即一种将控制步进电机的电信号转换为机械位移的转换元件。步进电机可以采用微型计算机或可编程控制器(PLC)进行控制,通过驱动旋转−直线转换机构来实现步进电机旋转运动与液压缸直线运动的转换。其工作原理是微机发出控制脉冲序列信号,经驱动电源放大后驱动步进电机运动。微机通过控制脉冲来控制步进电机的转速,从而控制电液步进液压缸的运动。电液步进液压缸的位移与控制脉冲的总数成正比,而其运动速度与控制脉冲的频率成正比。

数字式液压马达的实现方式之一也是采用增量式数字液压传动技术,实际上也是作为一种增量式数字控制电液伺服元件,由步进电机和液压扭矩放大器来实现,因此,又称为电液脉冲马达,其输出扭矩可达几十至上百牛·米,是普通步进电机的几百至一千倍。其中液压扭矩放大器是直接反馈式液压伺服机构,由四边滑阀、液压马达和反馈机构组成。其工作原理是:当步进电机在输入脉冲的作用下转过一定的角度时,步进电机的动作经齿轮传递给滑阀阀芯,带动滑阀的阀芯旋转。由于此时液压马达尚未转动,因此使滑阀的阀芯产生一定的轴向位移,阀口打开,压力油进入马达,使马达转动,同时反馈螺母的转动使滑阀的阀芯退到零位,阀口关闭,使马达停止运动。如果连续输入脉冲,电液步进马达即按一定的速度旋转,改变输入脉冲的频率即可改变马达的转速。

3. 数字液压泵

液压泵的数字化主要通过变量泵变量机构的数字化控制来实现,变量泵变量机构的数字化控制方法有采用数字阀控制变量活塞的控制方法和采用步进电机直接驱动变量活塞的控制方法。例如山东科技大学和山东省煤炭科学研究所共同研制的斜轴式数字液压泵,其变量活塞的动作是由单片机控制的步进电机进行驱动,通过齿轮传动副和滚珠丝杠副的传动来实现的。数字阀控制方法又包括采用比例(伺服)阀和 D/A 转换器的间接式数字阀控制方法以及采用 PWM 控制高速开关阀的直接式数字化控制方法两种。其中采用间接式数字阀控制的变量液压泵已在第 1 章中有所介绍,采用 PWM 控制方式的变量液压泵将在本章后序内容中介绍。通过对变量泵变量机构的数字化控制,即可实现对液压泵输出特性的数字化控制。数字液压泵具有抗干扰能力强、与计算机连接方便、可靠性高、结构紧凑等特点,是典型的机电一体化产品。

2.1.4　直接式数字液压控制系统的物理结构

直接式数字液压控制系统的物理结构如图 2.2 所示,它主要由系统控制器、电液数字控制元件、执行元件、检测元件及信号放大和转换元件等几个部分构成。系统控制器为个人电脑或单片机系统,通过对检测元件信号的处理及运算(由计算机内部软件完成)产生控制信号,经计算机的并口(打印口)或串口送到数字阀控制器,由控制器对阀口开度进行控制,从而按工作要求对控制元件进行调节。此外,通过系统控制器的输入、输出终端(如显示器和键盘等)可以进行人机交换,从而对系统的运行状态进行监视或改变系统的运行参数等。

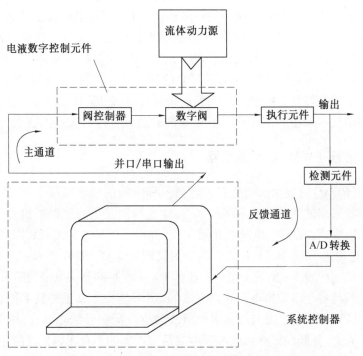

图 2.2　直接式数字液压控制系统的物理结构

数字控制元件一般采用流量控制元件,如数字伺服阀、数字方向阀等,它的控制信号可直接从计算机的 I/O 口获得。流体动力源对控制系统的动作提供所需的、以压力和流量为表现形式的能量。电液控制系统在性能指标要求较高的场合,一般采用恒压源。在某些性能指标要求较低的场合,出于节能及其他方面的考虑,可采用变压油源(系统的压力随负载变化,阀可选用定差溢流流量阀)。检测元件根据控制对象而定,如对位置控制系统,可选择位移传感器(商业化的位移传感器有模拟式和数字式两大类);速度控制系统则选择速度传感器,数字式的位移传感器一般也可用于速度测量;力控制则常常通过控制压力来实现,因此需要压力传感器。如果控制对象为压力和速度,且在性能要求不高的情况下,可直接选用压力阀和调速阀进行开环控制,此时的控制系统则可省去传感器,例如注塑成形机的压力和流量控制便可采用开环控制。

2.2　开关式数字液压传动技术

采用开关阀或方向阀来控制液压执行元件运动的系统称为液压开关控制系统。传统的液压开关控制系统主要靠开关阀来进行信号转换与放大,从而控制液压系统的压力、流量和方向,开关阀主要控制的是执行元件的运行方向,而只有与节流装置相配合才能对执行元件的速度做一般的调节,因此,传统的液压开关控制系统通常只适合于对工作性能要求不高的液压传动系统。随着流体开关元件响应速度的不断提高以及微机在液压系统中的广泛应用,高速开关阀不仅能够直接利用数字信号进行控制,而且通过与数字脉冲调制技术的结合,开关控制已成为液压系统直接数字化的一种重要方式。

通过脉冲调制方法来控制高速开关阀的动作,可达到数字化流量控制的目的。产生脉冲调制的方法有如下几种:控制脉冲宽度的脉宽调制法(PWM)、控制脉冲交变频率的脉冲频率调制法(PFM)、脉冲数调制法(PNM)、控制脉冲振幅的脉冲振幅调制法(PAM)以及用 1 或 0 将 PNM 的脉冲数分段并符号化的脉冲符号调制法(PCM)等,而液压系统中的高速开关阀常用的控制方法是时间比率式脉宽调制法(PWM)。因此,目前大多数开关式数字液压传动技术采用的是脉宽调制法(PWM)控制高速开关阀的技术。

2.2.1　液压 PWM 技术的发展

脉宽调制(PWM)的概念最初来自于通信工程中的信号处理技术,众所周知,电波信号的发送和接收采用的就是调制解调技术,而脉宽调制是电波调制的重要手段之一。后来在电机的无级变速控制中,PWM 技术被采用,并得到了迅速的发展和广泛的应用。

1950 年,在美国 Lohn Hopkins 大学的应用物理实验室,PWM 技术首次被引入流体动力控制系统领域。1959 年,出现了第一个流体 PWM 控制的开关电液伺服系统,但是当时所使用的脉宽调制器是由模拟电子元件组成的,还不是一个真正的数字控制器。而且在最初的应用中,PWM 技术主要与由伺服阀组成的电液伺服系统相结合,用于提高伺服阀的微信号响应能力、克服伺服阀死区和零漂对系统产生的不良影响以及防止油液污染等。后来随着 PWM 控制技术和电磁开关阀的不断发展和完善,人们开始考虑以高速开关电磁阀替代昂贵的伺服阀。从 20 世纪 80 年代开始,电液控制系统 PWM 控制的性能不断提高,在工程实际中逐渐被应用,由廉价的高速开关阀组成的各种 PWM 开环或闭环的电液数字力、位移及速度控制系统有了较大的发展。例如汽车无级变速器(机械摩擦传动)的动力辊偏角控制,液压泵排量的 PWM 控制,摆动液压马达的控制,汽车液力变矩器输入和输出轴间的离合器表面压力控制,开关定压网络液压马达 PWM 控制等。目前,有关流体 PWM 系统的研究和发展,主要集中在以下 3 个方面:
①基本理论和方法的研究;
②系统的硬件回路开发设计和软件控制策略的研究与实现;
③高速开关阀的开发。

2.2.2　液压 PWM 技术的特点

与传统采用伺服阀的电液伺服控制系统相比,液压系统 PWM 控制方式具有不堵塞、抗污染能力强以及结构简单等优点,但也有以下缺点:
①由于高速开关阀的 PWM 控制最终表现为一种机械信号的调制,因此噪声大,易于

诱发管路中的压力脉动和冲击；

②元件输入与输出之间没有严格的比例关系,一般不能用于开环控制；

③控制特性受机械调制频率限制,不易提高。

2.2.3 液压 PWM 系统的工作原理

采用脉宽调制(PWM)控制方法的开关式数字液压传动技术原理图如图 2.3 所示。

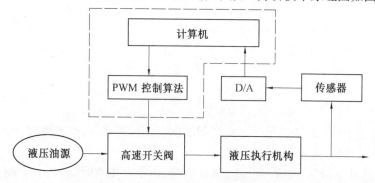

图 2.3 开关式数字液压传动技术原理图

不同于图 2.1 中的间接式数字液压系统,图 2.3 中采用 PWM 控制的开关式数字液压系统不需要 A/D 转换器,主要通过计算机中的 PWM 控制算法来实现对输出信号的连续控制。

下面以图 2.4 所示的简单液压回路为例,介绍流体动力信号脉宽调制的基本思想。

图 2.4 中二位二通的高速开关阀在数字信号的作用下,有两种工作状态:开或关。以有效过流面积 $a_v(t)$ 作为开关阀的输出,对应的 PWM 输出信号是幅值为 $a_{PWM}(t)$ 和 0 的数字信号。

图 2.5 中 V_{PWM} 给出的是输入到高速开关阀的 PWM 电压控制信号,这是一种具有固定周期的脉冲信号,而在每一个周期内,处于高状态(控制指令电压)的作用时间,即脉冲宽度 $\alpha_i T_s$,$\{\alpha_i, i \mid \alpha_i \leqslant 1, i = 1, 2, \cdots, m, m \in \mathbf{N}\}$ 是可调节的。α_i 称为第 i 个周期的脉宽调制比(或占空比),图 2.5 表明占空比为

$$\alpha_i = \frac{T_i}{T_s}$$

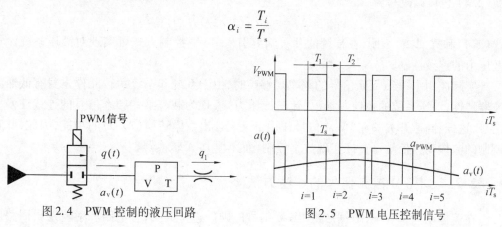

图 2.4 PWM 控制的液压回路　　　　　图 2.5 PWM 电压控制信号

在一个周期内,高状态时,控制指令电压作用于图 2.4 中开关阀线圈上,使阀通路打开,有流量 q 通过,其余的时间内,无控制指令电压作用于线圈上,开关阀关闭,无流量通过。因此,一个周期内开关阀的平均流量 q_a 可表示为

$$q_a = C_d A \sqrt{\frac{2\Delta p}{\rho}} \frac{T_i}{T_s} \tag{2.1}$$

式中　　C_d——流量系数;

　　　　A——开关阀的过流截面积;

　　　　Δp——开关阀进出口两端压力差;

　　　　ρ——液压油液密度。

式(2.1) 又可表示为

$$q_a = C_d A \sqrt{\frac{2\Delta p}{\rho}} \alpha_i \tag{2.2}$$

式(2.2) 表明经过开关阀的流量与脉宽调制的占空比成正比,占空比越大,经过开关阀的平均流量越大,执行元件运动速度越快。

在 PWM 信号作用下,阀输出也是 PWM 信号,由于在单位时间内(一个周期内) 阀的开启时间由占空比 α_i 决定,因此,控制 α_i 的大小可以控制单位时间内流过阀的流量大小,即实现对流量的控制。等效地,可以将 PWM 控制的高速开关阀看作一个可调节流阀,占空比 α_i 的变化相当于节流阀过流截面积的变化,如图 2.6 所示。

可见,PWM 控制的基本原理是通过控制流过阀的流量的变化率来达到控制的目的,其实质就是将阀变成一个积分器。图 2.6 中等效节流阀的作用面积可表示为

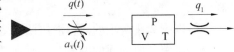

图 2.6　等效 PWM 控制回路

$$a_v(t) = \frac{1}{t} \int_0^t a_{PWM}(\xi) \mathrm{d}\xi \tag{2.3}$$

式中　　$a_{PWM}(t)$——高速开关阀的输出。

等效的流量为

$$q(t) = f_p(a_v(t), p(t), t) \tag{2.4}$$

式(2.4) 也可以改写为

$$p(t) = f_q(a_v(t), q(t), t) \tag{2.5}$$

式(2.4)和式(2.5)表明,在传统的开关阀上引入 PWM 控制方式可实现对液压系统流量及压力的连续控制。

实际应用中,当 PWM 信号的频率足够高时,由于系统和系统执行元件本身有低通滤波器特性,液压系统的被控制参数(流量或压力) 表现为载有某些频率信号的连续性慢变信号,这样,高速开关阀在 PWM 信号作用下又表现出数模转换(A/D) 的功能,因此,脉宽调制的流体动力信号可直接实现数字控制,而无须 D/A 转换器。

2.2.4　PWM 控制信号的产生方法

在流体动力系统中,根据产生 PWM 信号的硬件进行分类,有电路和射流逻辑回路两

类;按 PWM 控制信号的产生方法进行分类,有模拟电路法、定时器数字 I/O 软件编程法和双稳射流振荡放大器法。

1. 模拟电路法

PWM 信号是数字信号,将高频的振动信号(或某种周期性信号)与输入信号相加,并用双稳元件将其处理为数字开关信号,这是实现 D/A 转换并产生 PWM 信号的重要手段。该方法在电机的控制和流体 PWM 控制中经常使用,其基本组成如图 2.7 所示。

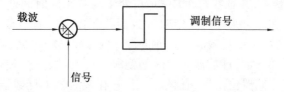

图 2.7　双稳元件对载波信号的脉宽调制回路

常用的周期振荡信号有正弦(余弦)波和三角波两种。

(1)正弦波调制

双稳继电器对正弦波和输入信号的叠加信号进行脉宽调制的原理如图 2.8 所示。通过改变继电器的形式,可产生各种形式的 PWM 信号。

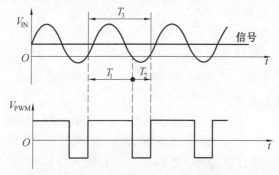

图 2.8　正弦信号载波实现信号的脉宽调制

(2)三角波调制

将三角波替换图 2.8 中的正弦波作为载波信号,按图 2.7 的原理亦可产生 PWM 信号,如图 2.9 所示。

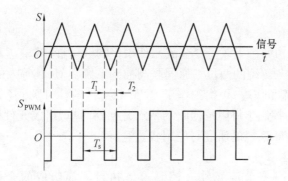

图 2.9　三角波载波实现信号的脉宽调制

模拟电路法产生 PWM 信号的应用原理简单,但硬件成本较高,需要波形发生器。当然,目前市场上已有专用的 PWM 集成电路芯片。

2. 定时器数字 I/O 软件编程法

随着微电子技术的发展,微处理器已得到了广泛的应用。直接采用数字接口(DIO)产生 PWM 信号来实现 PWM 控制,具有灵活、经济的特点,现已广泛应用。其基本原理就是对定时器进行编程,按照数字控制信号的大小,控制 DIO 通道的状态。也就是 DIO 周期性地处于高(低)状态,并且在每个周期内,处于高状态的时间通过定时器决定。定时器编程有多种方法,例如可采用两个定时计数器控制数字口的状态,如图 2.10 所示。定时器 1 和定时器 2 均对系统基频信号脉冲进行计数,定时器 1 的数字寄存器值由 PWM 信号的周期决定,它循环计数,计数器计数时间到时,触发(或查询)使数字输出口处于高状态;定时器 2 的数字存储器值由控制信号决定,它在定时器 1 计数器时间到时开始计数,当定时器 2 的计数器时间到时,置数字输出口处于低状态,这样定时器 2 的计数值就决定了数字输出口在每一个周期内的高状态时间,即控制了 PWM 信号的脉宽。

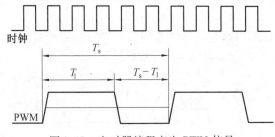

图 2.10   定时器编程产生 PWM 信号

3. 双稳射流振荡放大器法

采用射流回路,由一个带有负反馈环的双稳放大器组成的射流振荡器控制射流输入信号,就可得到两个正比于差动输入的流量 PWM 信号,这两个 PWM 信号是差动的。这种方法由于射流回路制作工艺复杂,成本高,因此目前还没有被广泛采用。

2.2.5   液压 PWM 系统的组成形式

由高速开关阀组成的液压 PWM 控制系统可组成不同形式的阻尼控制回路,例如半桥阻尼回路、全桥阻尼回路以及旁路阻尼回路等,不同形式的阻尼控制回路具有不同的特点,发挥着不同的作用。

1. 半桥阻尼回路

图 2.11 所示是由两个等效可变节流元件来控制液压缸(或液压马达)而组成的流体半桥阻尼控制回路,与传统的两位三通伺服阀控制系统类似,其等效的可变节流元件(相当于伺服的一个节流工作边)可由工作于 PWM 状态的流体开关阀(如高速开关电磁阀)替代。开关型 PWM 控制半桥阻尼回路的特点是回路简单,组成元件少。目前,采用这种阻尼回路的液压 PWM 系统的研究与应用较普遍。

2. 全桥阻尼回路

由 4 个等效的可变节流元件来控制流体执行器而组成的全桥阻尼控制回路如图 2.12 所示,采用四边滑阀结构的伺服比例阀控制回路就属于这一类阻尼回路。对于

PWM 控制,分别采用 4 个开关阀比采用一个伺服(比例)阀可以更灵活地组成全桥式阻尼控制回路。图中的等效节流元件可全部(或部分)采用工作于 PWM 状态的开关阀,也可用不同的信号导通关系来实现开关控制。可实现的控制方式多种多样,再加上控制阀的种类变化,因此这种 PWM 回路实现形式变化多端。

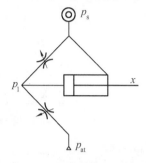
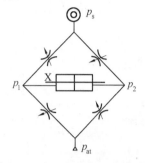

图 2.11 半桥阻尼控制回路   图 2.12 全桥阻尼控制回路

2.2.6 高速开关元件的种类

高速开关元件是流体脉冲调制控制系统的关键部件,也可直接用于液压系统能量的快速、瞬间释放。液压高速开关元件的形式和种类很多,可以按照电驱动元件(电磁铁)的结构形式来区分,也可按照阀芯的结构形式来区分,还可按驱动信号的工作时制来区分。

按电驱动元件(电磁铁)的结构形式区分,高速开关阀可分为:

①螺线管式电磁铁驱动,这种驱动方式具有较大的位移力特性,然而,这种方式电磁铁的电感较大,因此线圈的电流滞后时间较长。

②拍合式电磁铁驱动,这种电磁铁的吸力较大,尤其在初始位置,但力随位移的变化较为剧烈。

③力矩马达驱动,这种驱动可获得较短的动作时间,但力矩马达的功率一般较小,因此整个阀的通径不能做得很大,通常作先导级使用。

④电/磁致伸缩元件驱动,其基本原理是利用某些特殊的材料,在通电或是加磁场后产生变形,从而控制阀口的启闭。这种方式驱动的高速开关元件速度较快,是一种发展前景很好的高速开关阀驱动方式。但这种材料的变形率较小,通常只适用于小通径的高速开关阀或作为先导阀使用。

高速开关元件按照阀芯的结构形式可分为滑阀、球阀、锥阀、平板阀等形式。滑阀在设计时容易做到静压力平衡,而球阀、锥阀及平板阀则不容易实现静压力平衡,因此一般适用于小通径或低压的场合。

按照驱动信号工作时制的不同,高速开关阀可分为:

①直接驱动。电磁阀的驱动电流与阀的开启周期相同,并且阀芯靠弹簧复位,如图 2.13(a)所示,这种驱动方式一般常用于普通的电磁元件。

②冲击电压驱动。由于电磁铁线圈为电感性元件,其电流变化总是滞后于电压的变化,这种驱动方式是为了提高阀动作的快速性,因此,在阀动作的瞬间加一高电压,使其快速换向,当阀芯动作后,电流稳定在安全电流以下,并保证阀芯定位,如图 2.13(b)所示。

③脉冲驱动。这种驱动方式只是在阀动作的瞬间通强电流,而一旦阀动作完成后,阀

芯自动处于定位状态,如图 2.13(c)所示。这种驱动方式要求阀具有双稳的工作特性,即具有记忆功能。这种驱动方式对于阀芯的位置来说是脉宽调制,而对于电流信号来说却是脉频调制。从减小发热及快速性角度而言,这种驱动方式较为理想。

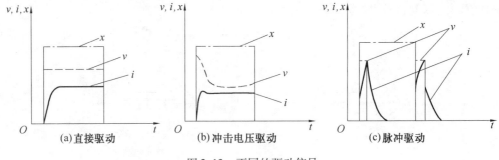

| (a)直接驱动 | (b)冲击电压驱动 | (c)脉冲驱动 |

图 2.13　不同的驱动信号

2.2.7　液压 PWM 技术的应用

目前,采用 PWM 技术的液压控制系统在国内外已得到一定的应用,但技术还不够完善,有待于进一步提高和改进。

1.汽车防抱死制动控制

在汽车防抱死制动装置(简称 ABS)中,液压调节器主要由 1 个二位三通高速开关电磁阀、液压泵、电机、单向阀和油箱组成,其工作原理如图 2.14 所示。

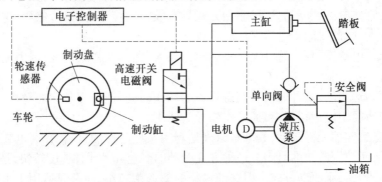

图 2.14　PWM 控制汽车防抱死制动装置工作原理

当常规制动(即 ABS 未工作)时,电子控制器没有信号发出,高速开关电磁阀线圈无电流,阀芯不动作,车轮制动靠的是人踩踏板,并通过主缸使制动缸中的油压增加而获得较大的制动力。然而,在这种情况下,往往会因为施加的制动力过大,使车轮被抱死而导致汽车失去操纵性、方向稳定性而发生各种危险运动状况。当 ABS 投入工作时,电子控制器会根据轮速传感器检测到的车轮转速,迅速计算出车轮速度和滑移率,并发出相应的指令信号去控制三通高速开关电磁阀的通断,使得制动缸快速地与油箱和主缸交替相通,改变制动缸油压力,从而达到调节车轮制动力、防止车轮被抱死的目的。例如,当车轮即将被抱死时,电子控制器迅速发出指令信号,使高速开关电磁阀快速动作,切断制动缸与主缸的油路,使制动缸与油箱直接连通,从而迅速降低制动缸中油的压力,以减小车轮制动力,避免车轮被抱死。与此同时,液压泵也迅速启动,将制动缸排至油箱的液压油再输送到主缸中,为下一次常规制动做好准备。随后,系统进入常规制动状态。

2. 汽车无级变速

汽车无级变速自动控制系统如图 2.15 所示,其原理与上述汽车防抱死制动控制相类似。汽车油门的踩踏量和汽车实时车速是变速控制器的输入变量,变速控制器的输出变量经过脉宽调制器的转换,用来控制高速开关阀的流量,以形成脉冲流量,从而利用占空比的连续变化来对高速开关阀流量进行数字化的连续控制。高速开关阀供油时,高速开关阀系统压力作用于液压缸的无杆腔,使液压缸活塞受压产生位移,推动动力滚轮改变传动倾角,实现无级变速。占空比越大,通过高速开关阀的流量越大,回路压力越高,缸的位移越大,传动比越小,汽车加速行驶。占空比越小,通过高速开关阀的流量越小,传动比越大,汽车减速行驶。液压缸排油时,流量通过固定节流孔回油,由于节流阻尼的作用,形成系统回油压力,使液压缸动作平稳。

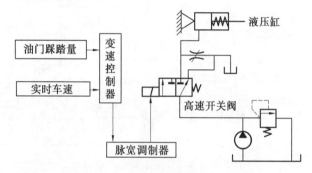

图 2.15 汽车无级变速自动控制系统

3. 变量泵排量控制

液压泵的变量调节机构常常采用机械式或纯液压式结构,一般情况下,能够按照系统的要求控制液压泵的流量和压力,但也存在一些固有的局限性,例如控制特性、可靠性差,结构笨重,响应速度慢等。由于这些局限性,在计算机技术和电子器件日益广泛应用的今天,人们不断地致力于液压泵电液控制技术的研究,以求避免上述缺点。

尤其对于工程机械和数控机床等设备中的液压系统,采用微型计算机直接数字式控制日益广泛,这些控制器要求和液压系统之间进行直接的数字通信。

在第 1.1 节介绍的恒压变量泵系统中,负载压力与恒压泵调整压力之比越小,恒压泵系统效率越低。如果能够根据系统工作过程中不同的负载要求,设计成既具有多级负载压力和流量、又在系统工作过程中能自动转换或进行远距离调整的恒压变量泵,则可实现恒压变量泵输出工作参数的无级控制,使该恒压变量泵能够适用于更复杂的系统和达到最佳的节能效果。一种基于 PWM 和高速开关电磁阀控制的液压泵变量伺服机构,如图 2.16 所示。通过计算机采用脉宽调制技术和相关控制策略,可实现恒压变量泵与负载系统耦合时,泵的输出工作参数无级调节。

在变量伺服机构中,以高速开关电磁阀作为先导控制阀,两个压力传感器测得的压力信号通过多功能数据采集卡(带 A/D、D/A 和 I/O 控制通道)传输给计算机,计算机(或单片机)经过比较和计算产生 PWM 控制信号,又经过多功能数据采集卡的 I/O 控制通道通过放大器作用于高速开关电磁阀,其输出压力控制信号直接作用于恒压变量泵的恒压控制阀,从而控制变量缸中变量活塞的工作位置,以控制斜盘倾角和泵的排量,变量活塞始终处于与弹簧力相平衡的某一位置。因此,根据高速开关电磁阀输出先导压力的不同,可达到控制恒压变量泵输出压力的目的。由于 PWM 控制的高速开关电磁阀压力控制回路具有比例控制的功能,通过简单的电液控制系统就能实现其压力的比例控制,并且高速开关电磁阀本身具有数模转换的功能,应用它作为接口元件,计算机可以直接控制恒压变量泵的输出压力,实现泵输出压力的数字化无级变化调节,以满足负载不同工况的需要。

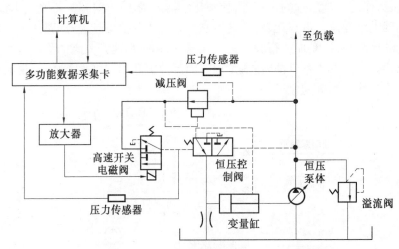

图 2.16 PWM 和高速开关电磁阀控制的液压泵变量机构

4. 带钢纠偏控制

在带钢连续生产运行中,纠偏控制系统可以控制带钢在目标位置,确保带钢准确高效的运送。随着现代科学技术的进步,带钢的产量需求日益增高,传统的带钢纠偏系统(电液伺服阀系统)由于具有价格贵、响应慢、易受污染等缺点,无法满足现有的生产需求。为了改善其工作性能,兰州理工大学的杨逢瑜等研究了基于高速开关阀的带钢纠偏系统,由于液压缸的平均速度与脉冲宽度和脉冲频率成正比,因此利用高速开关阀的脉宽调制改变液压缸的速度,提高了系统的响应速度和控制精度。

该带钢纠偏液压系统的工作原理如图 2.17 所示,该系统由两个高速开关阀,两个三位四通电磁换向阀,单向阀、单作用和双作用液压缸、液压泵、油箱、液压管道及其他辅助元件等组成,系统的执行机构是双作用液压缸,依靠单片机控制高速开关阀实现带钢纠偏。在双作用液压缸的一端安装位移传感器,在单作用液压缸的一端安装 CCD 数字光电传感器,放大位移传感器的信号和 CCD 数字光学传感器的信号,并将信号输入单片机计算出两个信号的差值,与要求的数值对比,如果带钢的偏离量较小,单片机会控制其中一个高速开关阀快速动作,实现带钢的微量纠偏;假如偏离量比较大,单片机会控制三位四通电磁换向阀快速动作,控制带钢快速回到理想位置。

该带钢纠偏系统结合高速开关阀成本低、体积小、响应快等优点,弥补了原带钢纠偏系统控制精度差、响应慢等缺点,解决了带钢运输过程不平稳的问题,在一定程度上提高了带钢的生产效率。

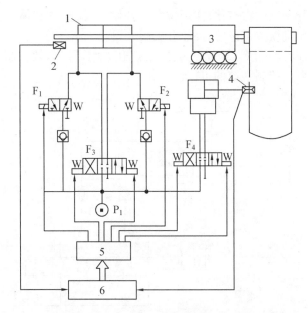

图 2.17　高速开关阀纠偏系统原理图

1—液压缸;2—位移传感器;3—卷取机;4—CCD 数字光电传感器;5—放大器;

6—单片机;F_1、F_2—高速开关阀;F_3、F_4—三位四通电磁换向阀

5. 轧机厚度自动控制

在近期钢铁生产工业中,制造高性能的产品变得尤为重要,为了满足需求,需要在液压轧机上获得高精度的带钢厚度,液压轧机厚度自动控制(Automatic Gauge Control,AGC)系统的工作性能是影响板厚精度的重要因素,因此如何制造高性能的液压轧机厚度自动控制系统变得至关重要。重型机械教育部工程研究中心将高速开关阀代替伺服阀应用于轧机厚度自动控制系统中,克服了伺服阀成本高、易受污染、稳定性差等缺点,提高了轧机厚度自动控制系统的工作性能。

重型机械教育部工程研究中心研究的液压轧机厚度自动控制系统的工作原理图如图 2.18 所示,采用占空比线性转换的 PWM 高速开关阀控制方法,能够快速准确地控制液压缸的位置。该液压系统主要由两个二位三通常闭式高速开关阀、溢流阀、双向液压锁、液压缸、液压泵、油箱、液压管道及其他辅助性元件等组成。在轧制轧件时,通过测厚仪实时测量出轧件厚度,将轧件的目标厚度与测量厚度对比,计算出厚度偏差和位置补偿值,通过位置补偿值调节辊缝,位置补偿值就是缸体需要调节的位移量。当位置补偿值小于零时,开启高速开关阀6,关闭高速开关阀5,高压油进入液压缸的有杆腔,液压缸的缸体在高压油作用下往上移动;当位置补偿值大于零时,开启高速开关阀5,关闭高速开关的阀6,高压油进入液压缸的无杆腔,液压缸的缸体在高压油作用下往下移动;位置补偿值为零时,高速开关阀5 和6 均关闭,液压缸停止动作,而此时双向液压锁4 起保压作用。

在液压轧机厚度自动控制系统中高速开关阀的控制方式为:液压缸的缸体在运行时,位移传感器3 可以实时测量液压缸缸体的位移,将测得的位移量与位置补偿值比较,进而得到缸体运动的位置差。当缸体运动的位置差尚未满足要求时,持续开启系统的高速开关阀,液压缸的缸体实现快速移动;当缸体运动的位置差在较小的范围时,运用 PWM 控制实时地调节高速开关阀的占空比,实现位置差补偿,液压缸的缸体会减速运行,当缸体的位移调节量降到允许误差范围时,高速开关阀关闭。

采用占空比线性转换的 PWM 控制方法,高速开关阀可以有效控制平均流量的精度,提高液压轧机厚度自动控制系统的可靠性。

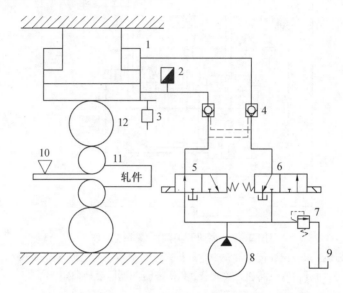

图 2.18　液压轧机厚度自动控制系统的工作原理图

1—AGC 液压缸;2—压力传感器;3—位移传感器;4—双向液压锁;5,6—二位三通常闭式高速开关阀;7—溢流阀;8—液压泵;9—油箱;10—测厚仪;11—轧件;12—轧辊

2.3　阀组式数字液压传动技术

由多个普通的节流阀或压力阀及开关阀组合成一个阀组,利用编码方式进行控制,就能够实现液压系统流量或压力的数字化调节,该方法最早由美国的 John L. Bower 于 1957 年在其"数字流体控制单元(Digital Fluid Control Unit)"专利中提出,后来经过不断改进,逐渐形成了液压系统直接数字化的一种重要方式。

2.3.1　阀组式数字液压系统的组成及特点

阀组式数字液压系统原理图如图 2.19 所示,该数字式液压传动技术由多个并联的液压阀组成一个液压阀组,该阀组可以由普通的换向阀、压力阀或流量阀组成,利用经计算机编码的二进制电压信号来实现不同的通断组合,从而对液压执行机构实现数字化的控制。由于不需要 D/A 转换装置,因此阀组式数字液压传动技术也属于直接式数字液压传动技术。

阀组式数字液压传动技术具有以下优点:

①采用普通的液压阀,结构简单,成本低;

②控制电路简单;

③易于实现与计算机和 PLC 控制器的连接;

④可靠性高;

⑤线性度好,不存在死区、非线性等特性;

⑥抗污染能力强;

⑦不需要阀芯位置反馈;

⑧通过采用锥阀或球阀形式,可以做到无泄漏。

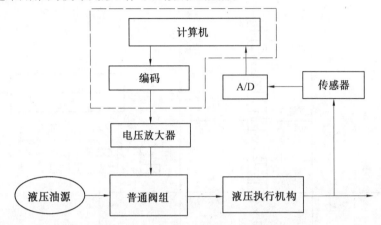

图 2.19　阀组式数字液压系统原理图

但阀组式数字液压传动技术的控制精度也受到以下几方面因素的影响:

①受最小阀调节参数影响,最小阀调节参数越小,调节精度越高,但液压阀的调节参数不可能无限减小,调节参数太小的液压阀市场上不易买到;

②受阀组中每个阀调节精度影响,因此要求每个阀的调节精度要高;

③对每个阀的某些关键部位要求高,例如为保证节流阀的调节精度,就要保证节流口过流截面尺寸,因此节流口加工精度要高;

④最大阀和最小阀之间参数差别较大,各个阀的参数是成倍数关系增大的,直接从市场上购买的液压元件有时不能够严格满足这一关系,因此调节精度会受到影响,有时只能采用非标准件。

2.3.2　阀组式数字液压传动技术工作原理

下面以图 2.20 中的一个阀组式数字流量控制液压系统为例来说明阀组式数字液压传动技术的原理。图 2.20 中阀组式数字流量控制系统的数字流量控制阀组由 4 个普通的节流阀和 4 个电磁开关阀组成,4 个开关阀分别与 4 个节流阀串联,形成支路 1、支路 2、支路 3 和支路 4,共 4 个节流调节支路,4 个支路并联,然后串联在液压油源和执行元件之间,4 个节流阀的额定流量分别为 q、$2q$、$4q$、$8q$。当 4 个电磁开关阀分别工作时,进入液压执行元件的流量分别为 q、$2q$、$4q$、$8q$。当以不同的编码方式控制 4 个电磁铁线圈的通电和断电时,4 个节流阀以不同的组合方式工作,系统能够输出一个连续变化的流量。

例如当电磁铁 1DT 和 3DT 通电,2DT 和 4DT 断电时,电磁开关阀 1 和阀 3 处于打开的状态,电磁开关阀 2 和阀 4 处于关闭的状态,节流调节支路 1 和支路 3 起调节作用,其流量分别为 q 和 $4q$,此时系统输出流量为 $q+4q=5q$。当电磁铁 1DT、2DT 和 4DT 通电,而电磁铁 3DT 断电时,阀 1、阀 2 和阀 4 工作,阀 3 不工作,节流调节支路 1、支路 2 和支路 4 起调节作用,流量分别为 q、$2q$、$8q$,此时系统输出流量为 $q+2q+8q=11q$。对于由 4 个节流阀组成的该流量控制阀组,其最小非零流量为 q,最大流量为 $15q$,经过阀组的流量可在 0 和 $15q$ 之间进行连续调节,调节误差为 q。如果所有电磁铁均不通电,则回路的调节流量为 0。

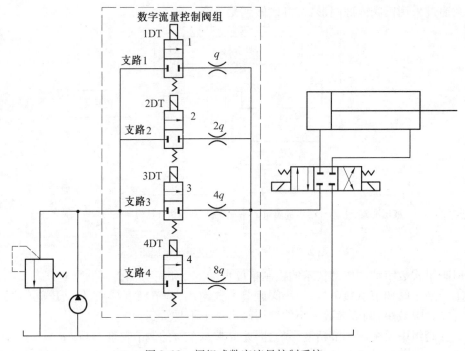

图 2.20 阀组式数字流量控制系统

可见,如果一个流量控制阀组由 n 个不同等级的流量控制阀组成,各个阀的调节流量成倍数递增,则该阀组能够达到的最大调节流量是阀组中最小调节流量的 (2^n-1) 倍,阀组流量调节误差为最小调节流量。

对于上述由 4 个支路组成的阀组式数字流量控制系统,$n=4$,因此最大流量为 $15q$,流量调节误差为 q。阀组式数字流量控制系统的输出流量特性可表示为如图 2.21 所示的曲线。

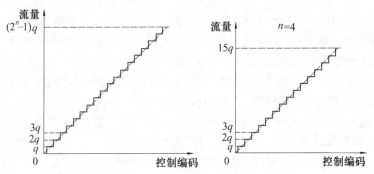

图 2.21 阀组式数字流量控制系统的输出流量特性

阀组式数字压力控制系统可采用如图2.22所示的连接方式,该系统为阀组式溢流阀调压系统,主溢流阀为先导式,其遥控口连接一个阀组,主溢流阀的调定压力由阀组的调定压力调定,而阀组的调定压力由计算机输出的控制编码进行控制。阀组有4个支回路,每个支回路由一个电磁开关阀和一个直动式溢流阀并联组成,4个支回路串联。当支回路中电磁开关阀的线圈不通电时,电磁开关阀处于导通状态,此时溢流阀不工作;当电磁开关阀处于关闭状态时,溢流阀起调压作用。因此,利用计算机输出经电压放大的二进制编码,对电磁开关阀进行编码控制,就能够控制和调节阀组的调定压力。如果阀1、阀2、阀3和阀4四个溢流阀的调定压力分别为p、$2p$、$4p$、$8p$,则整个阀组的调定压力可在$0 \sim 15p$之间进行调节。

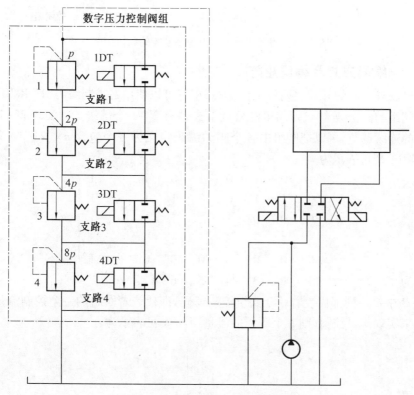

图2.22　阀组式数字压力控制系统

例如,当电磁铁1DT和3DT通电,2DT和4DT断电时,支回路1和支回路3中电磁开关阀处于打开状态,支回路2和支回路4中电磁开关阀处于关闭状态,因此溢流阀1和溢流阀3不起调压作用,溢流阀2和溢流阀4起调压作用,压力阀组的调定压力为$2p+8p=10p$。当电磁铁1DT、2DT和4DT通电,3DT断电时,支回路1、支回路2和支回路4中电磁开关阀处于打开状态,支回路3中电磁开关阀处于关闭状态,此时溢流阀1、溢流阀2和溢流阀4不起调压作用,只有溢流阀3起调压作用,阀组调定压力为$4p$。如果所有电磁铁均通电,则阀组的调定压力为0,此时泵卸荷。

图2.22中由4个溢流阀组成的压力调节阀组,其最大调定压力为$15p$,最小调定压力为0,调节误差为p。

如果数字式压力控制阀组由n个不同等级的溢流阀组成,各个阀的调定压力成倍数递增,则该阀组能够达到的最大调定压力是阀组中最小调定压力的(2^n-1)倍。阀组式数字压力控制系统的调压特性如图 2.23 所示。

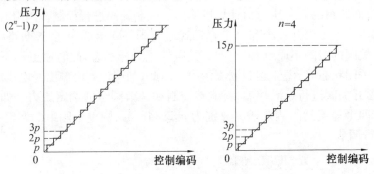

图 2.23　阀组式数字压力控制系统的调压特性

2.3.3　编码方式及编码矩阵

对于电磁开关阀的开和关两种工作状态,正好可以使用二进制编码"1"和"0"进行控制。如果阀组的阀个数为 n,则阀组的可调节参数有 2^n-1 个等级。为实现 2^n-1 个参数等级之间的连续调节,可以把阀组中各个阀的编码定义为一个包含 $n\times(2^n-1)$ 个元素的矩阵 B。矩阵 B 可表示为

$$B=\begin{pmatrix} 1 & 0 & 1 & 0 & 1 & 0 & 1 & \cdots & 1 \\ 0 & 1 & 1 & 0 & 0 & 1 & 1 & \cdots & 1 \\ 0 & 0 & 0 & 1 & 1 & 1 & 1 & \cdots & 1 \\ \vdots & \vdots & \vdots & \vdots & \vdots & \vdots & \vdots & & \vdots \\ 0 & 0 & 0 & 0 & 0 & 0 & 0 & \cdots & 1 \end{pmatrix} \tag{2.6}$$

状态为　　　　　　1　2　3　4　5　6　7　$\cdots$　2^n-1

矩阵 B 中每一列都代表着一个阀组控制编码,即代表着阀组的一个控制流量。如果用 n 个阀来实现流量控制,则 n 个等级的流量矩阵 A 可表示为

$$A=\begin{pmatrix} q_1 \\ q_2 \\ \vdots \\ q_n \end{pmatrix} \tag{2.7}$$

经过编码控制的阀组流量可表示为 $Q=B^{\mathrm{T}}A$。可见,$(2^n-1)\times 1$ 向量决定了阀组的所有非零流量。利用上述编码矩阵,可编制计算机编码程序,从而对阀组流量进行数字化控制。

2.3.4　阀组式数字液压传动技术的应用

目前,采用阀组式技术的液压控制系统在国外已得到一定的应用,但国内这一应用还不多,技术还不够完善,有待于进一步提高和改进。

1. 高速开关阀并联阀组的应用研究

单独的高速开关阀在实际应用中受流量小、压力低的限制,所以其在起重机、挖掘机等工程机械的使用上存在一定的局限性。为了解决单独的高速开关阀的使用弊端,使其

能够应用在大流量的工况下,国外的研究院提出了一种多个高速开关阀并联控制的数字阀组结构。尤其是坦佩雷理工大学(Tampere University of Technology)的 Matti Linjama 教授对高速开关阀并联阀组进行了多年大量的研究。2005 年研究了一种新型的 SMISMO (Separate Meter-in and Separate Meter-out)系统,其系统原理图如图 2.24 所示,系统模拟了一种典型中型移动机械臂。一个执行器由 4 * 5 个螺纹插装式的开关阀进行控制,从 A-T、B-T、P-A、P-B 的油路完全处于可控状态,每个油路含有 5 个并联的高速开关阀,在每一个高速开关阀中含有不同尺寸的节流孔,控制 5 个高速开关阀开启或闭合的逻辑组合,并可以控制流量的大小。经仿真和实验研究表明,SMISMO 的液压系统应用在重载机械装置中更加节能有效,即使是使用响应较慢的开关阀,节能运动控制依然是可以实现的。采用高速开关阀组的数字液压系统可以实现所有管路的单独控制,相对于传统机械连接的液压系统具有很大的优势。

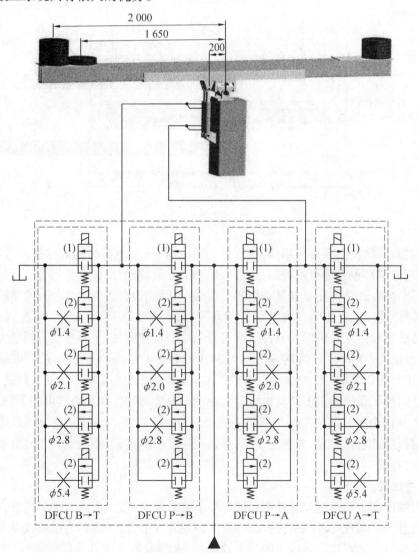

图 2.24　SMISMO 系统原理图

2016 年,Seung Ho Cho、Olli Niemi-Pynttari 和 Matti Linjama 采用阀组式数字液压传动技术对多腔缸的摩擦力特征进行了研究,其中一种四腔缸的示意图和液压实验系统原理图分别如图 2.25 和图 2.26 所示。

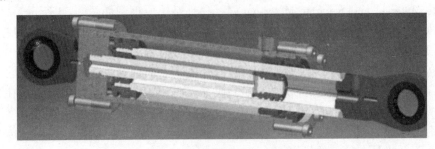

(a) 横截面图

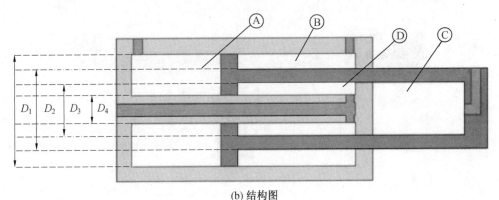

(b) 结构图

图 2.25　四腔缸的示意图

多腔缸具备潜在的多种应用能力,例如,多腔缸具备无附加杆的对称性,可以使两个方向的力和位移都很容易得到控制,可以应用到平衡负载、同步位移等场合。但与传统的双腔缸相比,多腔缸结构复杂且具有更多的接触面,因此很有必要对多腔缸的摩擦力特征进行研究。该实验的液压系统主要包括液压泵、数字开关阀组、多腔缸、溢流阀、阻尼容器、压力传感器和液压管路等元器件。液压泵采用变量柱塞泵,主要参数包括最大排量为 80 mL/r,电机最大功率和最大转速分别为 37 kW 和 1 475 r/min,另外,系统中采用的溢流阀额定压力为 20 MPa,压力波动采用带有 1 mm 节流孔的 5 L 刚性阻尼容器进行抑制。在该实验中,液压系统模拟了移动机械臂的一个自由度臂架传动和负载可调条件,针对连接 A、B、C、D 四个多腔缸腔室的数字开关阀阀组和液压回路上的开关阀阀组采用一定的编码策略控制输出管路中压力和流量,则可以获得在不同负载、不同压力和流量条件的多腔缸摩擦力特征。

2. 数字配流式液压泵

目前,端面配流和轴配流是柱塞式液压泵主要的配流方式,但这两种配流方式的调节性能不足,且无法实现计算机精确控制。在海洋能开发中,液压泵作为能量收集和转换的元件,它的性能好坏直接影响能源的开发效率,近来随着海洋能开发的需要,研究新型配流方式的液压泵提高海洋能的利用率成为重要的方向。针对该问题,一些专家提出将数

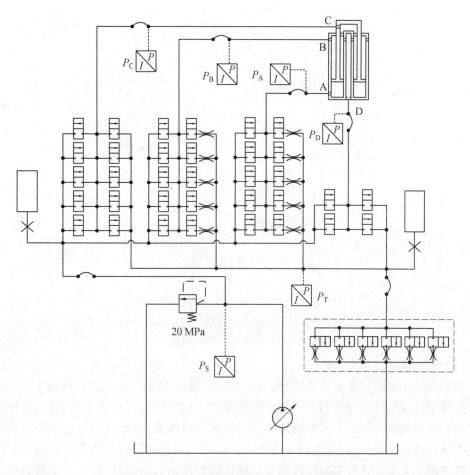

图 2.26 四腔缸摩擦力特征液压实验系统原理图

字技术应用到液压泵的配流方式中,提高液压泵的工作性能,而且易于与计算机对接。其中上海交通大学的施光林教授研究了一种集成高速开关阀组的数字配流式液压泵,其结构原理如图 2.27 所示。该液压泵以低速大扭矩五柱塞液压马达为基础,改造了新型的数字液压泵,额定排量为 2 500 mL/r,将每个高速电磁开关阀对应安装在每个柱塞的无杆腔,在泵的输入轴安装绝对值式角位移编码器,可以检测到输入轴的角位置和角速度,间接地采集到柱塞的位置,根据柱塞的位置信号控制器控制高速开关阀的动作,实现新型数字液压泵的恒流量输出。

常用的高速开关电磁阀的控制方式是 PWM 控制方法,但由于插装式开关阀的响应频率不能满足控制要求,选用 PWM 控制方法时,数字配流液压泵的输出流量波动变化大,难以得到理想的恒流量输出效果。由于数字液压泵输入轴的转角位置和柱塞的位置是一一对应关系,通过柱塞行程比控制方法实现液压泵的恒定流量输出,提高了新型数字配流式液压泵的流量输出的稳定性,改善了泵的工作性能,将新型的数字配流式液压泵应用于海洋能的收集和转化中,可以有效地提高海洋能的利用率。

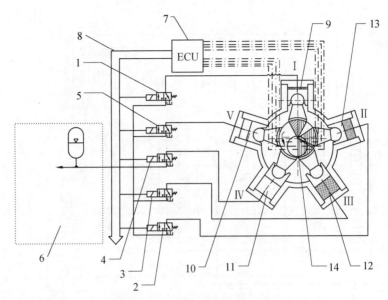

图 2.27　数字配流式液压泵的结构原理图

1~5—二位二通高速开关阀;6—负载;7—控制器;8—控制线;
9~13—柱塞腔;14—绝对值式角位移编码器

3. 工程机械线控转向系统

在老式的车辆转向系统中,转向盘下方的转向器需要联通液压油路,但由于它的可用空间很狭窄,油路难以布控,而且不利于后期维护。随着线控转向技术的出现,传统的转向轮和方向盘机械连接的方式渐渐被电子线路控制技术取代,电液控制技术不断应用到车辆的转向控制领域,使得车辆转向系统更加集成化和自动化。例如南京农业大学的田丰年等提出了采用高速开关阀组控制流量放大阀的新型转向系统,提高了工程机械转向机构的工作性能。

新型的转向系统液压工作原理如图 2.28 所示,主要包括二位二通高速开关阀组、溢流减压阀、流量放大阀、卸荷阀、单向阀、计量阀、直动式溢流阀、先导阀、双作用液压缸、液压泵、油箱和液压管路等元器件。

该系统的主要工作状态分为以下几个方面:

①车辆的发动机处于不启动状态,先导阀 12 处于断电状态,供油路被先导阀隔断,转向系统无法进入液压油。此时,无论方向盘是否转动,车辆都无法转向。

②车辆的发动机处于启动状态,且方向盘没有转向动作时,先导阀 12 处于得电状态,油液向主油路供油。液压油经过溢流减压阀 5 进入高速开关阀组,由于方向盘没有执行转向动作,高速开关阀组处于关闭状态,流量放大阀 6 处于中位。当系统的压力大于直动式溢流阀 11 的开启压力时,系统的压力油直接回油箱,无液压油流入液压缸,车辆无法转向。

③车辆的发动机处于启动状态,且方向盘向左转向时,先导阀 12 处于得电状态,油液向主油路供油,油液经过溢流减压阀 5,溢流减压阀 5 调节油压在 2.5 MPa 以下,控制高速开关阀 1 得电,阀芯移动导通油路,同时高速开关阀 2 断电,阀芯移动断开油路,产生控

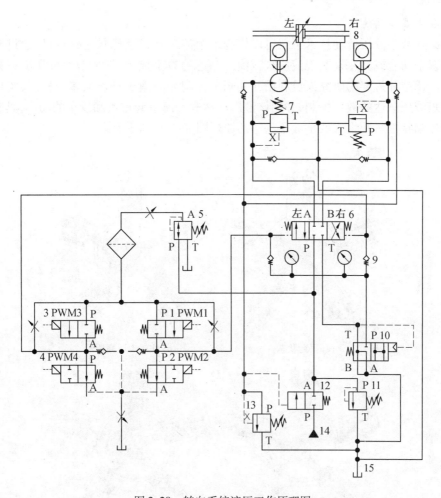

图 2.28　转向系统液压工作原理图

1~4—二位二通高速开关阀;5—溢流减压阀;6—流量放大阀;7,13—卸荷阀;
8—双作用液压缸;9—单向阀;10—计量阀;11—直动式溢流阀;12—先导阀;
14—液压泵;15—油箱

制小流量的液压油。小流量液压油进入流量放大阀 6 的左端,使阀芯右移,阀芯右侧液压油通过高速开关阀 4 流入油箱 15。流量放大阀 6 的阀芯从中位移到左位,先导阀 12 的大流量液压油经过流量放大阀 6 进入双作用液压缸 8 的左腔,液压缸 8 右腔的液压油经过流量放大阀 6 和计量阀 10 回油箱,此时车辆向左转向。如果方向盘向左转向停止,高速开关阀组会处于断电状态,流量放大阀 6 左端的控制小流量液压油会消失,流量放大阀 6 右端的控制液压油会经过高速开关阀 4 回油箱,流量放大阀 6 阀芯两端的压差为零,在弹簧力的作用下,流量放大阀 6 的阀芯回到中位,则液压缸 8 的左右腔液压油与流量放大阀 6 不再连通,转向轮保持此时的转向角,保证车辆的行驶方向。

④车辆发动机处于启动状态,且方向盘向右转向时,控制高速开关阀 3 得电,阀芯移动导通油路,同时高速开关阀 4 断电,阀芯移动断开油路,流量放大阀 6 换到右位,其他液压元件的动作与车辆向左转的过程基本一致,实现车辆右转。

4. 数字液压马达

阀组式数字液压传动技术不仅可以控制单个液压缸或液压马达,也可以通过开关阀组控制多个活塞或柱塞来实现液压缸或液压马达的数字控制,形成数字液压缸或数字液压马达。挪威和丹麦的研究人员利用开关阀组控制径向液压马达的多个柱塞,实现了低速大扭矩液压马达的数字控制,并用该液压马达驱动海上起重机和绞车的动作,具有更好的位置控制特性。阀组式数字液压马达的原理图如图2.29所示。

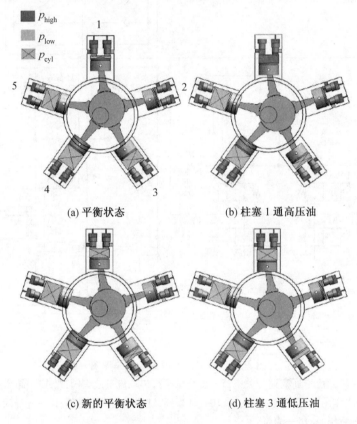

图2.29　阀组式数字液压马达的原理图

阀组式数字液压马达为径向柱塞马达,主要由转子、输出轴、柱塞、开关阀组成,柱塞固定在转子上,转子中心与输出轴中心存在一定偏心量,每个柱塞腔与一个开关阀相连接,通过开关阀控制柱塞腔分别与液压泵来油或油箱相连接。当所有开关阀都关闭时,柱塞腔中油液被封闭,如图2.29(a)所示,这时转子处于平衡状态,静止不动。当给能够让转子上产生顺时针转动力矩的柱塞,例如柱塞1通高压油,如图2.29(b)所示,转子会顺时针转动到新的平衡位置。此时如果令所有柱塞腔封闭,则转子停止转动,如图2.29(c)所示。如果此时给能够让转子上产生逆时针转动力矩的柱塞,例如柱塞3通低压油,如图2.29(d)所示,则转子会继续沿顺时针转动,如此往复,则该液压马达会以一种爬行模式工作。通过数字控制开关阀同时开关的数量,则可以数字控制该液压马达的输出扭矩和转速。

2.4　步进式(增量式)数字液压传动技术

步进电机可将电脉冲信号转换成角位移信号,其角位移输出可由输入脉冲的相位序列和脉冲数来控制,运动速度可通过输入脉冲的频率来控制,因此,步进电机是一种数字式执行机构。由于步进电机在各种数控设备中的广泛应用而实现了工业化大规模的生产,因此,采用步进电机驱动的步进式数字液压传动技术具有成本低、可靠性高的特点。此外,步进电机还具有步长受负载影响小、角位移及速度开环可控、特性受温度变化影响小以及抗干扰能力强等特点。步进电机与流体控制元件相结合构成的电液数字控制技术是一种具有广阔应用前景的数字液压传动技术。

2.4.1　步进式数字液压传动技术原理

步进式数字液压传动技术原理图如图 2.30 所示,不同于间接式、开关式和阀组式数字液压传动技术,步进式数字液压传动技术的驱动机构是步进电机,通过计算机给步进电机直接发出数字信号,从而驱动液压控制阀或液压执行元件动作,实现液压系统的数字化控制。

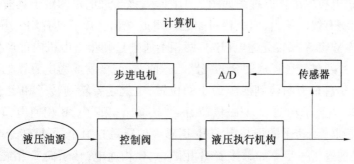

图 2.30　步进式数字液压传动技术原理图

步进式数字液压传动技术与连续比例液压传动技术相比具有以下优点:

(1)控制精度高

一方面,作为连续比例控制元件的电-机械信号转换机构,比例电磁铁或力矩马达都存在着磁滞环,而步进式数字液压传动技术的步进电机不存在滞环;另一方面,比例电磁铁或力矩马达易受摩擦力等非线性因素的影响,而步进电机只要不发生丢步,其负载的变化对步长基本没有影响。

(2)抗干扰能力强

步进电机的控制信号为数字脉冲信号,控制比例电磁铁或力矩马达的是电流控制信号,因此步进电机的控制信号具有更强的抗干扰能力,而且不受环境温度的影响。步进电机的工作步长一定,稳态时具有定位力矩,因此可消除来自流体动力系统的干扰信号的影响。

(3)可以直接由数字信号控制

步进电机作为数控执行元件可以接收由计算机或单片机发出的数字信号,由数字信号直接控制,而无须经 D/A 转换。特别是随着计算机的发展和应用,步进电机的脉冲分配控制可以采用软件来实现。

但步进式数字液压传动技术由于步进电机自身惯量的影响,从而使其响应速度受到了很大的限制,因此阀的响应速度也受到影响。此外,步进式数字控制元件也存在量化误差,这是由步进电机的步进工作原理决定的,增大工作步数可减小误差率,但却使阀的响应速度降低。

2.4.2 步进电机工作原理

步进电机是一种利用电磁作用原理将电信号转换为机械动作的电动机。步进电机的步距角和转速不受电压波动和负载变化的影响,也不受环境条件,如温度、气压、冲击和振动的影响,仅和脉动频率有关。它每转一周都有固定的步数,在不丢步的情况下运行,其步距误差不会长期积累,这些特点使它适合于应用在数字控制的开环系统中,作驱动电机。近年来,步进电机在数字控制装置中的应用日益广泛。

步进电机的种类繁多,按励磁方式可分为反应式、永磁式和混合式 3 种,这里仅介绍反应式和混合式两种步进电机。

1. 反应式步进电机

反应式步进电机的工作原理图如图 2.31 所示,该步进电机的定子具有均匀分布的 6 个磁极,磁极上绕有线圈绕组,两个相对的磁极组成一相。转子具有均匀分布的 4 个齿,上面没有绕组。假定 A 相首先通电(B、C 两相不通电),则步进电机内部产生了 A—A′轴线方向的磁通,并通过转子形成闭合的磁路。这时 A、A′极就成为电磁铁的 N、S 极,在磁场的作用下,转子总是力图转到磁阻最小的位置,也就是要转到转子和定子的齿对齐的 A、A′磁极位置。当转子转到 A、A′磁极位置后,接着 A 相断电,B 相通电,转子向 B 相磁极方向转动,直到转到转子的齿与定子 B、B′磁极位置对齐为止,可见转子此时转过了一个角度,也就是前进了一步。如果接着 B 相断电,C 相通电,转子向 C 相磁极方向转动,直到转到转子的齿与定子 C、C′磁极位置对齐,则转子又转过一个角度,又前进一步。这样连续下去,磁极轮流通电,则步进电机转子会不停地一步步前进,输出一个步进的转动动作。增加步进电机转子的齿数,可提高步进电机输出角位移的精度。

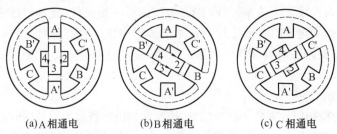

(a)A相通电   (b)B相通电   (c) C相通电

图 2.31   反应式步进电机的工作原理图

2. 混合式步进电机

混合式步进电机的结构如图 2.32 所示。它的定子结构和反应式步进电机相同,转子由环形磁钢(永久磁铁)和两端的铁心组成。两端转子铁心的外圆周上开有小齿,并且铁心上的小齿彼此错过 1/2 个齿距角。同反应式步进电机一样,当定子上的磁极轮流通电时,转子上的永久磁铁和两端的铁心与定子上通电的磁极形成磁回路,转子向通电的磁极方向转过一个小角度,步进电机前进一步。如果定子上的磁极轮流通电,则步进电机输出连续的步进动作。由于该步进电机采用了电磁和永磁相结合的工作方式,因此叫作混合式步进电机。

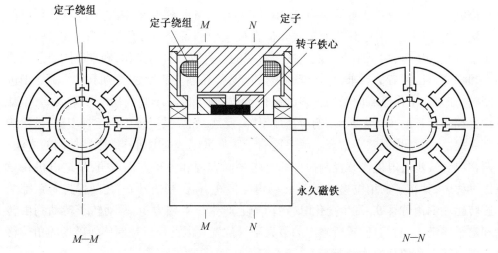

图 2.32　混合式步进电机的结构

2.4.3　步进电机驱动电路

一般步进电机驱动电源主要由脉冲分配器和功率放大电路两部分组成。脉冲分配器是由门电路和双稳态触发器组成的逻辑电路,它根据指令输入的电脉冲信号使步进电机各相绕组按一定的顺序和时间通电或断电,并控制步进电机的正转或反转。随着单片机以及计算机的大量运用,脉冲分配也可由软件来实现,这种方式更为灵活方便,数字化程度更高。

放大电路主要的作用是对来自脉冲分配器的信号进行功率放大,从而使控制信号能够驱动步进电机。放大电路的种类很多,常用的功率放大电路有单一电压型功率放大电路、高低压功率放大电路、斩波恒流电路和调频调压电路等。例如单一电压型功率放大电路如图 2.33 所示。

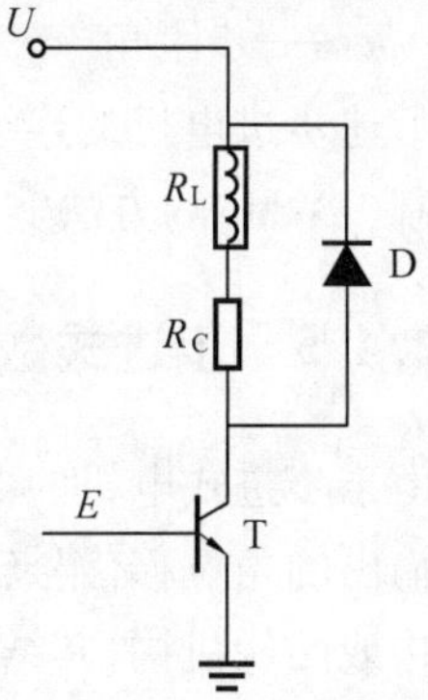

图 2.33 中单一电压型功率放大电路是一种简单的反向器,大功率三极管 T 工作在开关状态。当加在三极管 T 基极上的电压为高电平时,三极管 T 导通,于是电源电压几乎全部加到步进电机控制绕组 L 上,控制绕组通电;当加在三极管 T 基极上的电压为低电平时,三极管 T 截止,控制绕组 L 不通电。

图 2.33　单一电压功率型放大电路

为了减小控制绕组的时间常数，改善步进电机的正确特性，在控制绕组和三极管 T 的集电极之间串联一个外接电阻 R_C。同时为了保护三极管 T，防止控制绕组产生的反电动势把三极管 T 击穿，需要在电路中并联一个二极管 D。

2.4.4 步进电机的连续跟踪控制

步进电机由于具有价格低廉、结构紧凑、输出力矩与重量比大、速度和位置开环可控及可直接数控等优点，因此，作为驱动式元件在机电控制系统中被广泛应用。但是，在实时性要求较高的场合，如果步进电机仍按照常规的步进方式进行工作，则难以同时兼顾量化精度和响应速度两者的要求，存在着输出量化误差和响应速度之间的矛盾。例如步进式控制阀，如果在工作区域内采用较多的运行步数，则可以减小阀的输出量化误差，但却因工作过程中运行的步数太多，使响应速度下降；反之，如果采用较少的运行步数，虽然响应速度会提高，但量化误差会增大。解决这一矛盾可采用步进电机连续跟踪控制的方法。

两相混合式步进电机连续控制模型的电压平衡方程和力矩方程表明，步进电机在正常工作过程中，其转子的角位移 θ、旋转磁场角位移 θ_m 和控制信号 θ_{mc} 之间保持着跟踪关系。旋转磁场的角位移 θ_m 发生变化时，在转子上产生一个磁力矩，驱动转子转动到由转子齿和定子磁极之间相对位置所确定的最大磁导位置。因此连续控制旋转磁场的角位移便可实现对转子角位移的连续控制。

连续控制旋转磁场的角位移可通过同时控制相邻相绕组之间的电流大小来实现。以两相混合式步进电机为例，要控制旋转磁场到达 A 相和 B 相之间的任意位置 α，则只要使 A 相和 B 相的电流满足如下条件：

$$\alpha = \frac{1}{2}a\tan\frac{i_B}{i_A} \tag{2.8}$$

式中　i_B——B 相电流；

　　　i_A——A 相电流；

　　　a——步距角。

上述步进电机的连续控制方法可通过控制相电流的大小来实现，此外，还可以采用脉宽调制(PWM)的方法实现对步进电机输出角度的连续控制。

2.4.5 步进式数字液压传动技术中的传动装置

由于步进式电机的功率较小，因此当它与液压元件连成一体时，一般需要将其减速并将其输出的角位移信号转换成直线位移信号。实现这一运动转换通常采用丝杠-螺母传动机构或凸轮机构，其结构分别如图 2.34 和图 2.35 所示。

两种传动机构中，丝杠-螺母传动机构加工容易，但丝杠与螺母间的间隙难以消除，因此控制精度会受到间隙的影响。凸轮传动机构控制精度较高，但线性度较好的凸轮加工困难。

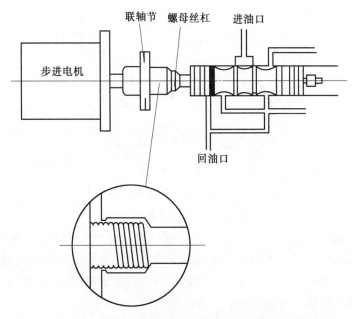

图 2.34　步进式数字液压传动技术中的丝杠-螺母传动机构

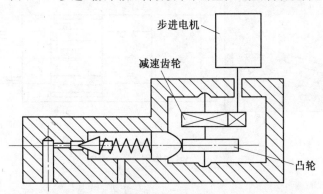

图 2.35　步进式数字液压传动技术中的凸轮传动机构

2.4.6　步进式数字液压阀

采用步进电机驱动的数字阀在液压系统中可起到压力阀、流量阀及方向控制阀的作用。

一种利用阀芯的双运动自由度及伺服螺旋调压机构二维数字方向阀,简称 2D 步进式数字方向阀,如图 2.36 所示,该阀主要由步进电机、传动机构和阀主体 3 部分组成。传动机构为钢带和摆轮,用于控制阀芯转动的角位移,步进电机通过钢带传动机构控制摆轮在一定的角度范围内转动。采用钢带传动机构的优点在于可以消除传动间隙,摆轮的角位移即为阀芯的角位移,摆轮和阀芯之间通过弹性联轴节连接,其扭转刚度很大,而轴向刚度适中。弹性联轴节右弹性片与摆轮连接;阀在工作前必须对步进电机的零位和阀芯的中位进行调整,使其重合;步进电机的零位调整可通过阀控制器在打开电源的瞬间由单片机控制自动完成。

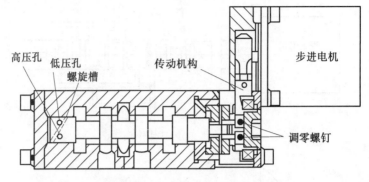

图 2.36　2D 步进式数字方向阀

图 2.36 中 2D 步进式数字方向阀由步进电机驱动阀芯产生一定的角位移,阀芯角位移通过阀芯端部螺旋调压机构转换成阀芯的直线位移。该螺旋调压机构利用了阻尼管调压技术,其工作原理如图 2.37 所示。利用阻尼管调压的螺旋调压机构分单作用和双作用两种形式,分别如图 2.37(a)和图 2.37(b)所示。

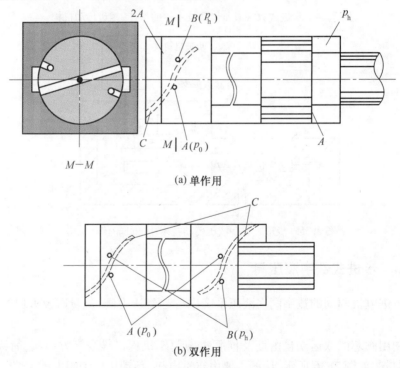

(a) 单作用

(b) 双作用

图 2.37　阻尼管调压工作原理

单作用螺旋调压机构由一个阻力半桥控制一个敏感腔,而双作用的螺旋调压机构采用两个阻力半桥分别控制两个敏感腔。单作用螺旋机构的阻力半桥所控制的敏感腔分布在阀芯一段,阀芯一端面积为另一端面积的两倍,靠近敏感腔一端的阀芯台肩表面上沿轴对称分布开设有两个孔 A 和 B,分别与高压和低压油连通。在阀套内表面上开设有螺旋状的槽 C,该槽的一端与敏感腔相通,另一端与 A、B 孔构成阻力半桥。阻力半桥通过螺旋槽控制阀芯敏感腔内的压力,而小面积腔始终与高压流体相通,称为高压腔。在静态的情况下,螺旋槽正好处于高低压孔之间,此时若不考虑摩擦力等干扰力,阀芯轴向力平衡,敏感腔内的压力正好等于阀入口压力(高压腔压力)的一半。当阀芯转动,使高压孔 A 与螺旋槽构成的重叠面积增大,即节流口面积开大,而低压孔 B 与螺旋槽构成的面积减小时,敏感腔内压力升高,此时敏感腔内的压力对阀芯的推力大于右腔高压流体对阀芯的推力,阀芯向右移动。而阀芯在向右移动的过程中,又逐渐使 A 口与螺旋槽之间的节流口面积减小,B 口与螺旋槽之间的节流口面积开大,直到 A 口与 B 口又回到螺旋槽的两侧,敏感腔内的压力恢复为原来的压力值(阀入口压力的一半),则阀芯停止动作,阀处于右端的某一开口状态。当阀芯转动,使高压孔 A 与螺旋槽构成的重叠面积减小,低压孔 B 与螺旋槽构成的面积增大时,同样道理,阀芯向左移动,阀工作在左端的某一开口状态。因此,利用阻尼管螺旋调压机构可以把阀芯的转动转变为阀芯的直线移动,从而控制滑阀的动作。

对于双作用螺旋机构,阀芯左右两端皆为敏感腔,其压力大小分别由左右两侧的阻尼管调压机构控制,压力调节差动变化,即当阀芯顺时针转动时,左敏感腔压力升高,右敏感腔压力降低,阀芯左移;反之,阀芯右移。显然,对单作用和双作用的螺旋机构,阀芯的轴向位移皆与角位移成反比关系。

利用阻尼管螺旋调压机构的步进数字阀实际上是一个两级阀,步进电机驱动阀芯转动是先导级,阻尼管螺旋调压机构驱动阀芯做直线运动是主阀级。由于采用了两级结构,因此,该阀可用于较大流量的应用场合。

步进式数字液压阀具有以下特点:

①采用数字信号控制,符合现代工程控制数字化的发展要求,应用于电液数字控制系统,方便、直接。

②抗干扰能力强,这是由阀自身的结构特点所决定的。

③构成导控阀导控级的零位泄漏(螺旋调压机构泄漏)极小,其功率与流体动力控制系统的其他能量损失相比几乎可以不考虑。

④理想的控制特性,包括无滞环、无死区以及良好的动静特性。

⑤结构简单。

2.4.7　步进式数字液压传动技术的应用

步进式数字液压传动技术的成功应用之一是 30 t 水泥强度试验机,该试验机是用于检验水泥强度的测试仪器,其电液数字控制系统如图 2.38 所示,被试标准水泥试块在加载柱塞缸的压力作用下,随着加载力的增大,直到被压碎,此时记录水泥试块破碎的载荷力,从而达到判别水泥强度的目的。按照国家规定的标准,加载速率必须小于 2.4 kN/s(老标准 5 kN/s),在加载过程中,加载速率和加载平稳性反映在测力环千分表表针的转动上,表针转动过程中不能有爬行和抖针现象。

为了保证加载速率的恒定,本控制系统中采用了步进式数字微小流量阀,通过步进式微小流量阀的控制来改变进入柱塞缸的流量大小,从而达到改变柱塞缸加载力的目的。整个系统由一台 PC 机进行控制,加载力通过压力传感器检测后形成闭环,保证恒加载速

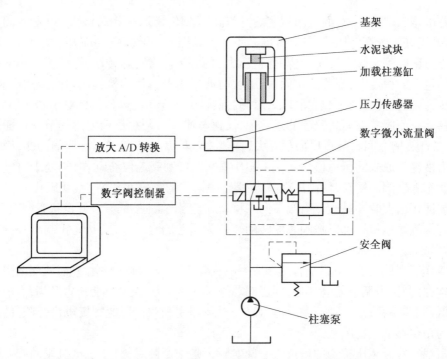

图 2.38　30 t 水泥强度试验机电液数字控制系统

率的要求。步进式数字微小流量阀为定差溢流型流量控制阀,工作原理与 2D 数字 P–Q 阀相同,只不过额定流量更小。微小流量阀由主阀和导阀两部分构成,由于系统的工作流量很小(泵的流量为 1 L/min 左右),因此,主阀采用转阀的结构,并且具有三通的功能,当负载口和油箱接通时,柱塞缸在重力作用下下降。压力补偿由定差溢流阀实现,加定差溢流压力补偿的主要目的有两方面:

①减小系统的压力损失(系统的压力在加载过程中是变化的,以减小油温升高);

②定差溢流阀通过合理的设计对柱塞泵因流量脉动而引起的系统压力脉动具有滤波作用。

从压力传感器获得的信号,经过放大和 A/D 转换进入计算机后与压力上升的斜坡信号实时比较,得到的偏差信号经过控制算法运算后,通过计算机的并口直接发送给数字阀控制器,通过数字微小流量阀实现压力闭环控制。由于柱塞摩擦力非常小,对压力的控制等价于对加载力的控制。

阀控制器的拨档开关设定如下。

①死区补偿:设定为零(在压力控制过程中,由于系统存在泄漏始终处于正开口);

②工作步数:16 步,即当阀口开到最大值时,步进电机转过的角度相当于 16 个步距角;

③采样频率:500 Hz。

在不同的加载速率下通过压力传感器得到的测试结果如图 2.39 所示。

通过测力环千分表的指针转动速度可以看出:该系统由于采用了步进式数字微小流量阀,不仅在 2.4 kN/s 下指针转动在大小范围内均匀,而且在 0.3 kN/s 的加载速率下(加载速度越低,系统越容易爬行),指针仍能保持平稳缓慢转动,没有出现爬行和抖针现象。

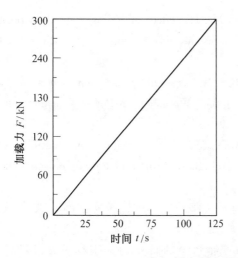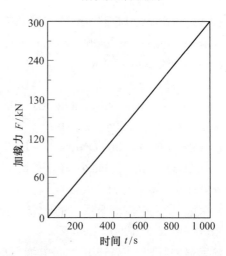

图 2.39　试验机加载曲线

参考文献

［1］刘忠. 基于高速开关电磁阀技术的压力控制系统设计［J］. 液压与气动,2003(3):
13-15.

［2］刘忠. 液压脉冲宽度调制技术的应用研究［J］. 机械与电子,2006(4):38-40.

［3］黄宜,张云. 柱塞变量泵排量的 PWM 控制［J］. 液压工业,1989(1):23-25.

［4］于春阳. 流体脉冲调制系统的拓广块脉冲函数分析与综合［D］. 哈尔滨:哈尔滨工业
大学,1994.

［5］王少丹,骆涵秀. 脉宽调制式数字调压阀系统的研究［J］. 机床与液压,1991(5):3.

［6］周加龙,赵明扬,许石哲. 新型数字液压驱动单元流动状态及补偿液控阀设计研究
［J］. 机械科学与技术,2007,26(6):719-722.

［7］邢继峰,曾晓华,彭利坤. 一种新型数字液压缸的研究［J］. 机床与液压,2005(8):
145-146.

［8］林锐,胡俐娟,明仁雄. PWM 高速开关阀的研制与应用［J］. 阀门,2004(6):37-38.

［9］蒋晓夏,刘庆和. 数字式溢流阀的研究［J］. 液压与气动,1991(2):5-7.

［10］杜巧连,龚永坚,倪兆荣,等. 高速开关阀在汽车工程中的应用研究［J］. 汽车科技,
2003(4):12-14.

［11］刘忠,杨襄壁,伍劲松,等. 恒压变量泵系统的电液数字控制研究［J］. 机床与液压,
2001(2):29-31.

［12］陈彬,易梦林. 数字技术在液压系统中的应用［J］. 液压气动与密封,2005(4):1-3.

［13］杨逢瑜,杨瑞,刘峰,等. 脉宽调制(PWM)数字开关阀在带钢纠偏控制中的应用
［J］. 液压与气动,2005(6):64-66.

［14］LAUTTAMUS T, LINJAMA M, NURMIA M, et al. A novel seat valve with reduced
axial forces［C］. Bath:Bath Workshop on Power Transmission and Motion Control,2006:
415-427.

[15] LAAMANEN A, LINJAMA M, VILENIUS M. The effect of coding method on pressure peaks in digital hydraulic system[C]. Sarasota: Proceedings of the 4th FPNI-PhD Symposium, 2006:285-295.

[16] LAAMANEN A, LINJAMA M, VILENIUS M. Pressure peak phenomenon in digital hydraulics—a theoretical study[C]. Bath: Bath Workshop on Power Transimission and Motion Control, 2005:91-104.

[17] LAAMANEN A, SIIVONEN L, LINJAMA M, et al. Digital flow control unit-an alternative for proportional valve[C]. Bath: Bath Workshop on Power Transmission and Motion Control, 2004:297-308.

[18] 俞宗强. 新型电液伺服系统的研究:高速开关阀系统的理论及实践[D]. 哈尔滨:哈尔滨工业大学,1990.

[19] 俞宗强,刘庆和. 高速开关阀电液伺服控制系统的研究[J]. 工程机械,1990(1):40-45.

[20] 阮健,裴翔,李胜. 2D 电液数字换向阀[J]. 机械工程学报,2000,36(3):86-89.

[21] 李胜,朱小平,阮健,等. 2D 数字压力阀[J]. 浙江工业大学学报,2003,31(3):293-296.

[22] 胡美君,阮健,颜幸尧,等. 电液微小数字阀[J]. 液压与气动,2006(1):65-67.

[23] 阮健. 电液(气)直接控制式数字技术[M]. 杭州:浙江大学出版社,2000.

[24] 施光林,钟廷修. 高速电磁开关阀的研究与应用[J]. 机床与液压,2001(2):7-9.

[25] 张辽. 基于高速开关阀控制的数字液压 AGC 系统研究[D]. 太原:太原科技大学,2016.

[26] 张辽,李玉贵,黄庆学,等. 高速开关阀在厚度自动控制系统中的应用[J]. 机床与液压,2017(45):51-55.

[27] 杨华勇,王双,张斌,等. 数字液压阀及其阀控系统发展和展望[J]. 吉林大学学报(工学版),2016(46):1494-1505.

[28] LINJAMA M, VILENIUS M. Energy-efficient motion control of a digital hydraulic joint actuator[C]. Tsukuba:Proceedings of the 6th JFPS International Symposium on Fluid Power,2005:640-645.

[29] HO CHO S, NIEMI-PYNTTARI O, LINJAMA M. Friction characteristics of a multi-chamber cylinder for digital hydraulics[J]. Mechanical Engineering Science,2016,230(5):685-698.

[30] 施光林,黄瑞佳. 一种数字配流式液压泵及其实验研究[C]. 太原:第八届全国流体传动与控制学术会议,2014:12-16.

[31] 齐礼东,施光林,郁立成. 随机低转速驱动的数字配流径向柱塞恒流量泵的研究[J]. 机电一体化,2016(6):8-12.

[32] 田丰年,鲁植雄. 基于线控技术的工程机械转向系统的研究[J]. 江西农业学报,2009,21(12):146-150.

[33] 李文华,韩健,任兰柱. 数字液压缸的新型控制理论和方法[J]. 机械设计与研究,
2013,29(1):91-93.

[34] LARSEN H B, KJELLAND M, HOLLAND A, et al. Digital hydraulic winch drives[C].
Bath:Proceedings of the BATH/ASME 2018 Symposium on Fluid Power and Motion
Control, 2018.

第3章
节能环保液压传动技术

液压传动与其他传动方式相比由于具有功率重量比大的优点，因此，被广泛应用于大功率的场合。但由于液压传动系统往往既存在压力损失，又存在流量损失，因此功率损失大、效率低，浪费大量能源。同时液压传动系统还存在着易发生泄漏、工作介质易燃及有毒等缺点，这些因素都使得液压传动技术的节能环保性变差。

2015年，联合国《2030年可持续发展议程》以及2016年《中国落实2030年可持续发展议程国别方案》的发布，充分体现了当今人类社会可持续发展的新思想，以及对环境保护的全球共识和承诺。随着人类对环境保护和可持续发展的认识，液压传动技术的节能环保性受到越来越广泛的关注，从而也促进了节能环保液压传动技术的不断发展。

3.1 液压传动技术的环保要求

液压传动技术的环保性也就是要求液压传动技术对生态环境无伤害，是指液压系统在工作过程中给环境带来很少的污染，产生很低的物理、化学和生物的废弃物。它也包括液压系统对不可再生能源的消耗量、再回收的能力和与生态环境的和谐程度等。可见，节能也是液压传动技术环保要求的一部分，但是由于液压传动技术的实现方式及液压系统的工作原理，使得液压系统必然会对生态环境造成一定的破坏。液压系统对环境的危害主要包括以下几方面：

1. 功率损失大，能源消耗多

根据液压元件及系统的工作原理，液压工作介质在管路及元件之间流过时，必然会产生由于摩擦、涡流等损失而引起的能量损失，例如，液压油流经管路时会引起沿程阻力损失，流经液压阀等元件时会产生局部阻力损失。同时，由于液压元件内部相对运动的配合表面之间存在间隙，液压工作介质在液压元件内部存在泄漏，从而引起液压系统的流量损失，上述损失都会导致原动机的功率损失。此外，某些液压回路本身在设计上不能够实现功率匹配，因此功率损失大、效率低。例如，采用定量泵、溢流阀和节流阀的定压节流调速回路，存在经过节流阀的压力损失和经过溢流阀的流量损失，系统功率损失大，效率低。由于液压系统通常应用在大功率的场合，因此造成的能量损失更多。

2. 噪声及振动大

液压系统所使用的是容积式液压泵，其工作原理是利用泵中封闭容腔体积的交替变化来实现吸油和排油，因此液压泵的输出流量必然是脉动的。液压泵的流量脉动会引起整个液压系统的压力脉动及噪声，而液压系统的压力脉动同时还会引起整个系统的机械振动，从而引起液压管路及接头的松动、液压元件的破坏以及液压系统性能和使用寿命的降低等。液压系统产生的噪声还会对环境形成噪声污染，对操作者的听觉造成严重伤害。

3. 工作介质对环境污染严重

在目前使用的大多数液压系统中,用于传递动力的工作介质主要是矿物型液压油和难燃型液压油。矿物型液压油是由石油经过精炼再加入相应的添加剂而得到的工作介质,其最大的缺点是易燃。因此,石油型液压油如果泄漏到环境中,将形成潜在的火灾隐患。此外,大多数该类液压油生物可降解率极低,液压油的泄漏或废油的排放将对生态环境造成严重的污染。同时,在目前石油资源日渐枯竭的情况下,矿物型液压油的使用必然会造成不可再生能源的浪费。而难燃型的液压油虽然不具有易燃性,但有些具有毒性,例如磷酸酯型液压油,其泄漏和排放将对动植物及人类的健康造成严重的伤害。

基于上述液压系统对环境的危害性,发展节能环保型液压传动技术,提高液压传动系统与生态环境的和谐性是十分必要的。

提高液压传动系统与生态环境的和谐性,可采取以下措施:

①选用环保型材料,包括工作液体、密封件和其他元件;

②提高密封结构,以实现无泄漏密封;

③解决噪音和振动问题;

④通过提高系统的效率,来减少废气的排放和原动机的能量消耗;

⑤采用绿色制造技术;

⑥提高废弃物的再使用率和它的可降解性;

⑦提高环保型液压设备的发展和使用率。

3.2　液压系统的节能技术

节能是液压传动技术的重要课题之一,随着节能和环保要求的日益高涨,有效利用能源和降低噪声已成为液压行业的重要目标。纵观国内外液压传动技术的发展历程,无时无刻伴随着节能的需要及创新。

3.2.1　液压系统的能量损失

液压系统节能的目的就是提高能量的利用率,减小能量的浪费,尽量用最少的能量输入保证所需要的能量输出。液压系统中的能量损失,按产生的原因不同可分为 3 类:

1. 能量转换损失

能量转换损失是液压系统中能量转换元件在对能量进行转换时产生的损失,包括机械摩擦损失、压力损失和容积损失。例如液压泵把原动机输入的机械能转换为输出的液压能,能量转换过程中存在着转轴上的机械摩擦损失以及由泵的内泄漏引起的容积损失。液压马达把输入的液压能转换为输出的机械能,转换过程中也存在着液压马达输出转轴上的机械摩擦损失以及由马达的内泄漏引起的容积损失。能量转换损失不仅与能量转换元件类型有关,还与运行工况以及磨损情况等因素有关。

2. 能量传输损失

能量传输损失是液压工作介质在整个液压系统中传输时所产生的能量损失,即流动损失。它决定于除能量转换元件之外的其他元件的结构与布局,例如控制类元件的结构,蓄能器、滤油器、冷却器等辅助元件的类型和布局,各元件之间管路的连接方式,以及接头、管道的形式、数量、尺寸等。

3. 能量匹配损失

能量匹配损失是动力源提供的能量与负载所需要的能量不相适应而产生的能量损失。液压动力源供给系统的能量往往不能恰好和该液压系统负载所需要的能量相适应,这就会带来能量供过于求的匹配损失。它取决于整个液压系统的设计及动力源的选型等因素。

液压系统的总能量损失是上述 3 类能量损失的总和。

3.2.2 液压系统的效率

效率是衡量系统工作时能量利用情况的主要指标,为系统输出功率与输入功率之比。如果把驱动液压泵的原动机效率也计入液压系统的效率之中,则液压系统的总效率为

$$\eta = \eta_{e}\eta_{c}\eta_{t}\eta_{m} \tag{3.1}$$

式中　　η_e——原动机效率,其值为原动机的输出功率(液压泵的输入功率)与输入功率之比;

η_c——转换效率,其值为能量转换元件输出功率与输入功率之比,即能量转换元件如泵、液压缸或液压马达等元件本身的效率;

η_t——传输效率,液体流动会造成能量损失,其中一部分是液压系统实现控制功能所必需的,例如节流阀、换向阀等阀口的压力损失;另一部分则是非必需的额外损失,例如液体在长直管路中流动时由于管壁摩擦阻力而产生的压力损失;但两者往往难以截然分开,传输效率综合考虑了液体传输过程中两种压力总损失的程度;

η_m——匹配效率,其值为执行元件所需要的输入功率与除去传输损失后液压泵的输出功率之比。

液压系统的节能技术主要研究如何提高液压系统的匹配效率和传输效率,因此,把液压系统的匹配效率和传输效率的乘积称为液压效率。

例如图 3.1(a) 所示的进口节流调速回路,如果忽略管路的压力损失和元件的内部泄漏损失,该液压回路的能量损失包括两部分:一是节流损失 $\Delta p_1 = \Delta p_T q_1$,它是流量 q_1 在压差 Δp_T 下流经节流阀产生的功率损失,这一损失是传输损失,其值与执行元件速度成正比;二是溢流损失 $\Delta p_2 = p_p \Delta q$,它是在泵的输出压力 p_p 下,流量 Δq 流经溢流阀产生的功率损失,这一损失可认为是匹配损失。这两部分损失都会转换成热量使油温升高。该液压回路的功率分配图如图 3.1(b) 所示。

该系统液压效率等于液压系统执行元件负载压力 p_L 和负载流量 q_L 的乘积,与液压泵输出压力 p 和输出流量 q 乘积的积分比。即

$$\eta_a = \frac{\int p_L q_L \mathrm{d}t}{\int pq\mathrm{d}t} \tag{3.2}$$

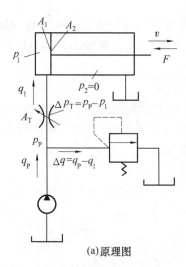
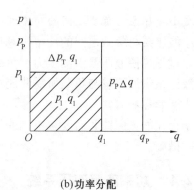

(a)原理图   (b)功率分配

图 3.1   进口节流调速回路

式中 p_L—— 执行元件的瞬时负载压力;

    q_L—— 执行元件的瞬时负载流量;

    p—— 液压泵的瞬时输出压力;

    q—— 液压泵的瞬时输出流量。

该液压系统的能耗率为

$$L_s = \frac{\int \Delta p q_L \mathrm{d}t + \int p_L \Delta q \mathrm{d}t}{\int pq \mathrm{d}t} \tag{3.3}$$

式中 Δq—— 系统的过剩流量;

    Δp—— 系统的过剩压力。

液压系统的节能技术就是要研究如何使液压系统的压力损失 Δp 和流量损失 Δq 的值尽可能地减小,从而提高系统的工作效率。

3.2.3   节能措施

基于对液压系统效率和能耗的分析,液压系统的节能可以采取以下措施:

1. 提高液压元件本身的效率和减小控制该元件的能量损耗

主要可通过提高元件质量和开发新型节能元件来实现。例如通过优化设计驱动电磁换向阀的电磁铁来降低电器控制元件的耗电量,通过优化设计各种液压阀阀口的流道来降低油液流经阀口的压力损失,以及通过合理的设计配合间隙来减小泄漏量等方法来实现节能。

2. 改善液压泵和原动机的匹配关系

主要通过减少原动机输出轴的摩擦力矩改善二者的功率匹配关系来实现,以提高原动机的运转效率。

3. 减小传输中的压力损失

液压系统的压力损失包括局部的压力损失和沿程的压力损失两部分。降低局部压力损失可通过合理地设计液压元件的结构以及减少弯管接头等的使用量来实现;减小沿程压力损失,可通过使整个液压系统的结构设计尽量紧凑,以及尽量减小管路的长度等方法来实现。

4. 减小液压泵与负载之间的功率过剩

减小液压泵与负载之间的功率过剩包括减小压力过剩和流量过剩两部分。减小压力过剩可通过尽量使液压泵供油压力与负载力需要相适应来实现,减小流量过剩也需通过尽量使液压泵供油流量与负载所需要流量相适应来实现。

5. 能量贮存和回收

对于存在能量回馈和需要量不均的液压系统,贮存和回收能量并加以利用是十分有效的节能措施。

3.2.4　功率匹配液压系统

为节约能源,提高液压系统的效率,液压系统输出的能量应尽量与负载所需要的能量相适应,即能够实现功率匹配的液压系统。压力匹配回路、流量匹配回路和功率匹配回路是液压系统实现功率匹配的 3 种方式。

1. 压力匹配回路

压力匹配回路是指液压泵的输出压力与负载力相适应的回路,即液压泵的输出压力随负载力的变化而调节的回路,例如采用定量泵、节流阀和溢流阀的旁路节流调速回路,节流阀不设置在执行元件的进口或出口,而是与执行元件并联;液压泵的输出流量可以在节流阀和执行元件之间进行调节,液压泵所提供的多余流量不是由溢流阀溢流回油箱,而是经过节流阀回油箱,溢流阀起安全阀作用,所以液压泵的供油压力不是恒定的,它总是随负载力的变化而变化,因此,避免了不必要的压力损失。但该回路仍然存在经过节流阀的流量损失,故只能被称为压力匹配回路。

2. 流量匹配回路

流量匹配回路是指液压泵的输出流量与负载所需要流量相适的回路,通常由变量泵供油,泵的输出流量随负载流量变化而调节,从而避免了流量损失。

采用限压式变量泵和调速阀实现的流量匹配回路原理图如图 3.2(a) 所示,工作特性曲线如图 3.2(b) 所示。该回路中调速阀可安装在执行元件的进油路或回油路上,液压缸的运动速度由调速阀调节,变量泵输出的流量 q_p 与进入液压缸的流量 q_1 相适应。在节流阀通流截面积 A_T 调定后,经过调速阀的流量 q_1 基本不变。如果变量泵的流量与调速阀调定的流量不相适应,则泵的输出流量有一个自动调节的过程(见第 1 章恒压变量泵工作原理)。在调节过程中,泵的供油压力基本恒定不变。

虽然图 3.2 中采用恒压变量泵和调速阀的调速回路没有溢流损失,但仍然有经过调速阀的节流损失。当进入液压缸的流量为 q_1 时,液压泵的供油流量近似为 $q_p = q_1$,供油压力为 p_p。由于液压泵出口压力基本不变,因此节流损失大小与液压缸的工作腔压力 p_1 有关,p_1 越小,压差越大。由于调速阀两端的压力差不是恒定不变的,因此液压泵的供油压力与液压缸的工作压力不相适应,所以该回路只能实现流量匹配,而不能实现压力匹配。

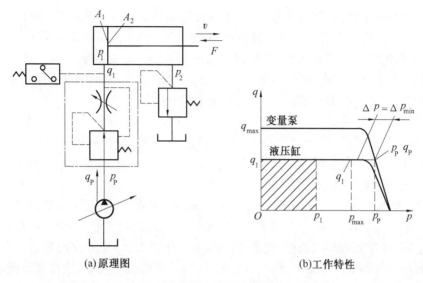

(a)原理图　　　　　　　　(b)工作特性

图 3.2　流量匹配回路

采用恒压变量泵和调速阀实现的流量匹配回路由于采用了恒压变量泵液压源,因此可以实现流量匹配,达到节能的目的。同时又由于采用了调速阀调速,因此调速刚度比采用节流阀的调速回路大。目前这种流量匹配回路已广泛应用于各种工程机械中,例如挖掘机、升降机及起重机等。

3. 功率匹配回路

功率匹配回路是指液压泵的输出压力和流量与负载力和负载流量均相适应的回路。压力匹配仍然存在流量的不匹配现象,而流量匹配回路则仍然存在着压力不匹配的现象,只有功率匹配回路既实现了压力的匹配,又实现了流量的匹配,最大限度地实现了节能的目的。

一种由变量泵和节流阀组成的功率匹配回路如图 3.3 所示,该回路由变量叶片泵、节流阀和安全阀等元件组成。叶片式变量泵的定子左右两侧各有一个控制液压缸,左侧液压缸柱塞面积为 A_{p1} 与右侧液压缸活塞杆的面积相等,右侧液压缸无杆腔的面积为 A_{p2}。节流阀的进油口同时与变量泵定子左侧液压缸以及右侧液压缸的有杆腔相通,节流阀的出油口与变量泵定子右侧液压缸的无杆腔相通。

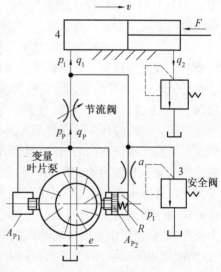

图 3.3　功率匹配回路

当变量泵定子的受力达到平衡时,有 $p_p A_{p2} = p_1 A_{p2} + k_s x$,即 $(p_p - p_1) A_{p2} = k_s x$,其中 $k_s x$ 为定子右侧液压缸无杆腔弹簧作用力。当调节节流阀过流截面时,即改变节流阀的设定流量时,泵的输出流量能够自动与节流阀设定流量相适应。如果节流阀的过流截面减小,即设定的负载流量减小时,原泵的流量 q_p 大于该设定负载流量 q_1,节流阀压降(p_p-p_1)增大,定子向右移动,转子和定子之间的偏心距 e 减小,泵的输出流量自动减小到 $q_p \approx q_1$;反之,如果增大节流阀的过流截面积,使设定负载流量 q_1 增大,则由于 $q_p<q_1$,节流阀压降(p_p-p_1)减小,定子向左移动,转子和定子之间的偏心距 e 增大,泵的输出流量自动增大到 $q_p \approx q_1$。可见,变量泵的输出流量能够与负载流量相适应。

当负载增大时,节流阀出口和定子右侧液压缸无杆腔压力 p_1 升高,由于变量泵输出流量不变,因此节流阀进口压力(即泵出口压力)p_p 也会随之升高,但仍维持(p_p-p_1)不变,泵的偏心距不变,输出流量也不变。由于泵出口压力的升高,会引起泵的泄漏量增大,因此经过节流阀的流量减小,从而使节流阀两端压差(p_p-p_1)稍有减小,定子向左移动,转子和定子之间的偏心距 e 增大,从而使变量泵的输出流量增大,以补偿增加的泄漏量,使节流阀两端压力差 $\Delta p=p_p-p_1$ 保持基本不变,因此经过节流阀的流量不变。同理,当液压缸负载减小时,变量泵做类似调整,使节流阀两端压力差 $\Delta p=p_p-p_1$ 保持基本不变,因此经过节流阀的流量不变。可见,当负载力变化时,通过泵的调节功能,使经过节流阀的流量基本不变,该回路调速刚度大,而变量泵又被称为稳流量泵;同时,负载力变化时,变量泵出口压力也随之变化,因此该回路可实现压力匹配。由于既可实现压力匹配,又可实现流量匹配,所以采用稳流量泵和节流阀实现的功率匹配回路能量损失小、效率高。

日本日立(HITACHI)公司的 EX220 型挖掘机以及川崎重工(Kawasaki)的大型起重机和工程机械等都采用了流量匹配液压系统,其中 Kawasaki 公司的起重机液压系统原理图如图 3.4(a)所示,这一液压系统也是第 1 章中介绍过的负荷传感液压系统。整个液压系统由两个或多个支回路组成,每个支回路主要由比例方向阀和压差式减压阀等元件组成。系统采用斜盘式轴向变量柱塞泵供油,变量泵的排量通过负荷传感控制器控制变量活塞的位置进行调节。负荷传感控制器感知泵出口与最大负载之间的压力差,压力差大于参考值时,表明泵流量大于负载所需要的总流量,变量泵排量应减小;压力差小于参考值时,变量泵排量应增大。通过负荷传感控制器的控制可使变量泵的输出流量与负载流量相适应。梭阀的作用是选择最大的负载压力,使之与泵出口压力进行比较。比例方向阀在保证液压系统换向的同时还起到节流阀的作用,比例方向阀阀口开度可由手动、液动或比例电磁铁控制,阀口的开度决定了进入液压缸的流量,从而决定了液压缸的运动速度。压差式减压阀用于补偿负载变化时引起的比例方向阀两端的压差变化,负载减小时,压差式减压阀阀口关小,两端压力差增大,由于泵出口压力不变,因此压差式减压阀后压力减小,从而使比例方向阀两端压差保持不变;反之,当负载增大时,压差式减压阀阀口开大,两端压力差减小,由于泵出口压力不变,因此压差式减压阀出口压力增大,从而使比例方向阀两端压差保持不变。比例方向阀和压差式减压阀的作用相当于调速阀,使每个支回路的流量不受负载干扰的影响。该系统的功率分配如图 3.4(b)所示。

为了进一步提高自动化程度,上述应用系统中也可用压力传感器和阀芯位移传感器来代替负荷传感阀,根据压力传感器测得的压力和阀芯位移传感器测得的比例方向阀阀芯位移对变量泵的排量进行实时的控制,从而进一步减小流量过剩带来的压力损失,并提高系统的响应速度。比例方向阀阀芯位移代表着阀的开口度,也就是负载流量需求。当比例方向阀阀芯位移不变时,阀进口压力代表着负载力的变化。

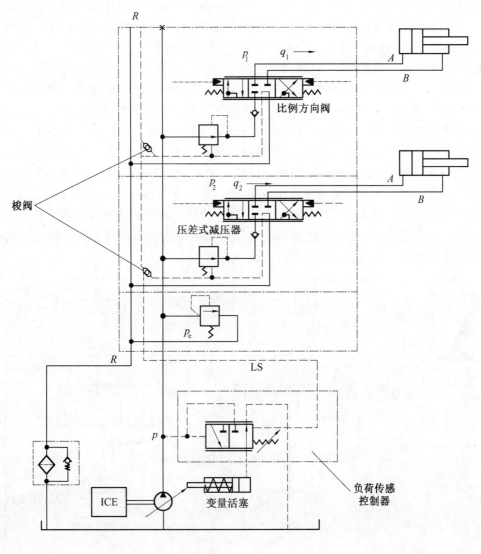

(a) 原理图

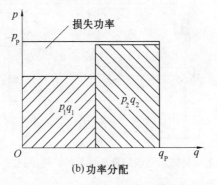

(b) 功率分配

图 3.4　Kawasaki 公司的起重机液压系统原理图

德国德累斯顿工业大学(University of Technology Dresden)流体动力研究所研制的应用于工程机械的流量匹配液压系统,其结构原理图如图3.5所示。与图3.4(a)中的系统一样,图3.5所示液压系统由多个支回路组成,各个支回路由比例方向阀和压力补偿阀来调节执行元件的运动速度。该系统的最大特点是除了采用负荷传感控制器控制泵的输出流量以适应负载的流量需要外,还增加了旁路连接的比例式方向控制阀,在该阀的阀芯上安装位移传感器,用于实时检测阀芯的工作位置。如果泵的输出流量大于各个支回路所需流量的总和,多余的流量就通过该旁路控制阀溢流回油箱。泵的流量剩余越多,则经过旁路控制阀溢流回油箱的流量越大,比例阀的阀芯位移越大。因此,通过控制算法可把这一阀芯位移转换成液压泵的剩余流量,根据这一剩余流量来调节液压泵的排量,使液压泵的输出流量与系统所需要的总流量相适应,从而达到节能的目的。压力补偿阀用于补偿负载变化引起的比例方向阀两端的压力差变化,提高系统的调速刚度。该方法只需对旁路比例方向控制阀一个阀的阀芯位移进行监测,而不需要对各个支回路中所有方向控制阀的阀芯位移进行监测,因此,回路简单、响应速度快。

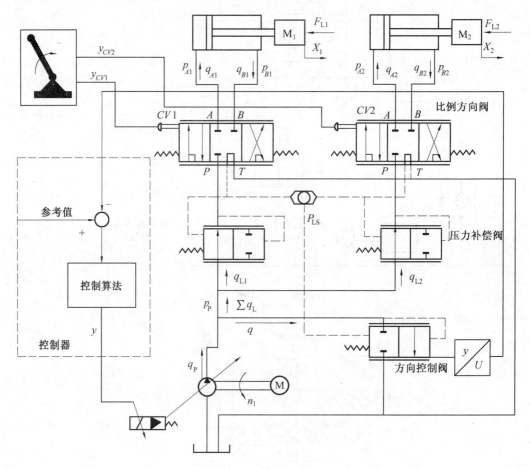

图3.5　工程机械流量匹配液压系统的结构原理图

图 3.5 所示流量匹配系统利用阀芯位移作为控制液压泵排量的控制信号,实际上是一种开环控制方法,系统控制方法简单,易于实现。但在实际应用中,液压泵的输出流量会受到电机转速、测量精度以及比例方向阀的非线性等因素影响,因此为提高控制精度,可以采用闭环控制方式,通过流量计及转速传感器等实时测量各支回路的流量和电机转速等控制参数,然后反馈给控制器,从而控制变量泵的排量。

图 3.6 给出了升降车中自动升降平台和平台传输液压系统原理图,该液压系统主要由变量活塞泵、节流阀、换向阀、变量控制阀和安全阀、变量液压缸以及平台升降液压缸和平台传输液压马达两个执行元件等组成。自动升降平台是在低位的航空货物输送车与高位的飞机货舱之间提升货物的装置,由于此类货物通常重至数吨或大至几个立方米,因此,必须使用升降平台车的升降平台将货物提升到必要的高度并推送入飞机货舱或输送车。

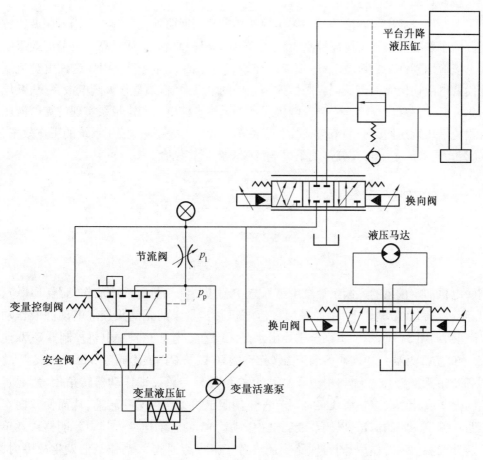

图 3.6   自动升降平台和平台传输液压系统原理图

图 3.6 中安全阀弹簧的预紧力远大于变量控制阀弹簧的预紧力,正常情况下安全阀工作在左位,当发生油路堵塞或液压阀卡死等危险情况时,泵出口压力升高得很高,阀换向到右位,变量液压缸无杆腔进油,活塞迅速向右移动,使变量泵斜盘倾角减小到最小,泵几乎不输出流量,以保证系统安全。节流阀的进油口压力为变量泵出口压力 p_p,同时也

是变量控制阀阀芯右侧压力;节流阀出油口压力为负载压力 p_1,同时也是变量控制阀阀芯左侧压力,因此变量控制阀感受节流阀的压差 $\Delta p = p_p - p_1$。当变量泵输出流量大于节流阀调定流量时,节流阀压差 $\Delta p = p_p - p_1$ 增大,变量控制阀工作在右位,变量泵出口压力作用在变量活塞无杆腔,推动变量泵斜盘动作,使泵排量减小,以适应节流阀调节流量的需要;变量泵输出流量小于节流阀所调定流量时,节流阀压差 Δp 减小,变量控制阀工作在左位,变量活塞无杆腔与回油连通,在有杆腔弹簧作用下,变量泵斜盘倾角增大,使泵排量增大,以适应节流阀调定流量的需要。同理,在工作过程中,负载力的变化会引起节流阀出口压力的变化,从而使变量泵出口压力 p_p 随节流阀出口压力 p_1 的变化而变化,以维持 Δp 和泵的排量基本不变。可见,图 3.6 自动升降平台液压系统中,泵的工作压力与负载力相适应,泵的输出流量也与负载流量相适应,因此,能够实现功率匹配。

4. 伺服电机加定量泵的功率匹配系统

除了上述通过液压泵和液压回路来实现的各种匹配回路外,近年来,采用变频调速方法的交流伺服系统因为具有可靠性高、易于实现计算机控制、控制质量高以及节能效果明显等优点被应用到许多领域,在液压领域也开始有这方面的研究和应用。这种由交流调速系统代替电液比例阀或电液伺服阀做控制元件的电液系统,被称作无阀电液系统,其原理如图 3.7 所示。采用交流伺服调速电机或永磁无刷直流电机和定量泵实现的无阀液压系统可避免液压调速回路中的节流损耗和溢流损耗,从而大大提高液压系统的工作效率,同时,该类无阀液压系统也充分体现了机电液技术的紧密结合。

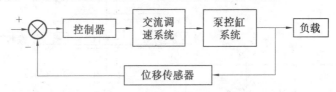

图 3.7　无阀电液系统原理图

伺服电机加定量泵的无阀泵控缸电液系统主要应用在飞机电动静液作动器(EHA)、注塑机、制砖厂和液压电梯上,例如采用直流电机和定量泵的无阀泵控缸电动静液作动器,其原理图如图 3.8 所示。该系统主要由永磁无刷直流电机 1、伺服电机控制器 2、双向定量液压泵 3、蓄能器 4、单向阀 5、液压缸(作动筒)6 以及双向安全阀 7 等部分组成。

图 3.8 中无阀液压系统利用液压缸 6 上的角位移传感反馈作动器转角信号,通过 DSP 控制器 2 或计算机控制系统实时调节直流伺服电机 1 产生某一转速,从而使双向定量液压泵 3 输出一定的流量,以调节液压缸(作动筒)6 的运动速度。其中蓄能器 4 及单向阀 5 起补油和换油的作用,同时回路中还设置了阻尼旁通阀 8,当作动器发生故障时,可以开启该旁通阀,双向定量液压泵 3 的流量经旁通阀 8 全部回到泵的吸油口,作动筒 6 对负载不发生作用,起到故障安全隔离的作用。上述无阀电液系统因为将普通电液伺服系统中的能源装置和控制装置集成在一起,整个液压回路中不需要调节流量的节流元件,所以回路无节流损失和溢流损失,系统效率高,节能效果显著。同时整个系统具有易于集成、体积小、结构紧凑、可靠性高、易于控制、抗污染能力强等优点。

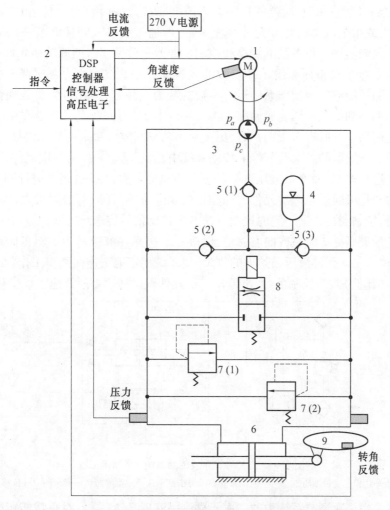

图 3.8　无阀泵控缸电动静液作动器原理图

1—永磁无刷直流电机;2—伺服电机控制器;3—双向定量液压泵;4—蓄能器;
5—单向阀;6—液压缸(作动筒);7—双向安全阀;8—阻尼旁通阀;9—负载

3.2.5　能量贮存及回收

一般动力源输出的功率常会出现供过于求的工况,若能加以有效地贮存和回收,在必要时重新加以利用,便可以补充能量损失,提高系统工作效率。液压系统可以贮存和回收的负载能量有运动质量的动能和下落质量的位能两种。

液压蓄能器是液压系统最常用的贮存能量的方式,转子贮能器,即飞轮,也可用于贮能。此外,二次调节静液传动技术,作为一种新的液压系统能量回收方式,也得到了越来越广泛的应用。液压蓄能器和转子贮能器原理简单,易于理解,下面主要介绍二次调节能量回收液压传动技术的工作原理。

如果把液压系统中机械能转换成液压能的元件称为一次元件或初级元件,则把液压能转换为机械能的元件称为二次元件或次级元件。常规的液压传动系统,通过改变一次元件(液压泵)的能量供应、阀类的控制等来改变二次元件(液压缸/马达)的输出速度或转速、输出力或扭矩以及回转方向等性能参数,即通过直接或间接调节一次能量转换元件——液压泵来实现工作参数的变换和控制。而通过改变二次能源转换元件——液压马达的性能参数来实现液压系统工作参数的变换和控制的技术称为二次调节静液传动技术。该技术除了能够实现液压系统运行参数的变换及控制外,还可将负载惯性能量和重力位能自动回馈到恒压液压能源网路中去,因此同时具有回收和贮存能量的功能。尤其是同一恒压网络中并联有多个用户时,更突显出功率回收所带来的节能效果。

例如图 3.9 所示的二次调节静液传动系统中,液压马达 1 作为二次元件,其排量由变量液压缸 2 进行控制,而变量液压缸 2 的流量由电液伺服(比例)阀 3 进行调节。二次元件 1 转速的变化可通过与二次元件转轴相连的光电编码器(或其他测量元件)测出,并传送给控制器,控制器再根据一定的控制方法产生控制信号传送给电液伺服(比例)阀 3,然后再控制变量液压缸 2 向左或向右移动,以改变二次元件液压马达 1 斜盘倾角的大小和方向,进而改变二次元件液压马达 1 的排量,使系统稳定地工作在某一工作状态。通过改变电液伺服(比例)阀的控制信号,可以使二次元件液压马达 1 的转速无级变化。

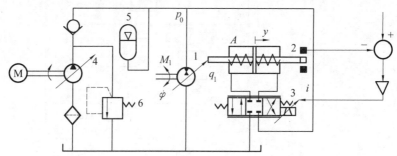

图 3.9　二次调节静液传动系统工作原理图

1—液压马达;2—变量液压缸;3—电液伺服阀;4—恒压变量泵;5—蓄能器;6—安全阀;7—位移传感器

上述系统中二次调节系统中的二次元件——液压马达(泵),对负载转矩变化的反应最终通过改变二次元件的排量来实现,这种调节在输出区的二次元件上进行,调节功能通过二次元件自身的闭环反馈控制来实现,不改变系统的工作压力,二次元件则始终工作在一个恒压网络中。通过改变二次元件斜盘摆动方向,二次元件能在 4 个象限内工作,既有液压泵工况,也有液压马达工况。当液压马达的负载由被动转为主动,即由负载转为驱动液压马达时,二次元件由马达工况转为泵工况,此时二次元件向系统回馈能量,从而提供了能量回收的可能性。当二次元件工作于液压泵工况时,回收的能量既可以由蓄能器储存,也可以立即提供给其他用户使用,还可以使驱动泵的电动机处于发电机工况,以电能的形式贮存能量。

二次调节静液传动的概念最早于 1977 年由德国汉堡国防工业大学的 H. W. Nikolaus 教授提出,第一套配备有二次调节闭环控制的产品是建在鹿特丹欧洲联运码头(ECT)的无人驾驶集装箱搬运车 CT40。近年来,经过一系列实用化的研究,二次调节能量回收系统在工程机械上得到了广泛的应用,例如应用于码头、近海作业的大型起重设备,如大功率级别的斗轮式挖掘机,隧道盾构机械,港口用大型集装箱转运车等。此外,二次调节系统还被应用于油田的采油机,汽车的刹车系统等,以节约能源,提高液压系统的工作效率。

在图 3.10 液压泵的疲劳试验系统中,液压马达可作为动力元件,同时充当加载元件,驱动被试液压泵旋转,因此系统的液压能便通过液压马达,以机械能的形式反馈到系统的输入端。

在这个系统中,为了满足系统启动时的需要,应使补油泵的最大排量不小于马达的最小排量。同时,为了能使系统正常运行,还应当保证补油泵最大输出功率不小于系统的最大功率损耗。

该反馈方式可大大降低试验设备自身的功率,其不足之处是系统较为复杂、功率回收效率较低,对系统的调节技术有较高的要求。

图 3.11 所示为抽油机二次调节液压系统,主要应用于油田抽油机的能量回收和贮存。该液压系统由两个变量泵、液压缸以及蓄能器等元件组成,其中变量泵 1 和 2 同轴连接,在不同工作行程交替起二次调节的作用,因此均称为二次元件。

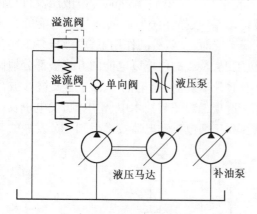

图 3.10　液压泵的疲劳试验系统

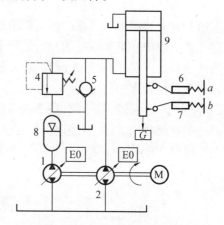

图 3.11　抽油机二次调节液压系统
1,2—变量泵;3—电机;4—溢流阀;5—单向阀;
6,7—行程开关;8—蓄能器;9—液压缸

抽油机的工作过程通常分为上冲程和下冲程两部分。在上冲程时,二次元件 2 工作在泵工况,输出液压油推动液压缸带动负载向上运动。二次元件 1 由蓄能器供油,工作在马达工况,它和电动机共同驱动二次元件 1 工作。在下冲程时,二次元件 2 工作在马达工况,液压缸在负载的作用下输出液压油,驱动二次元件 2 转动,二次元件 1 在二次元件 2 和电动机共同驱动下工作在泵工况,给蓄能器充液,把负载的位能以压力能的方式贮存到蓄能器中。

用于搬运木材的林业装载机械通常具有多个伸缩臂,如图 3.12 所示,每个伸缩臂均具有伸出和缩回的工况。在伸出工况中,液压系统给伸缩臂提供能量;而在缩回工况中,伸缩臂可利用负载的重力自动缩回,同时负载所具有的位能可以利用二次调节静液传动技术进行回收,将能量储存到蓄能器、飞轮或蓄电池中,在伸出工况时重新加以利用,或者在某伸缩臂实现缩回工况时,将能量直接提供给其他正在完成伸出工况的伸缩臂,以充分利用能源,达到节能的目的。

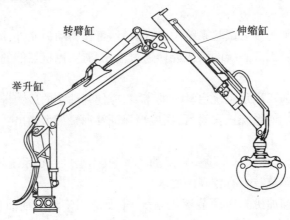

图 3.12　林业装载机械

图 3.13 所示为芬兰坦佩雷理工大学(Tampere University of Technology)液压及自动化研究所为林业装载机械研制的二次调节静液传动系统,该系统回收的能量以电能的方式贮存在蓄电池中。当装载机的举升缸处于下降工况时,在负载的作用下,原液压泵工况转变为液压马达工况,电动机工况转变为发电机工况,负载的位能以电能的方式被部分地储存到与电动机相连的蓄电池中;当举升缸处于上升工况时,蓄电池中的电能又被释放出来,和液压泵提供的能量一起,用于提升负载。这项二次调节技术中,蓄电池、发电机及控制器是能量回收的关键,因此这项技术是在近 30 年来电机和电器技术得到充分发展的基础上才得以实现的。

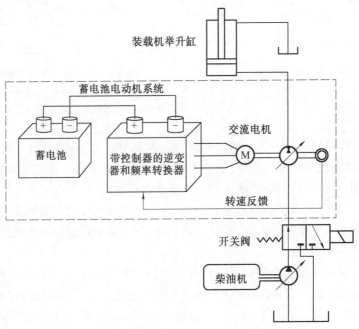

图 3.13　采用蓄电池进行能量回收的二次调节静液传动系统

3.3 液压系统的振动及噪声控制

液压系统的振动会使液压系统的工作性能变差、使用寿命降低,液压系统的噪声会对系统所处的工作环境造成听觉污染,因此,减小和抑制液压系统的振动和噪声,对于提高液压系统的工作性能及使用寿命是十分必要的,也是液压系统的环保要求之一。液压系统的振动是液压系统产生噪声的最重要根源,降低液压系统的噪声最主要的就是对液压系统的振动进行合理的控制。

3.3.1 液压系统的振动

液压系统的振动主要来源于液压系统内部的压力脉动和压力冲击。在液压系统中,如果液流的流量或压力随时间发生变化,则会在流体中产生周期性的压力脉动。由于容积式液压泵的工作原理是密封容腔体积的交替变化,因此,液压系统不可避免地存在着压力和流量的脉动。液压系统的压力脉动,在绝大多数情况下,对系统的工作都是不利的,其危害主要表现在以下几方面:

第一,压力脉动直接导致管路的应力脉动及机械振动,特别是在它的频率与管系的固有频率相重合或相接近的情况下,会形成管系的共振,并产生更高的压力脉动。很高的脉动压力甚至会使管路在数分钟内疲劳破裂,产生严重后果。在飞机上,已发生多起由于燃油管路管系共振破坏而造成的重大飞行事故。因此,液压系统的压力脉动,最先引起了航空部门的重视。对飞机液压系统的压力脉动,国外已规定了允许脉动的范围。

第二,压力脉动造成的管壁振动向周围环境辐射噪声,给人体带来危害,是液压系统的主要噪声源之一。

第三,压力脉动还会影响系统和元件的工作质量,降低其使用寿命,破坏执行机构的工作精度。

第四,压力脉动将影响参数测试的准确性,仪表(如压力表)的使用寿命也会降低。

因此,控制液压系统的压力脉动,对于提高系统的可靠性和工作质量、提高元件的使用寿命、降低系统噪声以及减少环境污染等都有着十分重要的意义。

在液压系统中,除压力脉动外,当管道一端的流速或压力发生突然变化时,管中液体的压力将产生急剧交替升降的阻尼波动过程,称为压力冲击现象。压力冲击会使流体中产生附加的压力(可高出正常压力的 5 倍以上),从而产生流体噪声,并可能导致元件和系统振动,甚至破坏。在液压系统中,由于阀门的快速启闭或外负载的急剧变化,均会引起压力冲击。

液压系统的压力脉动和压力冲击是液压系统噪声的主要来源之一,因此降低液压系统噪声,最主要的方法就是降低液压系统内部的压力脉动和压力冲击,例如降低能源元件产生的压力脉动,合理设计液压管路,以及采用蓄能器、液压减振器和消声器等方法,此外还可通过在液压系统外部设置减震装置来降低整个液压系统的机械振动和液固耦合振动。

3.3.2　噪声容许标准

控制噪声是环境保护的一个重要方面,也是某些机械产品的质量评价指标之一。降低噪声需要一定的技术措施和经济支持,所以为了获得适宜的噪声环境,把产品的噪声控制在适当的水平,而又不致造成浪费,就需要一系列噪声标准。我国也制定了相应的环境噪声控制条例和允许标准,例如中国环境噪声容许范围、《工业企业厂界环境噪声排放标准》GB 12348—2008、《汽车加速行驶车外噪声限值及测量方法》GB 1495—2020 以及《声环境质量标准》GB 3096—2008,其中中国环境噪声容许范围见表3.1。

表 3.1　中国环境噪声容许范围　　　　　　dB

人的活动	最高值	理想值
体力劳动(听力保护)	90	70
脑力劳动(语言清晰度)	60	40
睡眠	50	30

我国有许多城市还制定了有关控制噪声污染的规定,例如限制高噪声车辆的行驶区域,禁止在市区使用高音喇叭,在学校、医院附近禁止鸣喇叭,飞机起降路线要远离居民密集区等。

根据国际及我国制定的环境噪声标准,我国机械工业部在规范液压系统和液压元件的技术条件时,也制定了相应的噪声控制标准及规范,例如《液压泵空气传声噪声级测定规范》GB/T 17483—1998(参照 ISO 4412-1:1991)、《液压机噪声限值》GB 26484—2011、《泵的噪声测量与评价方法》GB/T 29529—2013、《液压齿轮泵》JB/T 7041—2006 以及《液压轴向柱塞泵》JB/T 7043—2006 等。

其中《液压齿轮泵》规范中规定了液压齿轮泵的噪声限制等级,见表3.2。

表 3.2　液压齿轮泵噪声限制等级　　　　　　dB

额定压力 p /MPa	公称排量 $V/(\mathrm{mL} \cdot \mathrm{r}^{-1})$				
	≤10	>10 ~ 25	>25 ~ 50	>50 ~ 100	>100
2.5	≤70	≤75	≤76	≤78	≤80
10 ~ 25	≤80	≤85	≤85	≤90	≤90

3.3.3　液压系统的噪声来源

从液压系统噪声的产生原因来看,液压系统的噪声主要来源于液压系统的压力脉动、液压冲击、液体流动以及气泡和气穴噪声等。从噪声的来源部位来看,液压系统的噪声一方面来源于组成液压系统的液压元件本身,一方面来源于液压系统。各类液压系统在工作中,会出现程度不同的噪声,这些噪声的存在不仅造成了噪声污染,而且反映出系统不合理的设计、安装和使用。不恰当的安装使用,会导致液压系统传动效率的降低,加剧元件的磨损,使工况变得恶劣,从而缩短液压系统的使用寿命。因此,消除噪声也是合理设计液压系统的前提条件之一。

不同的液压元件产生噪声和传递辐射噪声的情况各不相同,相同的液压元件在液压系统中的连接方式不同,产生噪声的情况也各不相同。液压噪声控制应从元件噪声液体传播噪声和由于装置振动产生的噪声等几个方面加以考虑,除降低元件本身的噪声外,还需对整个液压装置进行合理的设计和布局,采取适当的防振降噪措施,这样才能更有效地控制噪声。归纳起来,液压系统产生噪声的各种原因见表3.3。

表 3.3　液压系统产生噪声的原因

分类	声源	原因
单个元件的噪声	液压泵	脉动、气穴现象、通风噪声、旋转声、轴承声、壳体振动声
	电动机	电磁噪声、旋转噪声、通风噪声、轴承噪声、壳体振动声
	压力阀	液流声、气穴声、颤振声
	电磁换向阀	电磁铁撞击声、电磁噪声、液压冲击声
	风扇冷却器	风扇的通风噪声、壳体振动声
	流量阀	液流声、气穴声
	电液换向阀	衔铁、挡板颤振声
	油箱	回油击液声、吸油气穴声、气体分离声、箱壁振动声
系统噪声	液压泵、油箱、电动机底座,管道及阀可动部件等的谐振声	由于压力脉动、液压冲击、旋转部件、往复零件等引起的振动向各处传播,引起系统谐振。液体在管路内的瞬态流动与管路构成耦合振动

3.3.4　液压元件噪声及降噪方法

1. 液压泵噪声及降噪方法

容积式液压泵是通过封闭容积的体积变化来实现吸油和排油的,因此无论是齿轮泵、叶片泵还是柱塞泵,虽然其结构各不相同,但其噪声产生的原因却大致相同。液压泵激发噪声的主要原因如下。

（1）固有脉动

液压泵之所以产生噪声,主要是由于其排油具有波动性,这种周期性流量波动,如果在泵的出口遇到阻抗,就会形成压力脉动,作用到液压泵的壳体、转轴及连接件等部件就会引起机械振动,进一步产生噪声。因此,液压泵噪声的主要成分为周期性噪声,即泵的噪声是随着液压力、力矩、瞬时流量的周期性变化而变化的。换言之,液压泵固有的流量及压力脉动是激发噪声的主要根源。

（2）气穴

液压泵中的气穴噪声主要是溶解于液压油中的气体分离成气泡或液压油直接汽化成气穴(通常把气泡和气穴都直接称作气穴)后,又被高压击破而产生的爆炸声。液压泵在吸油过程中,由于吸油腔内压力过低而使溶解于液压油中的气体分离或直接汽化,产生气泡或气穴,到高压区后,气泡和气穴破灭,激发噪声。而产生气穴的原因主要有液压泵吸油阻力过大、油箱油量不足、回油管离液面太高以及液压泵困油现象严重等。

（3）回转件振动

液压泵的回转件不平衡、轴承精度差、传动轴安装误差过大、联轴节偏斜、运动副之间的摩擦等，都会产生振动，激发噪声。

针对液压泵噪声产生的原因，可以通过改进液压泵的结构设计、减小液压泵的流量及压力脉动、防止液压泵气穴的产生、提高液压泵零部件的加工及安装精度等方法来降低液压泵的噪声。下面将介绍几种液压泵降低噪声的方法。

（1）齿轮泵的降噪措施

外啮合齿轮泵是三大类液压泵中产生噪声较大的一种。外啮合齿轮泵的噪声控制方法之一是消除困油现象，即在齿轮泵的侧板或齿轮轮齿表面上开设能够消除齿轮泵困油现象的卸荷槽，从而消除由于困油现象而产生的气穴噪声，其原理图如图 3.14 所示。该方法是目前国际国内各齿轮泵生产厂家都普遍采用的方法，但各个生产厂家采用的卸荷槽形式不同，几种外啮合齿轮泵卸荷槽的结构形式如图3.15所示。

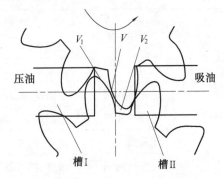

图 3.14　齿轮泵的卸荷槽原理图

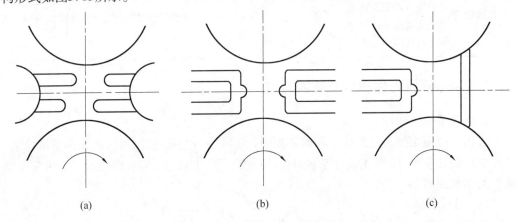

(a)　　　　　　　　　　(b)　　　　　　　　　　(c)

图 3.15　几种外啮合齿轮泵卸荷槽的结构形式

除了采用上述消除困油现象的方法外，还可以采取在液压泵的排油口处添加辅助装置的方法来消除齿轮泵的压力脉动，减小齿轮泵输入到液压系统中的流量及压力脉动，从而减小齿轮泵在液压系统中产生的脉动噪声。例如图 3.16 所示的消除噪声辅助装置，该装置主要由凸轮轴以及分布在支架上的柱塞组成，凸轮轴与驱动轴相连接。凸轮轴转动时，带动柱塞在支架上移动，引起该机构内腔和外腔的容积变化，产生吸油和排油的过程，从而由该辅助机构提供一个小的脉动流量。如果与齿轮泵的吸油和排油过程结合起来，则可以用来抵消齿轮泵产生的较大的流量脉动。但在使用该方法时，必须先对齿轮泵的流量脉动了解清楚，否则非但不能减小脉动，还有可能使流量脉动增加。同时由于该方法需要增加辅助装置，从而增加了泵的成本。

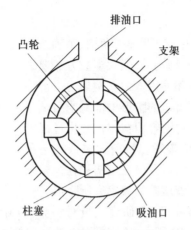

图 3.16　用于降低齿轮泵流量脉动的凸轮机构

　　研究表明,齿轮泵的流量脉动与齿轮的轮廓和齿数等结构参数有很大关系,因此目前各液压泵生产厂家都通过优化设计方法对齿轮泵的结构参数进行优化选择,以达到减小齿轮泵流量及压力脉动的目的,从而减小齿轮泵噪声。例如德国力士乐(Rexroth)公司生产的 AZPS 系列低噪声液压泵,通过优化设计齿轮的齿形轮廓和齿轮数,使两个齿的啮合周期与驱动轴的转动周期相匹配,以减小啮合点的轨迹长度,从而减小流量脉动值和齿轮泵的噪声。其原理图如图 3.17(a)和图 3.17(b)所示。

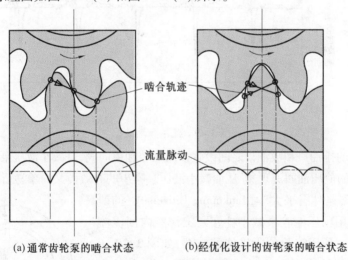

(a)通常齿轮泵的啮合状态　　　　(b)经优化设计的齿轮泵的啮合状态

图 3.17　齿轮啮合状态与齿轮泵流量脉动

[图片来源:Bosch Rexroth 公司]

　　通常齿轮泵的齿轮啮合状态如图 3.17(a)所示,主动齿轮只依靠前齿面与从动齿轮相啮合,因此在齿轮转动的过程中,啮合点的轨迹较长,产生的流量脉动也较大。经优化设计的齿轮泵的啮合状态如图 3.17(b)所示,对齿轮进行齿廓和齿数的优化设计后,主动齿轮不仅通过前齿面与从动轮相啮合,还通过后齿面与从动轮相啮合,因此在齿轮轴转动的过程中,啮合点的轨迹变短,产生的流量脉动也大大减小。低噪声泵和普通的齿轮泵相比,流量脉动可降低 75%,因此对出口处元件的扰动也大大减小,从而降低了齿轮泵的噪声。

（2）柱塞泵的预压缩腔

柱塞泵降低噪声的方法主要有开设三角槽、正确选择
柱塞数以及合理设计柱塞泵的结构等，但大多数方法要么
成本高，要么会降低泵的效率和使用寿命。例如为了消除
柱塞泵的困油噪声，通常在配流盘的腰形槽前端或后端开
设三角槽，如图 3.18 所示，使封闭容积在体积变化过程中
通过三角槽与排油腔或吸油腔连通。目前大多数柱塞泵
均采用该方法来消除困油噪声，但开设三角槽和在齿轮泵
侧板上开设卸荷槽一样，会使液压泵的效率有所降低。

图 3.18　柱塞泵困油三角槽

英国巴斯大学（University of Bath）研究人员对斜盘型轴向柱塞泵的流量脉动进行测
量，测得流量脉动波形如图 3.19 所示，该流量脉动波形包括动力波动和动态波动两部分。
动力波动是指所有柱塞排油流量总和的脉动值，即图 3.19 中流量为正值的那一部分脉动，
动态波动是指由流体的可压缩效应产生的脉动值，即图 3.19 中流量为负值的那一部分。
这一负值流量表明排油腔的液体有向吸油腔回流的现象。图 3.19 中回流流量引起的流
量脉动要比整个排油过程中其他阶段的流量脉动大得多。因此，对于柱塞泵来说，消除回
流流量脉动更为重要。

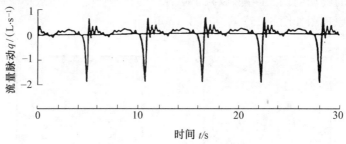

图 3.19　流量脉动波形

在柱塞泵的排油口和吸油口之间设置预压缩腔和单向阀，是减小液压泵流量脉动，消除
液压泵排油时的液压油回流现象，从而减小液压泵噪声的有效而又简单易行的方法之一。

1992 年，瑞典林雪平大学（Linkoping University）的研
究人员提出了用预压缩腔来减小柱塞泵工作腔内回流流
量脉动的方法。预压缩腔位于排油腔前端，如图 3.20 所
示，预压缩腔压力与排油压力相一致，柱塞泵工作时，柱塞
腔吸油后先与预压缩腔接通，此时由于预压缩腔中的压力
高于柱塞腔中液压油的压力，柱塞腔中液压油被加压。当
柱塞腔再与排油口接通时，二者的压力差应该比不采用预
压缩腔时的压力差要小，从而减弱了流量倒灌及压力冲击
现象，即减小了图 3.19 流量脉动波形中的负值部分，从而
大大减小了柱塞泵的流量脉动和噪声。由于预压缩腔与

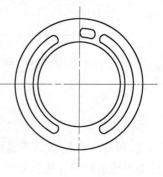

图 3.20　预压缩腔

排油腔相通，在下一个柱塞腔到来之前排油腔对预压缩腔重新加压，以保证预压缩腔对柱

塞腔的不断加压。由于预压缩腔可以直接铸造在柱塞泵的端盖上，不需要对泵的结构进行大的改造，因此易于实现。

目前，预压缩腔的设计已被轴向柱塞泵的生产厂商所采纳，例如 Linde 公司和 Parker 公司在其生产的轴向柱塞泵上都采用了预压腔结构，通过采用预压缩腔的方法，实际回路中的压力波动能够减少 40% ~ 60%。而且与其他不采用预压缩腔的方法相比，该方法对工作参数，例如压力、泵轴转速以及排量等的依赖性要小得多。图 3.21 为 Linde 公司轴向柱塞泵上的预压缩腔结构。

图 3.22 为 Rexroth 公司所测量的开环回路中轴向柱塞泵的压力波动情况，其中图 3.22(a) 为不采用预压缩腔的轴向柱塞泵压力脉动，图 3.22(b) 为采用预压缩腔的轴向柱塞泵压力脉动。图 3.22 表明，采用预压缩腔时轴向柱塞泵的压力脉动明显降低。

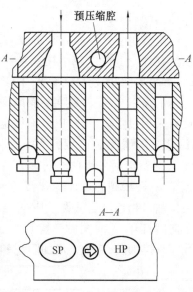

图 3.21　Linde 公司轴向柱塞泵上的预压缩腔结构

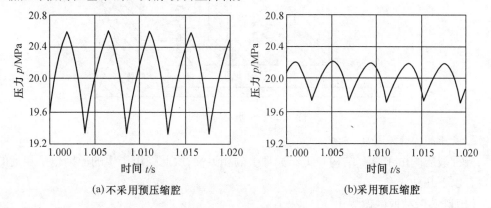

(a)不采用预压缩腔　　　　　　　　(b)采用预压缩腔

图 3.22　压力脉动比较

(3)柱塞泵的滞后排油槽

柱塞泵的密封容积(柱塞腔)在从吸油区向排油区移动的过程中，密封容积与排油腔连通之前，如果密封容积中的压力高于排油腔压力，当密封容积与排油腔连通时，则排油腔内会产生压力正超调，从而使柱塞泵的压力脉动增大。为了消除这一压力正超调，研究人员提出在柱塞泵的配流盘上开设滞后排油槽，并增加一个单向阀，这一方法的原理图如图 3.23 所示。图 3.23 中，配流盘上的排油腰形槽长度比吸油腰形槽长度短，在排油腰形槽前端设置一个排油孔，排油孔和排油腰形槽之间通过单向阀连通。柱塞泵工作时，柱塞腔先与排油孔连通，如果柱塞腔中液压油的压力高于排油腔的压力，则单向阀打开，柱塞腔通过排油孔向排油腔排油，柱塞腔中压力降为与排油腔压力一致，此时柱塞腔再与排油腔连通则不会产生压力正超调；如果柱塞腔液压油的压力低于排油腔的压力，则单向阀关闭，柱塞腔不排油。因此该结构可避免压力正超调，进而抑制柱塞泵的压力脉动，减少液体传播噪声。

　　配流盘上开设滞后腰形槽并设置单向阀的结构，虽然在理论上可以减小柱塞泵流量脉动，但实际应用时，如果单向阀设计不当，产生较大的振动，反而会成为新的噪声来源，使柱塞泵噪声增加，所以此处单向阀最好采用过阻尼设计，以增加稳定性。同时，为了适应不同工作情况的需要，可使用两个或多个单向阀。图3.24给出了采用两个过阻尼单向阀的柱塞泵配流盘结构，图中阀芯后面的弹簧腔通过两个细长阻尼孔与排油口相连。当柱塞腔中的压力高于排油压力时，单向阀打开，单向阀后弹簧腔的液压油经过细长阻尼孔流入排油腔，起到了增加阻尼和减振的作用。

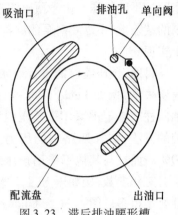

图 3.23　滞后排油腰形槽

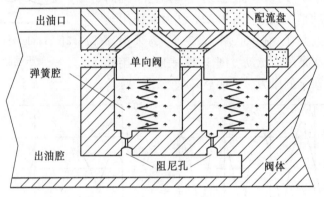

图 3.24　过阻尼单向阀

2. 液压阀噪声及降噪方法

　　各种液压阀由于具有结构和工作原理上的相近性，因此噪声产生的原因也是相近的，主要有以下几种。

　　(1) 阀芯振动或颤振噪声

　　各种形式的液压阀，无论是压力控制阀、流量控制阀还是方向控制阀，其结构都是由阀体、阀芯及弹簧组成。阀芯和弹簧结构本身就是一个易振动体，其工作过程就是一个振荡过程；如果设计、制造及安装不合理，稍有外力或位移干扰就有可能引起强烈的振动噪声，或产生自激颤振噪声，甚至波及其他元件和管路，引起整个系统的强烈振动和噪声。通常采用在阀芯上增加阻尼的方法来控制阀芯振动和颤振噪声，还可对阀芯和弹簧系统的稳定性进行分析，通过改变结构设计参数的方法来增加阀芯的稳定性。

　　(2) 气穴噪声

　　在液压阀的阀口处，通常都要形成节流，在节流处过流面积减小，压力降低，当压力降低到液体的空气分离压达到饱和蒸汽压时，液体中则产生大量气泡和气穴。当气泡和气穴液流来到压力较高处时，气泡被瞬时压破，产生噪声。阀口处气穴噪声的消除可采取改变阀口结构形状及过流面积，从而使节流状况发生改变的方法；也可采取多级节流形式，使压力逐渐下降的方法;还可采取在系统高处设置排气装置,以排除阀内过多空气,从而减小气泡和气穴产生的可能性等方法来实现。

(3)冲击压噪声

方向控制阀快速换向或压力控制阀突然开关时,液压回路中的压力会产生急剧变化,由此而产生冲击压噪声。此外,由于控制阀的快速切换,引起执行元件加速度的突然变化,从而引起冲击振动噪声。降低冲击压噪声的措施通常是:在换向阀和压力阀前设置节流元件,减慢阀工作参数的转换;在阀芯两侧设置阻尼装置,降低阀芯移动和阀开关的速度;在阀芯上设置锥面或三角槽,使控制截面缓和变化;把先导阀压力调至主阀芯换向所需的最低压力,以减小冲击力等。

(4)泄油膨胀噪声

高压大流量的阀口,泄油过程中压力急剧下降,有可能会降到大气压以下,此时液压油容积迅速膨胀,容易形成泄油膨胀噪声。解决泄油膨胀噪声的措施是设置泄油回路。例如在压力加工机械中,下冲程(液压缸活塞和横梁向下移动)和保压过程结束后,此时液压缸上腔压力很高;在实现上冲程(液压缸活塞和横梁向上移动)动作之前,需要通过泄油(释压)回路,把液压缸上腔的压力卸掉,然后再实现上冲程的动作,否则液压缸上腔经控制阀突然泄油时,将会产生泄油冲击和噪声。

3.3.5　液体传播噪声及控制

液压元件及系统产生 3 种类型的噪声能量,其中声音和机械振动是人们所熟知的,而第 3 种类型——压力脉动尽管容易引起元件、回路及系统产生不希望的振动噪声,却往往被人们忽视。这 3 种类型的噪声能量通常分别称为空气传播噪声、结构传播噪声和液体传播噪声。空气传播噪声的能量级很低,而液体传播噪声和结构传播噪声的能量要比空气传播噪声的能量大数千倍,因此,在设计、安装和使用液压系统时,尤其要注意液体传播噪声和结构传播噪声。在导管很长而且结构又复杂的液压系统中,与空气传播噪声和结构传播噪声相比,液体传播噪声往往最重要,它能将噪声能量传递到远处,传递给其他液压元件和结构部件,引起更为严重的振动和噪声问题,因此,本书只介绍液体传播噪声及其抑制。

1. 产生原因

由于液压泵不能够产生完全均匀的液体流量,同时由于系统阻抗的存在,流量的脉动会引起液体压力的脉动,于是就产生了液体传播噪声。液体传播噪声是液体的流量脉动被传递到系统中的不同位置后,在该位置引起的振动和噪声,它是由液压泵的流量变化和系统回路动态阻抗相结合而产生的,不是液压泵本身所固有的,也不是系统本身所固有的特性。因此,只根据液压泵的结构参数来预测液压泵在未来实际工作过程中能够产生多大的液体传播噪声是很困难的,它与系统参数的匹配和阻抗匹配有关系。例如,如果泵出口连接的液压系统为理想状态,即阻抗为零,则即使输出流量是脉动的,液压系统也无法产生液体传播噪声。

此外,液体传播噪声还会来自于液压泵密封容腔里液体的压缩过程。例如前面提到的柱塞泵的回流现象,当密封容积(柱塞腔)突然与高压腔相通时,高压腔会有一股急剧的回流冲向密封容腔,从而产生液压冲击,并引起冲击噪声。

2.液体传播噪声的抑制

通常可通过改进液压泵的结构和性能来抑制和消除液体传播噪声。液压泵排油时由于液体的压缩过程而产生的液体传播噪声,分析液压泵的流量脉动及其在具有不同阻抗的液压系统中产生液体传播噪声的程度,合理地设计液压系统的结构、布局以及管路系统,是抑制和消除流量脉动引起的液体传播噪声的有效方法之一;在管路系统中设置压力脉动及噪声抑制元件也可以实现对液体传播噪声的控制。

(1)流量脉动及回路阻抗分析

液体传播噪声是一个涉及到能源元件脉动和整个回路参数的复杂现象,其过程通常用回路中压力和流量的瞬态数学模型进行描述,然后通过把管路系统看成一个分布参数或集中参数系统来求解脉动波方程。严格地说,脉动波传播过程应采用二维分布参数方程进行描述,但通过适当的校正,一维脉动波方程也可以达到同样的目的。

描述管路中压力和流量脉动的数学模型有多种形式,例如偏微分方程、拉氏域形式、常微分方程、双曲函数以及矩阵形式等,不同形式的数学模型对应着不同的求解方法。在进行液体传播噪声的一维分析时,基于脉动波的波动特性,过去通常采用频域分析方法,例如平面波理论。在应用平面波理论时,液体传播噪声源被看成是周期性的激振信号,可用傅里叶变换进行分解,每个傅里叶单元可单独进行分析,然后再把所有的单元结合起来分析整体效果。

消除或抑制液体传播噪声,首先必须了解影响管路中流量和压力脉动的因素。由于液压系统各元件之间存在复杂的相互作用关系,所以液压回路的流量脉动及阻抗计算十分复杂,即使是很简单的回路,要想分析不同设计方案的压力脉动效果,也必须通过计算机仿真才能够实现。

液压系统中各工作点的压力脉动,可表示为液压泵(振动源)的流量脉动和液压回路阻抗的函数。如果采用平面波的理论,对于一个简单的由泵-管路-阀(加载)组成的回路,管路中任意位置处的压力和流量脉动可表示为

$$p = Fe^{-\gamma x} + He^{\gamma x}$$

$$q = \frac{1}{z_0}(Fe^{-\gamma x} - He^{\gamma x}) \tag{3.4}$$

式中 p、q—— 管路中任意位置的压力及流量脉动;

   F、H—— 与频率有关的复系数,与液压泵的流量脉动成比例,同时也是泵内部阻抗、管路阻抗和终端阻抗的函数;

   γ—— 传递因子,可表示为 $\gamma = \alpha + j\beta$;

   Z_0—— 管路的特性阻抗。

不同形式的液压元件以及不同参数的液压管路具有不同的阻抗,在分析液体传播噪声时,阻抗可表示为压力脉动和流量脉动的比值。例如,节流阀的阻抗可表示为工作点处阀的压力 - 流量特性曲线的斜率。管路的阻抗可近似表示为

$$Z_0 = \frac{\sqrt{\rho B_{\text{eff}}}}{A} = \frac{\rho c^2}{A}$$

式中 A—— 管路截面积;

B_{eff}—— 管路中工作介质的有效体积弹性模量;

c—— 工作介质中的声速;

ρ—— 工作介质的密度。

泵源阻抗体现了泵排油通道的固有流动特性,在高频和低频时,泵源阻抗的表示方法会有所不同,同时也会受到泵的结构参数以及内泄漏等因素的影响,但泵源阻抗与泵的工作条件无关,由泵本身的固有特性决定。泵的流量脉动与内部阻抗可等效成如图3.25 所示的电路分析中的诺顿模型。

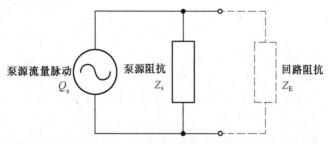

图 3.25　液压泵内部阻抗模型

式(3.4) 表示的是简单液压回路的压力和流量脉动的数学模型,它也可扩展应用于更为复杂回路的分析。但对于复杂回路,为简化计算和直观地描述问题,通常采用更为适合的矩阵式数学模型。例如,把管路描述为有两个连接口的元件,此时管路出口处的流量和压力脉动与进口处流量和压力脉动关系可表示为

$$\begin{pmatrix} p_1 \\ p_2 \end{pmatrix} = \begin{pmatrix} z_{11} & z_{12} \\ z_{21} & z_{22} \end{pmatrix} \begin{pmatrix} q_1 \\ q_2 \end{pmatrix} \tag{3.5}$$

式中 z_{11}、z_{12}、z_{21}、z_{22}—— 矩阵系数。

对于刚性管路(相对于软管而言),矩阵系数可表示为

$$\begin{aligned} z_{11} &= z_{22} = Z_0 \cot \gamma l \\ z_{12} &= z_{21} = Z_0 \cos \gamma l \end{aligned} \tag{3.6}$$

式中 γ—— 传递因子;

l—— 管路长度。

时域分析方法中,经常采用的管路动态模型是偏微分方程。例如等径直管路中可压缩流体的流动,如果假设流动是一维时变的,则该流动可用连续性方程和运动方程表示。该数学模型及管路动态分析将在第 5 章液压仿真技术部分详细介绍。

分析液压回路的阻抗以及阻抗与振动源频率的匹配关系,可在液压回路的设计阶段有效地防止液压系统在泵频范围内发生谐振,从而消除和抑制液体传播噪声。用于分析管路动态特性的时域和频域分析方法都有多种求解方法,频域法的求解方法有特性线法、有限元法以及有限差分法等;时域法主要通过微分方程的求解进行分析。此外,直接采用液压回路压力及流量脉动分析软件进行分析也是十分快捷、方便的方法,例如采用AMEsim 以及 MATLAB Simulink 等软件进行分析。

（2）管路连接方式设计

液体传播噪声通过管路传递时，管路的弯曲或变形还能将液体传播噪声的能量转变成结构传播噪声，或转变成管路振动。实际上，管路本身振动所产生的噪声并不大，因为作为声辐射体，管路的声辐射效率比较低，但若这种振动传递到其他高效率声辐射体上就会产生巨大的噪声。所以，要消除或减少液体传播噪声，首先考虑的就是液压管路的合理设计和安装。

正确安装管道包括正确选择导管支座、合理设计管路的形状和连接方式以及采用软管等方法。例如，带有乙烯-丙烯橡胶衬垫的标准管夹就具有一定的减振作用。带有较厚弹性衬垫的特殊管夹，其效果更为理想。研究表明，通过改变管路的形状可以有效地减少噪声。过去，当水平管和垂直管连接时，常用的是90°的弯管，有时甚至采用180°的弯管，如图3.26（a）所示，但这样的连接方式会加大噪声。解决的办法是使用软管，因为软管既可对管路振动施加阻尼，又可减弱急转弯处液流压力波的冲击作用。通常人们认为在弯头处采用软管或整个管路全部采用软管时减振效果好，但是研究表明，在结构上，如图3.26（b）所示的连接方式，在两根软管中间用一段硬管或接头连接，两软管平行或互成90°，其隔振效果最好。可见，不同的管路连接方式有不同的噪声传播效果。

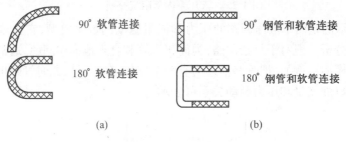

图 3.26　弯管连接方式

在实际工作中，液压泵出入口处用一段软管连接，取得了一定的减噪效果。但是，如果软管使用不正确，也会发生问题。因为软管对液体压力脉动是十分敏感的，当软管长度的选取不适当时，软管反而成为一个强烈的声发射体，当被弯曲使用时也能产生类似压力表的波登管一样的效应，即在内部压力作用下有变直的趋势；此外，软管的长度也会发生变化，如果这种变化受到约束，就会产生正比于压力脉动的周期性载荷。这种将压力脉动转变为周期性力的作用过程，将引起管路、元件和整个系统发生较大的振动。因此如果软管使用不当，其作用将不是减小噪声，而是增大噪声。

（3）采用辅助元件

在液压回路中采用蓄能器或液容阻尼器（消音器）是有效地消除液压系统流量及压力脉动，从而消除液体传播噪声的有效方法之一。气液式蓄能器在液压系统中的应用，除了贮存能量和吸收冲击之外，还可抑制液压系统的压力脉动，其原理如图3.27所示。但蓄能器的结构及加工工艺往往比较复杂，而且抑制压力脉动的效果有时远不如液体容

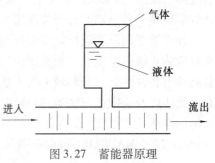

图 3.27　蓄能器原理

腔——液容阻尼器。图 3.28(a)所示为管路中采用串联液容阻尼器的滤波方式,管路中并联液容阻尼器的滤波方式如图 3.28(b)所示。液容的原理相当于电路中的电容,可在液压系统中起到滤波的作用。采用串联或并联液容的滤波方式,流出液体容腔的压力脉动比流入液体容腔的压力脉动明显降低,因此能够有效地消除压力脉动及液体传播噪声。

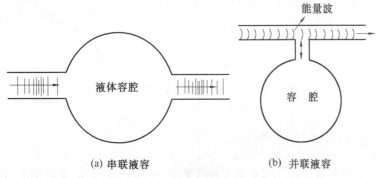

(a) 串联液容　　　　　　　　(b) 并联液容

图 3.28　液容阻尼器

在实际应用中,除了串联或并联液容外,液容阻尼器还有多种结构和连接方式,例如图 3.29 所示的两腔液容、亥姆霍兹液容及旁路分支式液容等。目前英国 Pulseguard 公司、美国 Flowguard 公司以及美国 Flow Kinetics 公司等都有多种形式的液容式压力脉动阻尼器产品,Pulseguard 公司的两种液容阻尼器产品如图 3.30 所示。流入阻尼器的流量经过阻尼孔流入扩大的容腔,再经过阻尼孔流出,阻尼器相当于滤波回路,使流出液体的压力脉动大大衰减。

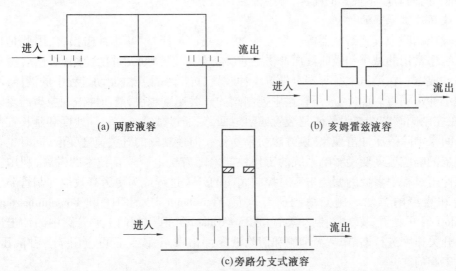

(a) 两腔液容　　　　　　　　(b) 亥姆霍兹液容

(c)旁路分支式液容

图 3.29　各种结构的液容

合理地设计液容阻尼器的尺寸、正确地选择液容阻尼器的安装连接方式,是有效地利用液容阻尼器消除压力脉动的关键。液容的体积并不是越大越好,不合理的液容体积反而会起到相反的作用。液容的安装位置应尽量接近振动源,即尽量安装在液压泵的出口处,同时,液容采用串联还是并联的连接方式,应根据压力脉动波的频率大小进行选择,见相关参考资料。

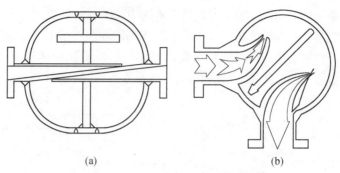

(a)　　　　　　　　　　　　(b)

图 3.30　Pulseguard 公司液容阻尼器产品
［图片来源：Pulseguard 公司］

3.3.6　液压冲击噪声及抑制

液压冲击噪声是液压系统噪声的重要来源之一，由于液压系统功率大、动作快，因此产生的启动、制动及换向等噪声往往很大。

1. 产生原因

由于液压管路中的阀门突然开关、液压泵突然开停或液压执行元件启动和制动时，液压管路中液体压力会发生急剧交替升降的波动过程，这一现象称为液压冲击。产生液压冲击时液体中的瞬时峰值压力可以比正常工作压力大好几倍，足以使密封装置、管路和其他液压元件受到破坏，或引起管路及元件的振动、阀门及管接头的松动、甚至产生气穴和气蚀现象等，同时产生很大的噪声，称为液压冲击噪声。

2. 液压冲击噪声的抑制

在液压回路中设置蓄能器等辅助元件，可吸收冲击能量，减小冲击损害，因此是目前液压系统中常用的减小和吸收液压冲击的有效方法。但辅助元件的使用，必然会增加液压回路的成本。在液压缸行程端点设置缓冲装置，可减小液压缸制动过程中的液压冲击，从而减小冲击噪声。此外，液压管路中控制阀的开关速度越快，液压冲击现象越严重。因此，可在控制阀阀芯端部设置阻尼装置或阻尼回路，通过减缓阀芯移动速度和延长控制阀开关时间来消除液压冲击现象，该方法简单易行。但控制阀的开关速度变慢，同时也会使整个系统的响应速度变慢影响系统的工作性能。随着机电一体化技术的发展，利用管路中液压冲击过程中参数的变化来实时控制阀门的开关过程成为更为有效地抑制管路中液压冲击和噪声的方法。例如德国研究人员 Fraunhofer UMSICHT 和 Forschungszentrum Rossendorf 等开发了旋转阀门制动装置（ABS-Armatur），利用阀门上游管路中的冲击压力对阀门开关速度进行调节，从而抑制和消除液压冲击噪声，该装置可应用于各种液压、水力及化工阀门。

液压阀门制动装置原理图如图 3.31 所示，该装置由制动盘、制动靴和制动管等组成。制动盘安装在开关阀的旋转轴上，盘片的旋转速度即为阀门的开关速度。阀门上游管路压力通过制动管引入制动装置。如果压力没有超过最大规定值，制动盘处于自由状态，阀的旋转轴不受制动装置的控制；当冲击压力超过最大规定值时，制动靴夹紧制动盘以阻碍盘片的转动，因此阀门的关闭过程将减慢。该装置不需要额外的能量源，而且能自动适应管路参数变化，比如管路长度的变化、液体的流动速度和物理特性的变化等。由于该装置延长了阀门的开关时间,因此可消除管路系统的液压冲击噪声,同时又可最大限度地提高阀门的开关速度。该旋转阀门制动装置的原理也可用于直动式阀门的设计。

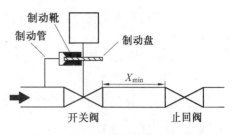

图 3.31 所示阀门制动装置还可以用于抑制开关阀下游由气穴引起的压力冲击。当开关阀关闭时,气穴和气泡被限制在止回阀和开关阀之间。通过止回阀的小孔或者缓慢地重新开启开关阀,

图 3.31　液压阀门制动装置原理

气穴和气泡将重新被液体填充。这样,由气穴和气泡引起的液压冲击噪声也被抑制了。

3.4　环保型液压油液

液压油液是液压系统的工作介质,主要用于传递动力,此外还具有润滑、降低摩擦磨损、防锈以及散热等功能,是液压系统不可缺少的一部分。不同的液压系统对液压油液的黏性、抗磨性以及黏温特性等性能具有不同的要求,此外液压系统所处的外界环境还对液压油液的性质提出了其他一些要求,例如难燃、汽化压力低、生物可降解以及无毒等。近年来,随着人类环保意识的提高,液压油的环保性受到越来越多的关注,逐渐成为液压油的重要性能指标之一。

传统的液压油液分为石油型和难燃型两种,其中石油型液压油液是由石油经过提炼再加入相应的添加剂而形成的,这种液压油液成本低,是目前液压系统中普遍使用的液压油液。但石油型液压油液易燃,而且难以生物降解,如果泄漏到环境中,会带来安全隐患或对环境造成长久的污染。难燃型液压油液主要应用于矿山和钢铁等具有防爆要求的行业,有些难燃型液压油是水和石油型液压油的乳化液;有些难燃型液压油液含有大量水,并以乙二醇做黏稠剂;有些是由有毒的磷酸酯合成的,其主要组成成分生物可降解率很低。因此,对于某些有特殊环保要求的工作场合,例如林业或农业机械、船舶机械以及海上工作设备等,其液压系统采用以植物油和合成酯为主要成分的环保型液压油液是十分必要的。

目前市场上出售的液压油液有 86% 左右是石油型液压油,10% 左右是难燃型液压油,只有 4% 左右是环保型液压油。可见,目前环保型液压油的应用率非常低。但是随着石油资源的逐渐枯竭,以及人类环保意识的逐渐增强,环保型液压油液必然会得到越来越广泛的应用。

自 1975 年德国推出生物可降解二冲程舷外机油以来,欧洲各国、美国及日本等国对环保型润滑油及液压油的研究和应用极为重视。近年来我国也开展了环保型润滑油及液压油的研究及生产。目前,环保型液压油主要应用在以下领域:

①车载液压设备,包括汽车、火车、拖拉机及工程车辆,防止液压油对土壤的污染;

②船用液压系统,包括客轮、货轮、渔轮、军舰,防止液压油对海水、河水等水源的污染,保护水生生物;

③船闸、码头液压设备,包括闸门、升船机、吊车;

④建筑工程液压系统,包括挖掘机、推土机、筑路机械设备;

⑤农林水利液压设备,包括作业机械、运输机械、加工设备,保护森林、植被和土壤的安全;

⑥食品医药设备液压系统,包括生产加工及包装运输设备,防止食品和药品被液压油污染;

⑦水上水下液压系统,包括水库、水池、泵站、自来水厂、污水厂,防止饮用水源的污染。

3.4.1　环保液压油液概念

液压油液的环保性指的是液压油液的生物可降解能力,即生物可降解性(Biodegradability)。实际上,生物可降解性不能只被认为是物质本身的固有特性,它还应该是一个系统的概念,例如一个系统和它所具有的条件就决定了物质在这个系统中是否是可生物降解的。当物质被置于一个环境中,物质能否被分解依赖于整个环境的物理和化学过程以及物质与生物体之间的相互作用。因此,定义材料的生物可降解性首先要明确材料所处的环境。通常一种材料的生物可降解性是指该材料具有在普通环境下分解的能力,即在 3 年内通过自然生物过程,材料变为无毒的、含碳的土壤、水、碳氧化合物或者甲烷的能力。

一般地,通过定量测定材料在被生物降解过程中产生的总有机碳(TOC)、溶解有机碳(DOC)或无机碳含量(ThIC)来衡量材料的生物可降解性。例如世界经合组织 OECD(Organization for Economic Co-operation and Development)环境委员会的生物可降解性专家组制定了一系列生物可降解性测试试验标准,标准中建议在不同试验条件下,通过测量化合物被分解为有机碳或无机碳的百分比来判断化合物的生物可降解性。2001 年 10 月发布的 OECD 302D 测试标准,用于测试不可溶解和具有挥发性的有机物材料的固有生物可降解性(Concawe Test),该标准对材料固有生物可降解性的判定为:在实验条件下,如果有大于 60% 的材料被转换成无机碳,则材料具有本质上的生物可降解性。

不同的测试和评价标准对生物可降解性材料有不同的定义和分类,例如有些测试标准把材料定义为初级生物可降解材料和终极生物可降解材料;有些标准则把材料定义为快速生物可降解材料、本质生物可降解材料以及不可生物降解材料。生物可降解率(Biodegradation Rate)是指在一定条件下、一定时间内被自然界存在的微生物消化代谢分解为二氧化碳、水或降解中间体的百分率,即材料被微生物降解的百分率。生物可降解率又可定义为:

①初级生物可降解率(Primary Biodegradation)——碳氢化合物在规定时间内的分解转化率,用百分数表示(CEC 法);

②终极生物可降解率(Ultimate Biodegradation)——碳氢化合物在规定时间内分解成 CO_2+H_2O 的转化率,%(OECD 法);

③快速生物可降解率(Ready Biodegradation)按 CEC 测量方法,应大于 80%,或 OECD 测量方法,大于 60%;

④潜在生物可降解率(Potential Biodegradation)——按 CEC 法或 OECD 法,小于 20%。

生物可降解液压油(Biodegradable Hydraulic Oil)是指既能满足机器液压系统的要求,其耗损产物又对环境不造成危害的液压油,又称为环境友好型液压油(Environmental-friendly Hydraulic Oil)或绿色液压油(Green Hydraulic Oil)。不同的测试标准对液压油的生物可降解性有不同的判定方法,通常用液压油液的生物可降解率来衡量。

3.4.2 环保液压油液的组成及种类

1. 组成

液压油液主要由基础油和添加剂组成,基础油的含量通常占液压油液的80%以上,因此,它对液压油的性能,例如生物降解性、挥发性、对添加剂的溶解性以及与其他液体的互溶性等起着决定性作用。此外液压油液的基础油还是决定液压油的氧化稳定性、低温固化性、水解稳定性等性质的重要因素。液压油液通常在基础油内添加抗磨剂、防腐剂、抗氧化剂、防锈剂、抗泡剂等添加剂,以提高液压油液的性能。有时为满足某些特殊用途,在基础油中还会添加一些特殊的添加剂。

按照德国标准,选择环保型液压油液的基础油应符合以下要求:

①生物降解率 >70% (OECD 301A–E);

②对水系无污染,最大水污染危害等级为 WGK1;

③不含氯元素;

④低毒性。

WGK 为德国旧标准的水污染危害等级,分为 WGK0 表示非水污染,WGK1 表示轻微水污染,WGK2 表示一般水污染以及 WGK3 表示深度水污染。

德国"蓝色天使(Blue Angel)"组织对环保型液压油液的添加剂做了以下规定:

①无致癌物、无致基因诱变、畸变物;

②不含氯和亚硝酸盐;

③不含金属(除钾和钙外);

④最大允许使用7%的具有潜在可生物降解性的添加剂;

⑤还可添加2%不可生物降解的添加剂,但必须是低毒性的,对可生物降解添加剂则无限制。

2. 种类

目前,按基础油的种类不同,环保型液压油液主要可分为聚乙二醇、植物油、合成酯及碳氢化合物等。国际标准 ISO 6743–4—2015(我国标准 GB/T 7631.2—2003)中对环保型液压油液的分类见表 3.4。

表 3.4　环保型液压油液分类

分类代码	组成及特性	常用名称
L–HETG	植物油(甘油酯) 不溶于水	天然脂肪液压油
HEES	合成酯类油 不溶于水	合成酯液压油
HEPG	聚乙二醇(聚醚) 可溶于水	聚乙二醇液压油
HEPR	碳氢化合物(合成烃 PAO) 不溶于水	合成烃液压油

表 3.5 给出了各种环保型液压油液的物理及化学性质,表 3.6 给出了生物可降解基础油与矿物型基础油的性能比较。

表 3.5 中,WHC(Water Harm Class)为根据欧盟条例修订的水污染等级新表示方法,NWH、WHC1、WHC2、WHC3 分别与旧标准的 WGK0、WGK1、WGK2、WGK3 相对应。

表 3.5　液压油液种类及性质 ISO 15380 标准

	代　码	备　注
植物油	HETG	黏温性能好 黏度指数为 100 ~ 250 高的生物可降解性 水污染等级 NWH 好的腐蚀保护性 与密封配合一致性 密度约为 0.92 g/ml 倾点约为 -20 ~ -10 ℃ 满足 VDMA 24568 和 ISO 15380 的最小需要 工作温度为 -15 ~ 70 ℃,为了延长液体的寿命,油箱的温度应在 60 ℃以下
合成酯	HEES	黏温性能好 黏度指数为 120 ~ 220 高的生物可降解性 水污染等级为 NWH 好的腐蚀保护性 与密封配合一致性 高的润滑性 使用寿命长 密度约为 0.92 g/ml 倾点约为 -60 ~ -20 ℃ 满足 VDMA 24568 和 ISO 15380 的最小需要
聚乙二醇	HEPG	黏温性能好 黏度指数为 90 ~ 100 高的生物可降解性 水污染等级为 NWH 好的腐蚀保护性 与密封配合一致性 密度大于 1 g/ml 倾点约为 -10 ~ -25 ℃ 满足 VDMA 24568 和 ISO 15380 的最小需要
碳氢化合物	HEPR	低黏度,黏温性能好 高的生物可降解性 水污染等级为 WHC1 好的腐蚀保护性 与密封配合一致性 高的润滑性 使用寿命长 密度约为 0.86 g/ml 倾点约为 -20 ~ -40 ℃ 满足 VDMA 24568 和 ISO 15380 的最小需要

表 3.6　生物可降解基础油与矿物型基础油的性能比较

	矿物油	植物型基础油	合成酯型基础油
生物降解能力（ASTM D-5864，%）	10~40	40~80	30~80
黏度指数	90~100	100~250	120~220
倾点/℃	-54~-15	-20~-10	-60~-20
氧化安定性	好	差	好
使用寿命/年	2	0.5~1	1~3
相对费用	1	2~3	4~6

植物油型液压油的基础油是由自然界中的植物提炼出来的，如油菜籽、向日葵、花生和大豆等，它们的分子结构主要由甘油三酸酯和其他酯化了的脂肪酸构成。与合成酯型基础油相比，植物油型基础油的价格便宜，资源丰富，因此在生物可降解液压油市场中占有较大的份额。从物理性质来看，植物油型基础油的物理性质受脂肪酸的组成影响，在高于 90 ℃时就容易氧化，而它的倾点在-15 ℃左右，这与矿物油型基础油相比，其高低温性能均不理想。

合成酯型基础油（HEES）的结构主要是季戊四醇四酯（PETE）、三羟甲基丙烷三庚酯（TMPT）、三羟甲基丙烷三油酸酯（TMP）等。从现在的发展趋势来看，合成酯型的基础油被认为是最理想的可降解润滑油和液压油的基础油。它的生物可降解能力与植物型基础油相似，同时具有很好的低温流动性能和出色的高温抗氧化性能，这些与矿物油型基础油特性相似，因此，合成酯型基础油被广泛应用于生物可降解液压油的各种应用场合。目前合成酯型基础油主要存在的问题是水解安定性差，价格昂贵（约为矿物油的 5~15 倍）。但是随着工艺技术的改进，这些缺点有望被克服。

3.4.3　环保型液压油的生物可降解性评价标准

美国材料测试协会 ASTM（American Society for Testing and Materials）、世界经合组织 OECD、国际标准组织 ISO（International Standard Organization）以及欧洲联合会 CEC（Coordinating European Council）等组织都制定了物质生物可降解性的测试和评价标准，其中有专门针对润滑油和液压油液的标准，例如 ASTM D-5864-00、OECD 301-D 以及 CEC-L-33-T-82 等，此外测试方法还有法国标准协会 AFNOR 法，日本经济贸易工业部 METI（Ministry of Economy，Trade and Industry）（原国际贸易工业部 MITI）法，STURM 法，闭口瓶法，美国环保局 EPA 560/6-82-003 呼吸计法等。我国中科院微生物研究所也在研制用重量法测定润滑脂的生物可降解性。

1. 美国 ASTM D-5864-00 标准

美国材料测试协会 ASTM 在 ASTM D-5864-00 标准测试方法中采用了世界经合组织发布的 OECD 301-B（1993 年出版）——改进的斯特姆试验（Modified Sturm Test）方法，来确定液压油的水生需氧菌生物可降解性。这个方法用于确定液压油的水生需氧菌生物可降解程度或者在实验室条件下液压油成分暴露给细菌接种体的程度，尤其该方法解决了不溶解于水的材料以及润滑液之类复杂混合液测试中所遇到的困难,这个方法适用于所有不挥发的、而且对在接种体中的生物体浓度没有限制的液压油液。

使用 ASTM D-5864-00 标准测试方法进行测试时,被测试材料与一种已知生物可降解的物质同时进行测试。对于溶解于水的材料,参考物质为钠安息香酸盐或苯胺。对于不溶解于水的材料,参考物质为低的芥子酸油或菜籽油(LEAR)。试验将持续至少 28 天,或者直到二氧化碳的生成反应达到平衡为止。

在 ASTM D-5864-00 标准测试方法中,把材料生物可降解的水平列于环境持续分类中,见表 3.7,其中 Pw1 是生物可降解最快和最高的级别。用于生物可降解试验的细菌和微生物是一些简单的生物,像所有的生物体一样,会反过来受到分解后出现的化学毒素的影响。在测试中,微生物的繁殖和对测试样品的分解则证明了被测试样品的低毒性。

表 3.7　环境持续分类等级

等级	测试标准(材料的降解转化率)
Pw1	28 天以内大于等于 60%(最终可生物降解)
Pw2	84 天以内(12 周)大于等于 60%
Pw3	84 天以内(12 周)大于等于 40%
Pw4	84 天以内(12 周)小于 40%

ASTM D-6046-02 给出了液压油液对环境影响的标准分类(参考 ASTM D-5864)。

2. 欧洲联合会 CEC L-33-A-93 测试

目前使用最广泛的生物可降解性测试方法是欧洲联合会(CEC)于 1982 年发布的 CEC L-33-T-82,该测试方法是针对二冲程发动机润滑剂制定的。CEC L-33-T-82 适用于大多数有机化合物的测试,不管是可溶于水或者不溶于水。该方法可确定所有碳氢化合物或包含亚甲基的相似化合物的生物可降解性,可测量所有转化,包括氧化和水解。虽然很方便和简单,但 CEC 测试方法只能测量从溶解剂中可提取的亲酯性分子的 IR 吸光率,它不能测很难提取的水溶性代谢物,因此不能测量广泛的生物可降解和矿化。这就需要一系列的并行测试,如氧的消耗量和二氧化碳的生成。该方法作为液压油的生物可降解评定方法已被普遍接受,但该方法试验时间长、再现性和重复性差。

CEC L-33-T-82 测试的具体步骤:

①配制含 15% 被测试油液的四氯化碳溶液 50 mL;

②准备 1 mL 接种物(另外污水处理),要求含有一百万个菌落单元,倒入装有 150 mL 矿盐溶液的烧瓶中,加配制好的四氯化碳溶液;

③烧瓶放在 23 ~ 27 ℃ 的黑暗环境中孵化 21 天;

④取得碳氢化合物($-CH_2-CH_2-$)基团峰在 2 930 cm^{-1} 处的吸收,并与孵化前的数值比较,其百分数即表示生物降解性能的大小。

CEC L-33-A-93 方法是从 CEC L-33-T-82 方法发展来的,它是一个相对生物试验,其试验程序是:在试验瓶中装入被测试油液样品、营养液和活性污泥细菌,振动分散均匀,在 25 ℃ 下,放置 21 天,用四氯化碳或 1∶1∶2 的三氯三氟乙烷抽提,对抽提物用红外吸光度法进行测定,通过确定碳氢化合物的残余来计算生物可降解率。一般用于不溶于水的样品测试。

工业应用中多采用 ASTM、ISO、OECD 以及 EUC 等标准,即采用理论上二氧化碳的百分比作为可生物可降解程度的评价,CEC 也采用这一评价标准,但对液压油液以及润滑油脂等材料的生物可降解性有更进一步的描述:

①矿物油、烷基苯、聚异酊、聚亚烷基二醇的生物可降解性差,约为 0~40%。

②植物油(甘油三酸酯)、二酯、多酯基材料有很好的生物可降解性,约为60%~100%。

③烷基的一元羧酸在自然界中常见,而且通常表现为烷烃聚碳酸基的生成物形式,和酯类一样容易降解,生成产物易溶解。

④芳香酯的生物可降解性范围为 5%~80%。在 CEC 测试中,聚醚的生物可降解性差,但有与水易混合的优点。因此基于氧气消耗量的试验,测量二氧化碳的生成或有机碳的转移对测试都是实用的。通过这些试验,聚醚表现出 0~80% 的可降解性,取决于分子的分量和乙烯氧化物/丙烯氧化物的含量。提高乙烯氧化物含量,降低丙烯氧化物的含量都可以提高生物可降解性。

⑤生物可降解性因特定的烷基链长度和链的伸展程度而延缓。

⑥生物可降解性依赖于环境中能够得到的氮和磷以及接种体的大小(如果试验估计在 21~28 天以后)。

⑦添加剂通常会延缓生物降解进程,延缓的程度取决于添加剂的浓度,添加剂本身通常难以分解,特别是杂环结构(三嗪和三唑)。

CEC L-33-T-82 测试标准测得几种碳氢化合物的生物可降解率表述见表 3.8。

表 3.8　CEC L-33-T-82 测得的碳氢化合物生物可降解率

材料	降解率
矿物油	15%~35%
白油	25%~45%
天然植物油	70%~100%
聚-烯(PAO)	5%~30%
聚醚	0~25%
聚异酊(PIB)	0~25%
邻苯二甲酸酯+三苯酯(Ph+Tri)	5%~80%
多氢化合物或二酯	55%~100%

3.4.4　环保型液压油液的其他性能

环保型液压油液由于具有较高的生物可降解性,在正常工作过程中更容易发生氧化变质,因此对环保型液压油液进行性能测试或在工作过程中,对环保型液压油液的性能状况进行实时监测或定期测量是十分必要的。除生物可降解性能外,环保型液压油液和其他液压油液一样,主要性能包括:氧化稳定性和热稳定性,润滑性能,摩擦性能,流变性能和低温性能等,这些性能对环保型液压油液的推广使用也是至关重要的。氧化稳定性通常采用 SH/T0193(ASTM/D2272)旋转氧弹法和 PDSC 加压扫描差示热量法进行评定;热稳定性利用 DTA 法进行分析测定;润滑和摩擦性能采用四球机试验 GB/T 12583 或 SH/T

0189（ASTM D 4172）标准进行评定,其中摩擦性能包括抗磨性 $D_{30'}^{196N}$、PB 值和减摩性能（摩擦系数）的大小;流变和低温性能包括黏度及黏度指数（Viscosity Index）以及倾点。

1. 氧化稳定性

氧化稳定性是反映液压油及其他润滑剂在实际使用、贮存和运输中氧化变质或老化倾向的重要特性,它通常决定了液压油或其他润滑剂的使用寿命。由于环保型液压油液容易被生物降解,也容易被氧化,因此氧化稳定性对环保型液压油液尤为重要。液压油的氧化稳定性可采用加压扫描差示热量法（PDSC）和旋转压力容器法（旋转氧弹）（SH/T 0193）进行测定,测试标准有美国的 ASTM D2272,英国的 IP54,德国的 DIN 51587,欧洲联合会的 OECD 301-B 标准和国际标准 ISO 4263 等,我国采用 GB/T 12581 标准进行测试。液压油的氧化稳定性主要决定于液压油液的化学组成,通常根据被试液压油的使用情况来选择液压油液氧化稳定性的试验条件。

图 3.32 所示是一种旋转氧弹法试验装置,该装置用于对某种新型液压油液进行氧化稳定性的测试,试验原理是测量一定数量的氧气被样品油吸收所需要的时间。

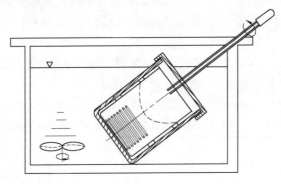

图 3.32　旋转氧弹法试验装置

图 3.32 的试验装置主要由一个加热容器和一个盛装样品油的密封容器组成,加热容器中充满液体,以保证均衡的温度,密封容器由一个电机带动在加热器中旋转,密封容器中可盛装 35 g 样品油,一个金属线圈被置于样品油中,起催化剂的作用,并可模拟实际液压系统中某些金属对液压油液的影响。密封容器端盖上插入一个吸管,并安装有压力传感器,压力传感器测得的压力信号由数据采集系统进行采集,并输入计算机,以便于实时监测密封容器中的压力。测试时,用 6 个大气压左右的压力将氧气通过端盖上的吸管充入密封容器中,样品油与氧气发生反应,容器中的氧气量逐渐减少,压力逐渐降低。当密封容器中的氧气全部被消耗,压力降低到 1.75 个大气压时,通过电路系统控制电机断电,密封容器停止转动,测试结束。氧化稳定性可用容器中氧气压力从 6 个大气压左右下降到 1.75 个大气压时所需要的时间来表示。

上述试验装置和试验过程如果通过计算机进行控制和监测,则能够做到对新型环保液压油液进行快速检测,从而减少新品液压油的开发时间和液压油样品的用量。

由于液压系统中的摩擦副结构及工作状态与测试标准中的工作状态有一定的差别,因此除标准测试方法外,在某一种新研制的液压油液投入使用之前,还应在实际液压回路中进行相应的氧化稳定性和使用寿命测试。图 3.33 所示为德国亚深工业大学（RWTH Aachen University）IFAS 研究所用于测试环保型液压油液使用寿命的液压试验回路。

图 3.33 中液压回路主要由同轴连接的液压泵和液压马达、加载溢流阀、安全阀以及各种传感器组成，液压油在闭式回路中循环工作，溢流阀 2 用于加载，溢流阀 3 与液压马达并联，与溢流阀 1 一样，溢流阀 3 在回路中也起到安全保护作用。在回路不同位置设置了温度及压力传感器，实时监测系统的温升及压力变化。液压泵为斜轴式轴向柱塞泵，液压马达为叶片式，系统最高工作压力为 45 MPa，流量为 45 L/min，系统中液压油总容积为 8～10 L。液压油在回路中工作一段时间后，检测其被氧化及老化变质程度，从而给出新品液压油在液压回路中的使用寿命评价。

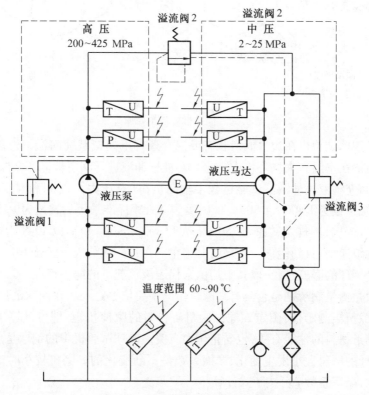

图 3.33　液压油性能测试液压系统

2. 抗磨性能

摩擦磨损过程是氧化膜不断形成与破裂脱落的动态平衡过程。在低速和较高载荷条件下动态过程能达到平衡，平衡建立后，氧化膜对摩擦表面的保护作用非常明显。在高速下，摩擦表面温升较快，变形速率也较高，有利于氧的扩散反应。此时平衡易建立，也易被破坏。

液压油和润滑油的摩擦磨损性能通常在四球试验机上进行，试验机的工作原理如图 3.34 所示，试验机主要由 1 个具有锥形元件的立式驱动轴，1 个装在轴下端的旋转钢球及 3 个被旋转钢球压紧的固定钢球组成，固定钢球被螺母和另一个锥形元件所固定。固定钢球坐落在上推轴承上，它能转动并沿垂直方向移动。载荷通过加载装置加到固定钢球上。作用在固定钢球上的摩擦力矩是由旋转钢球旋转而产生的,它依靠杠杆传给测量装置、图中省略了加载及测量装置。通过光学读数显微镜测量下面 3 个固定钢球的平均磨斑直径(WSD),以此作为评定磨损的指标。

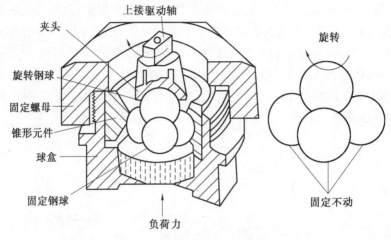

图 3.34　四球试验机工作原理

为了保证四球试验机在边界润滑状态或混合条件下模拟载荷对润滑性能的影响,摩擦磨损试验通常在室温和大气环境中进行。对液压油液进行润滑性能和摩擦磨损性能测试时,四球之间充满液压油液。试验过程中轴向负荷(总压力)、时间和温度等试验条件均可以选择,轴速设为 1 400 ~ 1 500 r/min,美国 ASTM 标准采用的转速为 1 770±60 r/min 和 1 200±50 r/min,日本规定转速为 750 r/min 和 200 r/min。负荷以 40 N 为基数,按一定的几何级数逐级递增,直到钢球发生烧结时为止。在每一载荷级下运转 10 s,再用显微镜测量下面 3 个钢球的磨痕直径,取其平均值来代表该负载下的磨损情况。

摩擦系数是衡量润滑剂是否具有减摩作用的主要依据之一。在四球试验机上进行改装,并安装摩擦扭矩测定仪,测定四球试验机工作时的摩擦扭矩,即可计算出摩擦系数。摩擦系数与润滑材料的性能有关,也与正压力有关。四球试验机中的钢球是点接触,在摩擦过程中,钢球的磨斑大小发生变化,摩擦系数是不断变化的。磨斑较小时,摩擦状态可认为是点摩擦,摩擦系数 f 可按下式计算:

$$f = F/p$$
$$F = M/l \tag{3.7}$$

式中　p——载荷,即正压力,N;

　　　F——摩擦力,N;

　　　M——摩擦扭矩,N/m;

　　　l——摩擦力臂长,m。

液压油液抗磨性的评定方法除了采用通常的四球试验机、梯姆肯(Timken)及法莱克斯(Falex)等摩擦磨损试验机进行测试外,还专门采用液压系统的主要部件——液压泵来进行测试。

美国用于测试液压油液摩擦磨损性能的液压泵试验有 ASTM D2271 及 D2882 两种方

法。ASTM D2271-94 试验是把 11.3 L 液压油加入维克斯(Vickers)公司生产的 V104E 叶片泵装置中,在压力为 6.9 MPa、温度为 79 ℃、转速为 1 200 r/min 条件下,循环 1 000 h,然后根据叶片泵的磨损量大小来评价液压油液的抗磨性能。ASTM D2882-74 试验是把 56.8 L 液压油加入到 V104C 叶片泵装置中,循环 100 h,工作压力为 13.79±0.28 MPa,转速为 1 200±60 r/min,依据液压油液的黏度,油温分别设为 65.6±3 ℃ 或 79.5±3 ℃,以泵的总磨损量作为试验结果。

英国的 IP 281/72 试验采用的是维克斯公司生产的 V104C 和 V105C 叶片泵装置,在压力为 13.79 MPa、转速为 1 440 r/min 的条件下(油温取液压油黏度为 13 mm^2/s 时的温度),使 23 L 液压油在装置中循环 250 h,然后以泵的磨损量作为测试结果。我国维克斯叶片泵试验按 SH/T 0307—1992 方法进行测试。

3. 流变性能

(1)黏度的测定

液压油液受到外力作用而发生相对移动时,液压油液分子之间产生阻力,使液压油液无法顺利流动,其阻力的大小称为黏度,它是液压油液的主要技术指标,可采用毛细管黏度计,按照 GB/T 265—88 标准测定运动黏度。

(2)倾点的测定

评价液压油液低温流动性的重要指标之一是倾点(凝点比倾点低 3 ℃ 左右),它决定基础油的低温性能,与其分子组成有关。倾点的测定可按 GB/T 3533—83 标准方法进行。试样经预热后,在规定冷却速度下冷却,每间隔 3 ℃ 检查一次试样的流动性。测定样品的倾点时,试样装在规定的试管中,当冷却到预期的温度时,试管倾斜 45 ℃,经过 1 min,观察液面是否移动,记录试管内液面不流动时的最高温度作为倾点。凝点、倾点和低温黏度都是低温流动性的重要衡量指标。

4. 水解安定性

水解安定性(抗水解性)是指油中添加剂受热和水的作用后,产生水解等化学反应的程度。水解反应程度越低,则水解安定性越好。

液压油液的水解安定性可采用 SH/T 0301(ASTM D2619)方法进行测试和评定。该方法是把 75 g 被试油与 25 g 蒸馏水装入玻璃瓶内,放入经过抛光的电解铜片,盖好瓶盖后,把瓶子固定在已安装在烤箱中的翻滚机上,在 93 ℃ 恒温下,以 5 r/min 的速度翻滚 48 h。最后测定下列项目:

①铜片损失的质量,mg/cm^2;

②水层的酸值,mg KOH/g;

③被试油酸值的变化,mg KOH/g。

此外还可观察铜片外观变化、被测试油的黏度变化、沉淀物含量等。上述各值越大,则被测试油的水解安定性越差。液压油液的水解安定性越差,油越容易变质和产生油泥,同时对液压元件的腐蚀也越严重。

5. 防锈蚀性能

液压油液的防锈性分为液相防锈性和气相防锈性。液相防锈性是指在液压油中混入水后仍能防止浸入油中的金属元件生锈的性能;气相防锈性是液压油能够防止暴露于液压油液上空潮湿空气中的金属表面生锈的性能。气相防锈性的测试方法简单,因此这里只介绍液相防锈性的测试方法。

液压油液的液相防锈性采用我国 GB/T 11143—2008 法或英国 IP135 标准进行评定,其方法为:在 300 mL 液压油样品中加入 30 mL 人工海水,插入磨光的 15 号、18 号、20 号或 25 号低碳钢棒,在 60 ℃恒温下用搅拌器以 1 000 r/min 的速度连续搅拌,使该混合液变成油包水乳化液。24 h 后取出钢棒,观察、记录钢棒的锈蚀状况,评定标准为:

①无锈,合格;

②轻锈(钢棒上锈点不超过 6 个,每个锈点直径≤1 mm,或生锈面积≤1%);

③中锈(生锈面积>1%,但≤5%);

④重锈(生锈面积>5%)。

矿山机械中使用的液压油液,其防锈性十分重要,矿井下面的空气潮湿,而其油箱中不可避免地要进水,因此很容易发生液相和气相锈蚀。所以,矿山井下机械使用的液压油液必须十分注意防锈性能,应采用 GB/T 11143—2008 标准测试合格后才能使用。

6. 与密封件的相容性

液压油液与密封件的相容性(适应性)是指液压油液不会引起密封件的变形和变质,能够与密封件材料长期共存而不发生反应。液压油液与密封件的相容性主要考虑与橡胶材料的相容性,因为液压系统中大多数密封件都采用橡胶材料。

液压油液与橡胶的相容性测试方法可采用美国 FS791B 3603.4 法,该方法是把标准合成橡胶试片放在约 20 mL 被测试油中,在 70 ℃的烘箱中放置 168 h 后,测定合成橡胶试片的体积变化率(还可测定试片的硬度变化率),体积变化越大,表明液压油液与橡胶的相容性越差。此外还有一种通过测定液压油液的苯胺点来间接判断液压油与合成橡胶的相容性的方法。

3.4.5　生物可降解液压油产品比较

目前国外已有多家生物可降解液压油的生产厂家,也有许多生物可降解液压油品牌,例如 Mobil 公司的 EAL 224 H 系列、Cognis 公司的 PROECOEAF 300 系列、Fuchs 公司的 PLANTOHYD S 系列合成酯型液压油、Castrol 公司的 Carelube HTG 植物油型液压油、Quaker 公司的 Quintolubric® 855 合成酯抗燃型液压油、ACT 公司的 EcoSafe® FR 系列抗燃液压油以及 Houghton 公司的 COSMOLUBRIC® HF-130 合成酯抗燃液压油等。

1. Mobil 公司 EAL 224 H 系列液压油

英国 Mobil 公司的 EAL 224 H 液压油是一种可快速生物降解而且无毒的环境优化型液压油,同时具有较高的抗磨性,尤其适合于高压重载液压系统的工作需要,该液压油的各项性能指标见表 3.9,该液压油特点见表 3.10。

表 3.9　Mobil EAL 224 H 性能指标

性能	指标
黏度,ASTM D 445,40 ℃/(mm² · s⁻¹)	36.78
黏度,ASTM D 445,100 ℃/(mm² · s⁻¹)	8.3
黏度指数,ASTM D 2270	212
比重,@15 ℃/15 ℃,ASTM D 1298	0.921
FZG 齿轮测试,DIN 51354,失效等级	12
四球磨损,ASTM D 4172,40 kg,93 ℃,600 r/min 磨斑直径/mm	0.35
倾点,ASTM D 97/℃	−34
闪点,ASTM D 92/℃	294
Vickers V-104C 泵磨损测试,ASTM D2882/mg	10
生物可降解性,CO_2 转化率,EPA 560/6-82-003,wt/%	>70
水生毒性,LC50,鲑鱼,OECD 203,×10⁻⁶	>5 000

表 3.10　Mobil EAL 224 H 特点

特点	潜力
生物可降解性和无毒性	减少了潜在的环境污染 降低了潜在的由于液压油泄漏和溢出而引起的补救和清理费用
防腐蚀性高	降低系统内部元件的腐蚀
承载和抗磨性强	防止系统中元件的磨损 提高设备的使用寿命
与多金属的相容性好	与钢铁和铜合金不发生反应
与弹性体的相容性好	与一般的矿物油相容的弹性体与该液压油也能够相容,不需要特殊的密封材料或弹性体

Mobil EAL 224 H 生物可降解液压油主要应用在以下的液压系统:

①液压系统中液压油的溢出或泄漏会导致对环境的损害;

②系统要求使用快速生物可降解和完全无毒的液压油;

③齿轮系统中要求使用具有适当的压力特性的 ISO VG 32 或 46 号油;

④使用伺服阀的系统;

⑤工作温度范围在−20~160 ℃的液压系统;

⑥工作在环境敏感领域的海洋和工程机械设备;

⑦泄漏或溢出的液压油会进入工厂排污系统的工业用液压系统。

2. Fuchs 公司的 PLANTOHYD S 系列液压油

德国 Fuchs 公司目前能够生产多种生物可降解的液压油或润滑油,例如 PLANTOMOT 5W40 发动机油,PLANTOHYD S 系列液压油,PLANTOGEAR S 齿轮润滑油,以及适合于各种用途的植物油性 PLANTOCUT 8 S-MB 液压油等。其中 PLANTOHYD S 系列液压油是合成酯型的液压油,各项性能指标见表 3.11。

表 3.11　Fuchs PLANTOHYD S 系列

特性	10 S	15 S	22 S	32 S	46 S	68 S	ASTM 测试
动力黏度 40 ℃/(mm² · s⁻¹)	8.5	15.5	22.7	32.4	47.4	69.0	D 445
动力黏度 100 ℃/(mm² · s⁻¹)	2.5	4.0	5.4	7.1	9.3	13.0	D 445
黏度指数	125	162	191	188	184	191	D 2270
密度 15 ℃/(kg · L⁻¹)	0.930	0.926	0.926	0.921	0.921	0.923	D 1298
闪点(COC)/℃	198	270	167	246	290	304	D 92
倾点/℃	<-65	−51	−36	−39	−42	−39	D 97
酸值/(mg KOH · g⁻¹)	0.8	1.2	1.3	1.2	1.2	1.8	D 974
FZG 机械台测试负载等级	>12						DIN 51 354−2

PLANTOHYD S 系列液压油具有以下优点：

①快速生物降解，CEC L-33-A-93 测试标准,14 天内降解率>90%；

②德国水害等级 WHC 为 NHC(或旧标准 WGK0),即无水害污染；

③无毒,生理无害并且不含重金属；

④低温特性好；

⑤抗老化和氧化；

⑥黏温特性好；

⑦抗磨损和剪切特性好；

⑧抗泡性好,不溶于水；

⑨适用油箱温度为−35 ~ 90 ℃。

PLANTOHYD S 系列液压油适用于各种液压油应用场合,尤其适用于建筑、农业、渔业以及林业等领域。

3. Castrol 公司的 Carelube HTG 液压油

美国 Castrol 公司的 Carelube HTG 生物可降解液压油是一种特殊的天然植物油,因此比一般的矿物油对环境的污染小得多,同时这种特殊的植物油与金属表面有更强的亲和力,因此能够在摩擦副之间形成更好的摩擦磨损边界条件。Carelube HTG 生物可降解液压油除了具有较高的生物可降解率外,也具备了很好的抗磨和防腐蚀特性。该液压油的各项性能指标见表 3.12,主要应用于农业、矿山、建筑、海洋以及林业等领域的液压机械。

4. American Chemical Technology 公司的 EcoSafe® FR 系列液压油

美国化学技术公司(American Chemical Technology)的 EcoSafe® FR 系列液压油是一种由高黏度指数、完全合成的基料以及非金属添加剂组成的合成酯型抗燃液压油,具有良好的抗磨损性能、抗氧化以及抗热降解性能,剪切稳定性及低温特性好,具备了满足高性能液压系统需求的诸多特性,同时又符合关于生物降解和毒性的有关标准。可用于工业、海运和移动设备中,包括高压系统、带有伺服阀的系统和所有机器人设备。该液压油的各项性能指标见表 3.13。

表 3.12　Castrol 的 Carelube HTG

性能	ASTM 测试	最小值	最大值
黏度 40 ℃/(mm² · s⁻¹)	D445	35	39
黏度 100 ℃/(mm² · s⁻¹)	—	8	9
黏度指数	D2270	200	—
倾点/℃	D97	—	-30
抗乳化/mins	D1401	—	30
防锈测试	D665A	无锈	—
防锈测试	D665B	无锈	—
铜腐蚀 3 小时 100 ℃	D130	—	Class 1
FZG 齿轮测试失效等级	Din 51354	12	
四球磨损测试 1 小时, 30 kg, 1 460 r(min · mm⁻¹)	MWSD		0.4
Vickers 叶片泵测试	V104c, 100 h	<5 mg	—
闪点/℃	D92	270 ℃	
生物可降解性/%	CEC L-33-T-82	95	

表 3.13　EcoSafe® FR 系列

性能指标	黏度等级		
黏度	FR-46	FR-68	FR-100
黏度 40 ℃/(mm² · s⁻¹)	46	68	100
黏度 100 ℃/(mm² · s⁻¹)	8.9	12.1	17.2
黏度指数	185	189	196
倾点/℃	-45	-46	-40
密度 @60℃,1 b/gal	8.25	8.27	8.29
酸含量/(mg KOH · g⁻¹)	<0.4	<0.4	<0.4
闪点 COC/℃	274	302	329
抗泡测试, ASTM D892	通过	通过	通过
铜腐蚀, ASTM D130	通过	通过	通过
Vickers 104C 叶片泵试验, ASTM D2882 (13.8 MPa,100 h,65.6 ℃, 28.4 L · min⁻¹,1 200 L · min⁻¹,13.2 L 取样)		总磨损<5 mg	
四球磨损试验, ASTM D2266 (1 800 r · min⁻¹,1 h,75 ℃,40 kg 负载)		0.35 mm	
齿轮试验(FZG) (90 ℃,1 760 r · min⁻¹,1 600 mL 取样)		通过全部 12 级	
OECD 确认的生物降解性测试方法 301B, 28 天/%		70.9	
OECD 确认的生物降解性测试方法 301F, 28 天/%		83.4	
OECD 方法 203,鱼类急性毒性测试(对道纳尔逊虹鳟鱼进行 96 h LC50 测试)		基本无毒	

5. Cognis 公司 PROECO® EAF 系列液压油

德国 Cognis 公司的 PROECOEAF200、300 和 400 系列生物可降解型液压油,其中 300 系列生物可降解型液压油的特性是:生物可降解、无毒,与密封件有优异的相容性,具有优异的高低温性能,与传统的生物降解液压油相比具有更长的使用寿命。可用于绝大多数叶片泵、齿轮泵、柱塞泵,工作在高温高压并要求生物可降解、无毒、环保条件下的液压装置上,例如工程机械、挖泥船、森林机械、海船、采矿、钻探、风力发电、隧道工程等行业的液压设备。其各项性能指标见表 3.14。

表 3.14　PROECO® EAF300 系列液压油性能指标

产　　品		PROECO® EAF332	PROECO® EAF346	PROECO® EAF368
黏度/$(mm^2 \cdot s^{-1})$	40 ℃	32.45	47.65	67.91
	100 ℃	6.77	9.16	12.02
	0 ℃	223	364	542
	−20 ℃	1 054	1 770	2 924
	−30 ℃	2 982	5 645	11 280
黏度指数		174	178	176
倾点/℃		−36	−36	−36
闪点/℃		190	200	206
氧化稳定性,干燥,酸值改变>2,小时数		>1 400	>1 400	>1 400
比重,15.6 ℃		0.905 7	0.920 8	0.934 1
生物降解率/%		>60	>60	>60

3.4.6　存在的问题

尽管生物可降解液压油既具备了普通矿物油的抗磨及润滑等特性,同时又不会对环境造成污染,但在生物可降解液压油的研制和生产过程中仍然存在一些问题和挑战,例如:

(1)低温问题

许多植物油在低温下胶凝或固化,这对液压系统提出了严峻挑战。

(2)压力额定值

有些高性能的生物可降解液压油具有极好的承载能力和耐磨性能,在−17.8 ~ 82 ℃时,其耐磨性比传统的液压油要好。目前,生物可降解液压油的工作压力一般不超过34.5 MPa,例如当压力超过 34.5 MPa 这一值时,使用菜籽油的液压泵磨损极为严重,较大的承载工况可把甘油三酸酯分解为酸,从而破坏泵内的有色金属。

(3)寿命

若暴露在光照下,生物可降解液压油会变黑,因为油中的光敏类脂类和脂肪材质会由于吸收紫外线而改变颜色。

但是,相信随着科技的进步以及对液压油工作原理和特性研究的深入,生物可降解液压油的性能必然会得到提高和改善,上述生物可降解液压油存在的问题必将会得到解决,生物可降解液压油的应用会越来越广泛。

参考文献

[1] 童跃帜. 负载反馈液压系统在工程机械中的应用[J]. 筑路机械与施工机械化, 2001, 19(4):26-27.

[2] 祖炳洁, 潘存治, 王海花. EX220 液压挖掘机液压泵控制系统节能分析[J]. 液压气动与密封, 2005(4):9-11.

[3] HELDUSER S, DJUROVIC M. Control strategies for load-sensing in mobile machinery [C]. Hangzhou: Proceedings of the Sixth International Conference on Fluid Power Transmission and Control, 2005:32-42.

[4] 雷天觉. 新编液压工程手册[M]. 北京:北京理工大学出版社,1998.

[5] 李俊明, 周云山, 赵丁选. 液压系统负载传感功率匹配与比例控制研究[J]. 农业机械学报,1998, 29(3):62-66.

[6] 姜继海, 于庆涛, 刘宇辉, 等. 二次调节静液传动液压抽油机[J]. 机床与液压,2005(8):59-61.

[7] TAPIO V, SUN W. Improving energy utilization in hydraulic booms-what it is all about [C]. Hangzhou: Proceedings of the Sixth International Conference on Fluid Power Transmission and Control, 2005:55-65.

[8] 田原, 吴盛林. 无阀电液伺服系统理论研究及试验[J]. 中国机械工程,2003, 14(21):1822-1824.

[9] 中华人民共和国国家质量监督检验检疫总局,中国国家标准化管理委员会. 液压齿轮泵:JB/T 7041—2006[S]. 北京:机械工业出版社,2006.

[10] 雷天觉. 液压工程手册[M]. 北京:机械工业出版社,1990.

[11] 朱锡成. 齿轮螺杆式液压泵和液压马达[M]. 北京:机械工业出版社,1988.

[12] 臧克江,周欣,顾立志,等. 降低齿轮泵困油压力新方法的研究[J]. 中国机械工程, 2004,15(7):578-581.

[13] EDGE K A, LIPSCOMBE B R. The reduction of gear pump pressure ripple[J]. Proceedings of the Institute of Mechanical Engineering, Part I, 1987,201(B2):99-106.

[14] EDGE K A, LIU Y. Reduction of piston pump pressure ripple[C]. Hangzhou: Proceedings of the 2nd International Conference on Fluid Power Transmission and Control, 1989:779-784.

[15] EDGE K A, DARLING J. Cylinder pressure transients in oil hydraulic pumps with sliding plate valve[J]. Journal of Management and Engineering Manufacture, 1986, 200 (B1):45-54.

[16] EDGE K A, BRETT P N. The pumping dynamics of a positive displacement pump employing self-acting valves[J]. Trans Actions of ASME, Journal of Dynamic Systems, Measurement & Control, 1990(112):748-754.

[17] SHU J J, BURROWS C R, EDGE K A. Pressure pulsations in reciprocating pump piping systems[J]. Part 1: Modelling. Proc IMechE, Part I, 1997,211(13):229-237.

[18] EDGE K A, BOSTON O P, XIAO S, et al. Pressure pulsations in reciprocating pump piping systems[J]. Part 2: Experimental Investigations and Model Validation. Proc IMechE, Part I, 1997,211(13):239-250.

[19] JOHANSSON A, RALMBERG J O, RYDBERG K E. Cross angle-A design feature for reducing noise and vibrations in hydrostatic piston pumps[C]. Hangzhou: Proceedings of the Fifth International Conference on Fluid Power Transmission and Control, 2001:62-73.

[20] 杨俭,徐兵,杨华勇. 液压轴向柱塞泵降噪研究进展[J]. 中国机械工程,2003,4(7):623-627.

[21] HARRISON A M, EDGE K A. Reduction of axial piston pump pressure ripple[J]. Proceedings of Institution of Mechanical Engineerings, Part I, 2000,214:53-63.

[22] DUDLIK A, SCHONFELD S B H, SCHLUTER S, et al. Prevention of water hammer and cavitational hammer in hydraulic systems[J]. Chemical Engineering & Technology, 2002, 25(9):888-890.

[23] MURRENHOFF H. Environmentally friendly fluids—Chemical modifications, characteristics and condition monitoring[J]. Ölhydraulik and Pneumatik, 2004, 48(3):1-31.

[24] 陈丹. 生物可降解液压油[J]. 液压气动与密封,2004(5):10-11.

[25] 吕涯. 环境友好润滑剂的发展现状[J]. 石油化工动态,1999,7(6):15-17.

[26] STEFAN M. Nature or Petrochemistry? Biologically Degradable Materials [J]. Angewandte Chemie, International Edition, 2004,43(9):1078-1085.

[27] 冯薇荪, 汪孟言, 唐秀军. 润滑油的生物降解性能与其结构及组成的关系[J]. 石油学报,2000,16(3):48-57.

[28] ZHANG X, SCHIDT M, MURRENHOFF H. Ageing mechanisms of ester based lubricants using the Rotary-Bomb-Test method[J]. Ölhydraulik und Pneumatik, 2002, 46(4):1-16.

[29] 董浚修. 润滑原理与润滑油[M]. 北京:中国石化出版社,1998.

[30] 林济猷. 液压油概论[M]. 北京:煤炭工业出版社,1986.

[31] Finland Oy Ab's environmental protection[EB/OL]. (2016-08-22)[2020-01-01]. https://corporate. exxonmobil. com/Locations/Finland/Finland-Oy-Ab-environmental-protection.

[32] Product information [EB/OL]. [2020-01-01]. https://www. fuchs. com/de/en/products/service-links/product-finder/#308-hydraulic-oils.

［33］ Guide to heavy duty products and services［EB/OL］. ［2020-01-01］. http：//read. dmtmag. com/i/859318-guide-to-heavy-duty-products-and-services.

［34］ EcoSafe FR 46，68，100 Product Data Sheet［EB/OL］. （2016-07-12）［2020-01-01］. http：//americanchemtech. com/wp-content/uploads/2014/11/EcoSafe-FR- 46-68-100-PDS. pdf.

［35］ PROECO EAF 300 series［EB/OL］. （2009-09-03）［2020-01-01］. https：//e-applications. basf-ag. de/data/basf-pcan/pds2/pds2-web. nsf/E8A1262D8EFB536EC125757D00330549/ ＄File/PROECO_EAF_300_SERIES_E. pdf.

第4章

微流控技术

微型化、集成化、智能化是当今科技发展的一大趋势,随着微机电加工系统(MEMS)技术的发展,一种在微纳米尺度的空间(几十到几百微米)中对流体进行精确控制和操控的微流控技术正获得空前的关注和迅猛发展。该技术涉及学科众多,是由包含化学、微电子学、材料学、生物医学等多学科形成的新兴交叉学科。与常规尺度的流体控制相比,微流控技术具有易于实现装置的小型便携化、提高能源和材料等的利用效率、提供封闭无污染的工作环境等明显优势,其在生物医学、分析化学、工程学、物理学等领域正获得越来越广泛的应用。

本章主要介绍微流控技术的基本概念、制作封装工艺、驱动和控制方法以及微流控技术的应用,并给出具体的微流控 PCR 和腔数字 PCR 等应用实例。

4.1 微流控技术概述

微流控技术的研究对象主要针对的是微流体和微管道,它可以将生物、化学、医学分析等科学研究过程中的制备、反应、分离、检测、分选、裂解等操作集成到微小尺度的系统上进行,控制可控流体,在微流道形成的网络中,实现常规化学和生物学实验室的各种操作。因其具有微型化、集成化等特点,运用微流控技术所制备的系统通常被称为微流控芯片或微流控芯片实验室(Lab on a Chip)两种集成的微流控芯片如图4.1和图4.2所示。

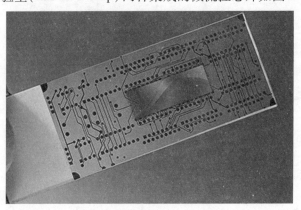

图4.1　一种微流控芯片实验室

微流控技术的概念由 A. Manz 等人在 20 世纪 90 年代初最先提出,最早引入的操作单元是电泳,微流控平台被当作分析化学平台使用。1994 年,Ramsy 等人在 A. Manz 等人的研究基础上,改进了系统毛细管电泳进样的方法,提高了其性能。同年,第一届 μ-TAS

会议在荷兰召开。次年,首家研究微流控技术的公司——Caliper 成立,相关企业微流控技术研发也不断进行。1999 年,HP(Agilent)和 Caliper 公司,联合开发了第一款微流控芯片商用仪器,并将其应用于生物分析和临床分析领域。

21 世纪初,微流控技术有了飞跃性的发展。2000 年 Whitesides 等关于 PDMS 软刻蚀的方法在 Electrophoresis 上发表,微流控芯片的微泵和微阀研制成功。人们越来越清楚地意识到微流控芯片的应用将不仅仅局限于分析化学领域。2004 年,Business2.0 杂志的封面文章将微流控芯片列为改变世界的七项技术之一。2006 年 Nature 杂志就微流控技术推出专辑,从不同角度阐述了微流控技术的研究历史、现状和应用前景,并认为其能成为"本世纪的技术"。

近几年,微流控技术发展迅速,芯片集成化越来越高,集成规模越来越大,同时具有通量高、分析速度快、物耗低、污染小等特点,已逐渐成为材料学、化学、生物医学等各个领域研究和应用的有力平台。图 4.2 为一种用于纳升级别液体量的 DNA 测序的集成化芯片实例。

图 4.2 一种高度集成的微流控芯片

微流控系统一般由芯片部分与外围辅助设备构成。微流控芯片由片基、通道、进液口和检测窗等结构构成;外围设备由蠕动泵、微量注射泵、各类检测部件组成。其本质上是多种模块化的单元在微小平台上灵活组合,规模化集成,整体可控,极大地缩短了样品处理的时间,显著提高了系统检测的灵敏度,降低了成本。更为重要的是,微流控技术的出现和微流控芯片的研究,极有可能从根本上改变人类的生活方式和对事物的认知,从而改善人类的生存质量。

经过近 30 多年的发展,微流控技术的应用领域已经从最初的化学分析,逐渐拓展到工程学、化学、生物医学、物理学等学科领域的方方面面,极大地推动了科学研究的发展和商品化产品的进步。如图 4.3 所示,其应用领域包括日常生活、床旁诊断、生物模型替代、杂交测序、转基因测序、PCR、微反应器、小分子研究和环境科学等。随着微流控集成技术与制备技术的不断成熟和发展,其将进一步整合现有技术和产品,应用领域将进一步扩大,真正走入千家万户,实现"改变世界"的愿景。

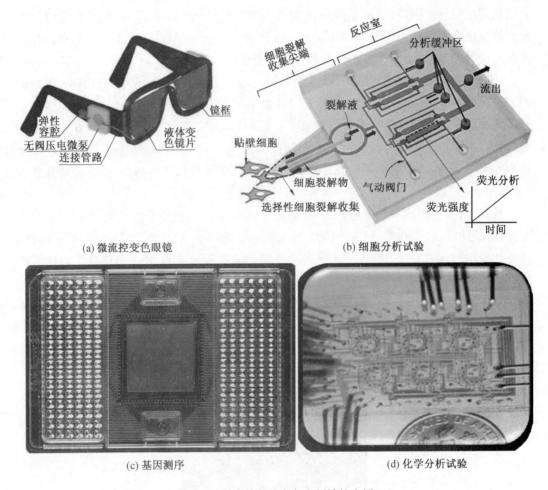

(a) 微流控变色眼镜　　　　　　　　　　　(b) 细胞分析试验

(c) 基因测序　　　　　　　　　　　　(d) 化学分析试验

图 4.3　微流控芯片在各个领域的应用

4.2　微流控系统的流体驱动方式

　　微流控芯片的一个基本特征是对微尺度下的流体进行操作和控制,其操作对象的流量极小,流体的很多控制特性和常量物质有所差别,因此对于微流体驱动技术提出了新的要求。微流控的驱动方式大致可分为两类:一类是机械驱动方式,其包括气动微泵、压电微泵、往复式微泵等各种微泵驱动和离心力驱动,其特点是利用自身可动机械部件驱动流体;另一种是非机械驱动方式,包括电渗驱动、重力驱动、热气微泵驱动、光学捕获微泵驱动等。

4.2.1　机械驱动

　　机械驱动的基本原理是利用自身可运动的机械部件的运动,来达到驱动流体的目的,包括气动微泵、压电微泵、往复式微泵等形式的微泵驱动和离心力驱动。

（1）压电式微泵驱动

压电泵是一种新型的流体驱动装置，它不需要额外的驱动电机，可以利用压电陶瓷的逆压电效应使压电振子变形，进而产生泵腔的体积变化，实现流体驱动，或利用压电振子产生波来传输流体。

压电微泵通常包含三部分：泵阀、压电振子和泵体。工作时，将交流电源 U 施加在压电振子两端，在电场作用下，压电振子径向被压缩，内部产生拉应力从而发生弯曲变形。当压电振荡器向前弯曲时，压电振荡器膨胀，泵腔体积增大，腔内的流体压力减小，且泵阀打开，使流体进入泵腔。当压电振荡器向后弯曲时，压电振荡器收缩，泵腔体积减小，腔内流体压力增大，泵关闭，泵腔内的流体排出。一种典型的压电式微泵的结构如图 4.4 所示。目前实际应用中，压电微泵流速最高可达 2 mL/min，工作泵压高可达17 000 Pa。

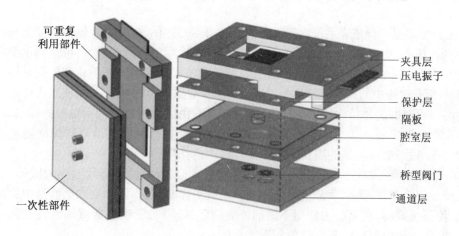

(a) 结构示意图

(b) 制造样机图片

图 4.4　压电式微泵结构图和制造样机图片

Hsiao-Kang Ma 等人通过对压电微泵进行了研究和探讨，设计了新型可分离压电式微泵，该微泵的执行机构可重复使用，降低成本，泵室为一次性使用，防止污染和感染泵隔膜。由于此分离泵的隔膜不与执行器相连接，隔膜必须依靠自身的弹性才能在吸入阶段返回,如果隔膜的弹性不足,则隔膜可能需要相当长的时间才能回到平衡位置,所以开发了具有足够等效刚度的隔膜,这样隔膜可以被驱动装置压下,也可以回到平衡位置,以完成一个操作循环。可分离微泵的结构和工作原理如图4.5所示。

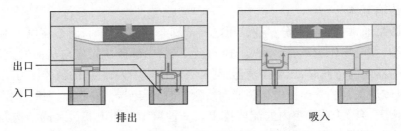

图4.5　可分离微泵的结构和工作原理

(2)离心力驱动

离心力驱动是一种依靠系统在运动时的离心力驱动流体,来实现对流体的控制与操作的一种驱动方式。其结构较为简单,流速稳定且可调节,通过合理的设置,可达到单个电机驱动数十甚至上百个独立结构单元的目的,有利于微流控芯片的高通量化。但同时缺点也较为明显,运行过程中的高速旋转加大了液流控制及检测方面的难度,很难实现规模化。

离心力驱动的芯片结构上多为圆形,其分布具有由圆盘中心向外围辐射的特点,可实现数百个单元的集成。其通常有两个特点:通过在外部设计气路通道来确保旋转过程中各通道气压平衡;通过通道的内径突变来实现微阀的作用。

David C. Duffy 设计了一种利用离心力驱动微流控芯片系统,芯片结构为圆形,由圆盘中心呈放射状布置48个酶分析单元阵列。系统工作时,在靠近圆心的储液池中放置试剂,而后使系统旋转,在离心力作用下试剂将流向芯片外周,依次完成试剂混合、反应、检测等过程,实现酶的分析。其原理图如图4.6所示。

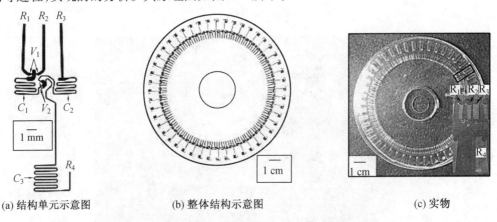

(a) 结构单元示意图　　　　(b) 整体结构示意图　　　　(c) 实物

图4.6　一种离心力驱动的酶分析芯片的原理示意图和实物

(3)往复式电磁驱动微泵

往复式电磁驱动微泵的原理是在泵膜上附着一块永磁体,通电后在线圈内产生一个交变磁场,使永磁体驱动泵膜前后移动完成泵送。由于利用磁场实现驱动,不依托媒介,故可以应用在较大的空间内。图4.7所示为由 Chia-Yen Lee 等人设计制备的一种往复式电磁驱动微泵工作原理示意图。

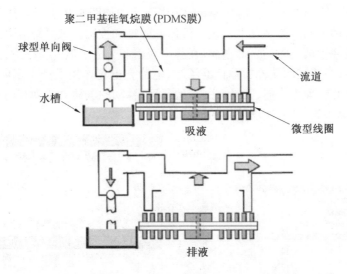

图 4.7　一种往复式电磁驱动微泵的工作原理示意图

4.2.2　非机械驱动

非机械驱动指的是系统本身没有活动机械部件的一种驱动方式,包括电渗驱动、重力驱动、热气微泵驱动、光学捕获微泵驱动等。

(1)电渗驱动

电渗驱动是非机械驱动的一种形式,当前应用十分广泛。电渗的原理是偶电层产生的流体相对于带电管壁的移动。当溶液 pH>3 时,微流道内壁通常带负电(由于表面电离或吸附),于是在靠近内壁的液体中形成了相对应的带正电的偶电层(包括 Stern 层和扩散层),在外电场作用下(平行于内壁),偶电层中的溶剂中化带正电的粒子流动,方向为负极方向,这种运动称为电渗。利用这种方式驱动流体成为电渗驱动,其原理图如图 4.8 所示。

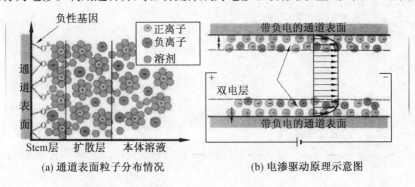

(a) 通道表面粒子分布情况　　　　(b) 电渗驱动原理示意图

图 4.8　电渗驱动原理图

电渗驱动不仅可以用来直接驱动带电流体,也可用作动力微泵的动力源,其具有流速可调、系统架构简单、操作方便、流型扁平无脉动等优点。但电渗驱动也有较为明显的缺点,即易受外加电场的影响,通道表面的特性和微流体的性质及传热效率等因素也会对电渗驱动产生一定的影响。

德国的 Stefan 等制作了一种电渗驱动式微泵,结构如图 4.9 所示。其利用电解质溶液在外加电场作用下的电渗现象来实现对液体的驱动和控制。该系统流道内壁上附着有溶液离子化或液体中被吸附的表面电荷,在静电吸附和分子扩散的作用下,流道的内壁表面形成双电荷层,当流道两端外加垂直电场时,电荷在电场作用下产生定向移动。同时,由于流道内液体并非理想流体,其具有一定的黏度,移动的电荷会带动其周围的液体产生定向流动,形成电渗流,从而实现液体的驱动。

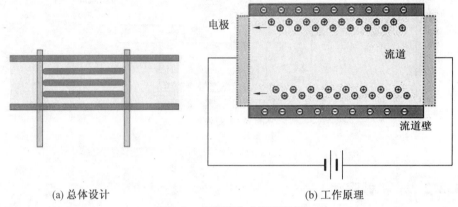

(a) 总体设计　　　　　　　　　　　　　(b) 工作原理

图 4.9　电渗驱动式微泵实例

(2)热气微泵驱动

热气微泵的工作原理与压电微泵类似,是通过气体加热膨胀使弹性薄膜形变来产生制动力,完成流体的驱动。亚洲理工学院的 W. Mamanee 等人采用多层 PDMS 结构,在玻璃板上设计并制作了一种用于控制液体的热气微泵,如图 4.10 所示,该泵由入口、出口、微流道、三个气动驱动室和三个加热电阻构成。泵液操作时,控制加热电阻使气室内空气温度升高,气体膨胀驱动弹性隔膜向上移动,沿微流道驱动流体;吸液时停止加热,由于热胀冷缩的原理,气室中气体收缩而使弹性隔膜恢复原状,泵腔内产生负压而吸入液体,并且微泵特性会随外加电压和频率变化而改变。

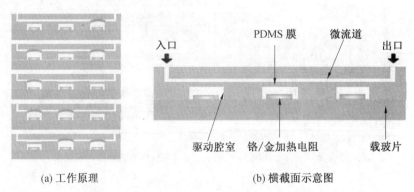

(a) 工作原理　　　　　　　　　　　　(b) 横截面示意图

图 4.10　热气微泵工作原理和横截面示意图

美国州立大学的 Kwang 等人基于热胀冷缩原理研究并制作了热气泡驱动式微泵,如图 4.11 所示,主要结构包括:玻璃基底、线圈、金属加热板和 PDMS 盖板。当线圈内通入一定频率的交变电流时,线圈周围产生变化的磁场,从而在金属加热板内部感应出涡电流,产生热效应。当加热板附近的液体被加热到一定温度时,液体内会产生气泡,由于泵腔入口和出口锥管角度的不同,随着气泡体积的增大,则会产生定向的流量输出;关闭电源后,温度降低,气泡体积减小,则会产生反方向的液体输送。

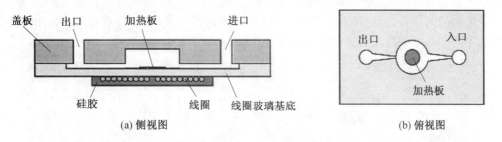

<table>
<tr><td>(a) 侧视图</td><td>(b) 俯视图</td></tr>
</table>

图 4.11　热气泡驱动式微泵

(3)光学捕获微泵驱动

光学捕获又称光摄,是建立在光辐射压原理上的一种,通过强汇聚的光束来实现对微小粒子控制的技术。当强汇聚的高斯光场作用于透明粒子时,离子的折射率大于周围介质的折射率,梯度力会将粒子推向光场的最强处。利用激光扫描光学捕获的方法可以同时控制多个胶束粒子的运动和位置,在预设好的通道中通过控制这些粒子的姿态和不同的运动方式实现了微流道中齿轮泵和蠕动泵的功能,从而实现微泵驱动。

微流体技术的驱动方式多种多样,且各有各的优点与特殊的应用场景,但同时也有相应的局限性。在制备微流控芯片时,应根据实际需要与精度要求,合理选择适合的驱动方式,适当取舍技术指标,实现对于微流体控制与操作的最优解。

4.3　微　　　　阀

微阀是在微尺度中调控两个通液体的接口间的液体流动传输的元件。在微流控技术中,除了微量流体的驱动外,采用微阀来实现的微流体控制也至关重要,其控制精度关系到整个生物芯片和微流控系统的每一步功能的实现。微阀可以粗略地分为主动与被动两类,也可以根据驱动的介质不同分为气阀和液阀。

4.3.1　微阀发展现状

微流控技术的核心是通过对芯片流道内流体流动的驱动和控制来完成生物、化学反应和分析所需的各种微量流体操作,因此微流控芯片的驱动和控制技术的发展是微流控技术实现与进步的前提和基础。1995 年至今,基于微阀的许多机电一体化微流控系统被开发面世。微阀控制是实现微流控芯片控制的主要方式之一。微阀控制可以分为无源阀控制(无驱动力,被动控制)和有源阀控制(有驱动力,主动控制)两种。主动与被动控制微阀的工作原理简图如图 4.12 所示。

被动控制微阀又分为立体结构和平面结构两类,其特点为无须外部驱动力,只利用流体本身流向或压力变化即可实现阀状态的改变。被动型立体结构微阀,包括双晶片单向阀、梁式微阀、膜片式微阀、圆盘形微阀以及环形台微阀等,但是目前此类被动型微阀结构仍较为复杂,需要采用硅刻蚀工艺制备完成。硅刻蚀法加工成本高,且多层三维立体结构的工艺流程繁琐,不易于集成为高密度的微流控系统,使得微阀的设计与进一步发展受到了限制,因此这种微阀的实用化和商业化程度不高。被动型平面微阀有附壁式、扩散/收缩口等无活动部件式、零间隙接触式等种类,通过特殊流道的结构设计实现阀的阀控作用。这类微阀制备方便、结构简单,但是对流体的封闭能力较低,存在反向回流和工作效率低等问题。几种常用的主动微阀如图4.13所示。

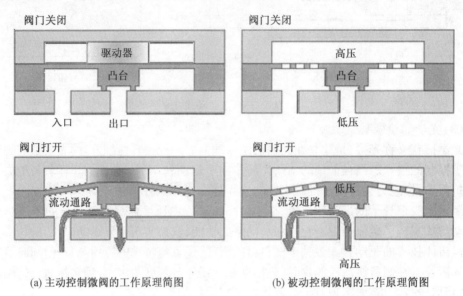

(a) 主动控制微阀的工作原理简图   (b) 被动控制微阀的工作原理简图

图4.12   主动与被动控制微阀的工作原理简图

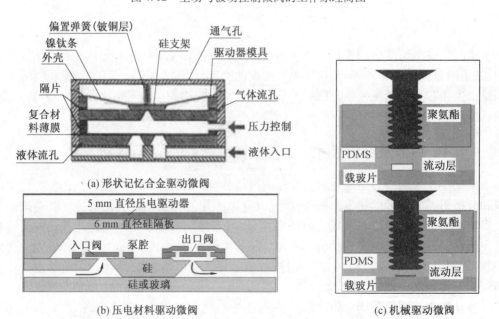

(a) 形状记忆合金驱动微阀

(b) 压电材料驱动微阀   (c) 机械驱动微阀

图4.13   形状记忆合金驱动微阀、压电材料驱动微阀以及机械驱动微阀

以上阀控设备,除气动膜阀外,其驱动设备均位于微流控芯片上部,影响微流控芯片的进一步集成,相较而言气动膜阀驱动系统位置可灵活选择,自身体积小,易于集成,有着显著的应用优势。

4.3.2　片上膜阀研究现状

片上膜阀具有很多优点,设计简单、容易集成、反应快速、高密度制造易于实现,且在工作过程中不会产生死区体积和易于通过编程实现大规模操作。膜阀采用三层结构,如图 4.14 所示,下层为气体控制(气体微流道)层,中间层为高弹 PDMS 驱动薄膜,上层为试剂(液体微流道)层。上层液体微流道与下层气体微流道交叉垂直放置,由可发生形变活动的 PDMS 驱动薄膜隔离上下微流道。当气动微流道未施加驱动压力时,膜阀处于打开状态,液体微流道保持畅通。当气动微流道内的驱动压力增加时,PDMS 驱动薄膜向液体微流道方向发生形变;当压力足够大时,PDMS 驱动薄膜封闭液体微流道,膜阀因此闭合;当驱动压力降低时,PDMS 驱动薄膜依靠自身弹力使形变回复原位,此时膜阀打开,液体微流道重新导通。

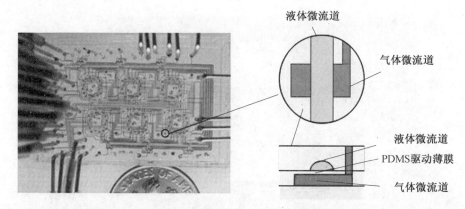

图 4.14　一种气动微流控芯片照片及气动膜阀结构图

Lee 提出了一种三层气动膜阀,这种膜阀的关闭性能与流道形状有很大关系。液体微流道的横截面呈矩形的筛选阀,即使控制压力达到 200 kPa,也不能将膜阀完全关闭,在液体微流道的边角处会有漏液,但是可以阻挡磁珠等较大固体颗粒通过此阀;而如果是液体微流道的横截面呈弧形的截止阀,提供较低的压力便可以使膜阀完全关闭。

Quake 组研制了不同结构的下压式截止阀和上推式截止阀,如图 4.15(b)、(c)、(d)所示。PDMS 驱动薄膜的驱动部分几何尺寸为 100 μm×100 μm,上推式截止阀死体积只有 100 μm×100 μm×100 μm=100 pL,比大多数同类微流控芯片上的微阀的报道低很多,且阀的响应时间只有 3 ms 左右。当驱动压力为 100 kPa 时,施加在 PDMS 驱动薄膜上的驱动力只有数个毫牛。这种膜阀的优点是死体积小,适于在面积只有几个平方厘米的微流控芯片上高密度集成;驱动压力小,且驱动装置位于微流控芯片外部;膜阀及芯片的封装采用绿色环保 PDMS 材料。Quake 将气动微流控芯片应用于全过程自动化、高通量人类间充质干细胞(human Primary Mesenchymal Stem Cells,hMSCs)的培养,研究了短期刺激对细胞增殖和细胞中碱性磷酸酶活性的影响,如图 4.16 所示。

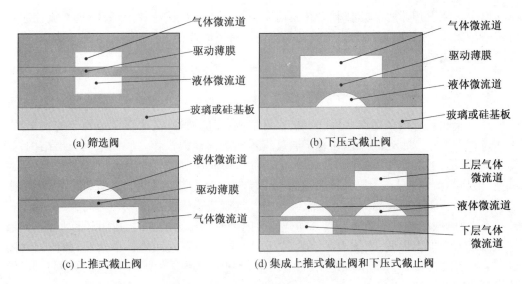

图 4.15　不同结构截止阀示意图

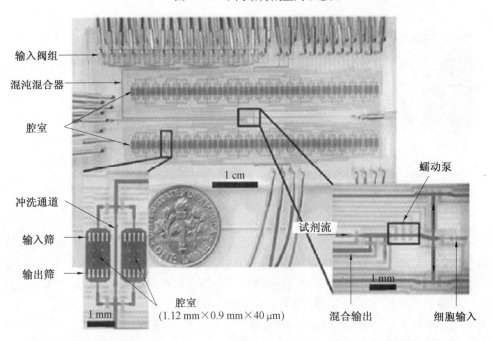

图 4.16　全自动连续培养人类间充质干细胞的气动微流控芯片

Land 利用四层 PDMS 结构、SU-8 光刻技术和模塑法制造出气动常闭式主动膜阀和气动常闭式被动微阀。常闭式被动微阀既可以和常闭式主动微阀集成在一起构成一个肘型阀门,形成三通阀,又可以作为单向阀单独使用。Takao 利用玻璃/硅/玻璃等硬质材料制造出三层结构的膜阀。Hosokawa 利用软刻蚀技术和 PDMS 薄膜变形技术制备了气动三通膜阀,并用试验数据验证了流体阻力特性类似于电路中的电阻。Grover 介绍了一种 PDMS 薄膜、玻璃制作的膜阀,这种膜阀具有玻璃流体流道–PDMS 薄膜–玻璃控制流道的多层结构,死体积小于 10 nL,适于高密度集成。加州大学伯克利分校 Richard Mathies 设计制备了另外一种真空驱动的"V-latching"式常闭气动膜阀,该膜阀与 Quake 研究组提出的气动膜阀原理相似,但真空驱动方式的可靠性不如压力驱动方式。

图 4.17 是一种用于 DNA 分子链提取的气动微流控芯片及其外部气路系统常规尺寸电磁阀组照片。芯片外部常规尺寸电磁阀的体积远远大于微流控芯片本身的体积,对于微流控芯片而言,这就相当于没有实现真正的集成,很难达到便于携带的最终目标。因此,微型化和集成化气动微流控芯片外部支撑元件中电磁阀/阀组的研究工作是十分必要的。

(a) DNA 分子链提取芯片　　　　　(b) 芯片外部常规尺寸电磁阀组照片

图 4.17　DNA 分子链提取的气动微流控芯片和芯片外部气路系统常规尺寸电磁阀组照片

为了减小装置的整体体积,外部气压控制微阀可以被用来取代常用的外部伺服阀。Whitesides 课题组设计了一种依靠螺钉转矩变化来控制的微阀,这种阀由封闭的微流道和其上方的螺钉组成,通过螺钉的旋入和旋出来控制微流道的开启和关闭,替代了外部的控制系统,有助于实现装置的小型化。Zheng 和 Sia 提出基于螺钉驱动的气动微阀,原理示意图及封装照片如图 4.18 所示,其结构是在 Quake 阀的控制层充满水,在控制层入口安装螺钉,用 PMMA 板作为支撑。当螺钉旋入时,控制层压力值增加,阀膜向上移动,微阀关闭;螺钉旋出时,控制层压力减少,阀膜利用自身弹性恢复变形,微阀打开。这种方法的优点是用水作为压力传递介质,避免了质地坚硬的螺钉直接接触柔软且比较薄(~40 μm)的阀膜,微阀破坏的概率大大降低。这类设计方法共同缺点在于装置同样很难实现自动化,此外后者设计中芯片不能重复使用。

 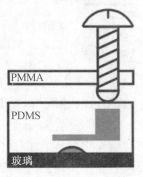

(a) 原理示意图　　　　　　　　　　(b) 封装照片

图 4.18　螺钉驱动气动微阀原理示意图及封装照片

Chia 提出一种 PDMS 热气动微阀,利用加热电极代替 Quake 阀外部气源。该方法简化了控制电路和外部支撑设备,但会产生较高的温度,限制了在生物和化学类的实验范围。Burns 利用石蜡这种非晶体材料相变温度在日常工作范围内的特点设计了相变微阀,但这种微阀难以被多次使用。Takayama 提出了利用多层软刻蚀技术和喷墨式打印机针头的方法来代替 Quake 阀中的气动驱动器,其原理示意图及封装完成的实物照片如图 4.19 所示。这种方法的缺点在于打印机针头位置相对固定,这将限制微阀的位置设计。

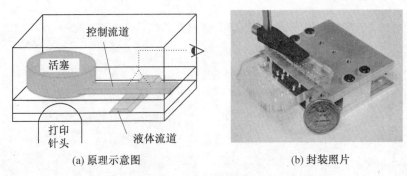

(a) 原理示意图   (b) 封装照片

图 4.19 液压-打印针头复合微阀原理示意图及封装照片

Wiederkehr 提出一种可用于控制气动微流控芯片的外部气体流量的聚偏二氟乙烯微阀。该微阀采用压电驱动方式,通过一个玻璃微喷嘴来调节气体流量的大小。其缺点是阀体采用硬质材料,需要采用复杂的微机电系统作为加工平台,且压电驱动器需要较高的驱动电压(DC300V)。

Anjewierden 设计了一个用于取代外部气路中常规尺寸的伺服阀的静电微阀,如图 4.20 所示,与气动微流控芯片本身相比,该阀体积仍很大,封装后包括 PMMA 支架的微阀总长 75 mm,且驱动的直流电电压高达 680 V,远远不能满足气动微流控芯片系统小型化及低功耗的需求。

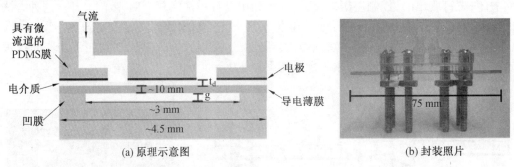

(a) 原理示意图   (b) 封装照片

图 4.20 静电微阀原理示意图及封装照片

气动膜阀体积小,控制驱动系统位于芯片外部,因此自从其提出以来,就受到了微流控系统学术界的关注。现在的技术可以制备了集成有上千个阀控系统的 PDMS 芯片,并实现了在芯片上多通量、高密度、大规模的流体操控,开启了微流控芯片大规模集成的新时代,对微流控芯片的小型化与智能化有着重要的意义。

4.4　微流控芯片的材料和加工方法

　　微流控芯片(图4.21)和系统主要由单晶硅、玻璃、石英、光敏聚合物、聚合物、陶瓷材料等制成,随着微流体技术应用领域的不断发展,金属、纤维材料、滤纸等已被用于开发和制备微流控芯片。由于芯片制备中使用的材料和功能要求不同,新型微流控芯片和系统的加工处理技术种类繁多,主要包括微注塑成型、微挤出成型、微热压成型、软蚀刻、激光微加工、等离子体刻蚀、电子束刻蚀及3D打印技术(图4.22)等。通过使用新型加工技术,可以得到低于50 nm线宽的高分辨率纳米结构。

图4.21　一种微流控芯片

(a) 挤出3D打印　　　　(b) 光固化3D打印　　　-(c) 微滴喷射3D打印

图4.22　3D打印技术制备微流控芯片

4.4.1　微流控芯片材料

　　适用于制备微流控芯片的材料主要包括无机材料、聚合物、水凝胶、纸基材料、混合和复合材料,其中几种常见的材料及其应用领域和制造成本如图4.23所示。

　　由于半导体行业微加工技术的发展,无机材料是微流控芯片中应用最早的材料。硅/玻璃凭借其对有机溶剂的耐蚀性、高导热性以及稳定的电渗透性等优点而被广泛使用。第一代微流控芯片由硅或玻璃材料制备。然而,随着研究的不断深入,硅、玻璃、石英这三种材料相继表现出各种缺点。硅材料的缺点是透光性差、抗腐蚀性差、不能承受高压、加工成本高、易碎且难以进行表面处理;玻璃材料用于光刻和蚀刻加工技术时,具有加工工艺复杂、无法加工宽深比小的微流道、键合难度大、加工费时且成本高等缺点,更严重的是,硅和玻璃不透气,使得它们不能用于制作培养细胞的芯片;石英材料的缺点是硬度大、熔点高、制作过程复杂。

　　与无机材料相比,材料易于获取,价格低廉是聚合物的显著优点。聚合物材料由于其种类繁多,在选择具有特定性能的材料时灵活性较大,聚合物根据其物理性质可以分为弹

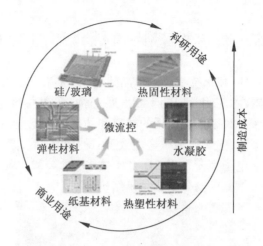

图 4.23　微流控芯片几种常见的材料及其应用领域和制造成本

性体材料、热固性材料和热塑性材料三类。弹性体材料在外力作用后能够拉伸或者压缩,
较为流行的是 PDMS(聚二甲基硅氧烷)。由于它易于制造、成本低且具有透气性等优点
而适合于细胞培养,然而,它与有机溶剂不相容,因此 PDMS 材料在水溶液中的应用受到
限制。热固性材料的缺点是,当被加热或受到辐射时,其分子会交联形成刚性网络,并且
一旦固化无法重塑,而且成本较高;热固性材料的优势在于它们可以利用光聚合的热效应
来实现三维微加工,并且其强度较高。与热固性材料不同,热塑性材料可以在固化后重新
成型,并且与 PDMS 等聚合物相比,热塑性材料具有更好的溶剂相容性,但是由于它们几
乎不能透过气体,因此它们制备的密封微流道和腔室不适用于长期的细胞研究。在高分
子聚合物诸多种类中,适合用于制作微流控芯片的主要有环烯烃共聚物(Cycloolefin
Copolymer, COC)、聚碳酸酯(Polycarbonate, PC)、聚甲基丙烯酸甲酯(Polymethyl
Methacrylate, PMMA)和聚二甲基硅氧烷(Polydimethylsiloxane, PDMS)等,部分材料基片的
性能对比见表 4.1。

表 4.1　微流控材料及其性能

性能参数	硅	玻璃	石英	COC	PC	PMMA	PDMS
热导率/$(W \cdot (m \cdot K)^{-1})$	157	$0.7 \sim 1.1$	1.4	0.21	0.19	0.2	0.2
机械强度	一般	一般	一般	好	好	好	—
化学惰性	一般	好	好	好	较好	较好	好
生物相容性	差	差	差	好	好	好	好
光学性能	差	好	好	好	好	好	好
成型性能	较难	较难	难	易	易	易	易
键合性能	较难	较难	难	较易	较易	较易	易

水凝胶在分子结构上类似于细胞外基质,具有多孔性强、孔径可控制、基质与细胞相
容等性质,适用于封装细胞进行三维培养。但是很难实现微加工并且不容易封装。

纸基材料是一种由纤维制成的高渗透性的基质,它具有以下优点:微流道可以作为无源泵而不需要外部能源;成本低,易于制造;能够堆积形成多层微流体通道。然而其检测灵敏度低,并且难以实现高密度的集成化。

混合和复合材料芯片是应用多种以上材料合成的芯片,最常用的组合是玻璃-PDMS-玻璃,例如在硬玻璃中间夹一块软 PDMS 膜,可以制备出一个隔膜阀。常用的混合和复合材料微流控芯片封装如图 4.24 所示。

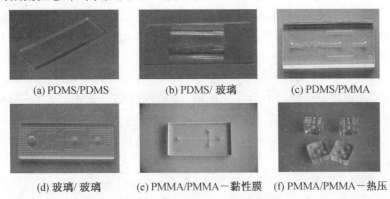

(a) PDMS/PDMS   (b) PDMS/ 玻璃   (c) PDMS/PMMA

(d) 玻璃/ 玻璃   (e) PMMA/PMMA－黏性膜   (f) PMMA/PMMA－热压

图 4.24　常用的混合和复合材料微流控芯片封装

在以上几种材料中,PDMS 是弹性体材料,具有很多优点,例如加工制作简单方便、可塑性强、成本低廉及透气性好,所以它被广泛应用于生命科学等领域。

4.4.2　微流控芯片加工方法

微流控芯片主要基于硅基、PDMS、PMMA 等材料,利用光刻、软光刻、倒模、压印、微机加工等手段制备。加工方法主要有采用加工微流控模具制备微流控芯片和直接加工微流控芯片。

目前,主要有四种微流控模具的加工制作方法。

①机械加工。超精密加工(精雕机等)不仅可以制造非常微小而精确的微结构,还可以得到非常好的器件表面粗糙度。但其缺点是采用机械加工的方法得到的微结构尺寸有限,而且设备价格高,加工费时,不适合制造在设计阶段需要多次修改设计图案的微流控模具,而且采用该方法加工的微结构蛇形部位(转角处)的曲面不够流畅。

②金属精密蚀刻。金属精密蚀刻也称光化学金属蚀刻,是利用化学试剂对金属的腐蚀性的一种加工方式。其流程主要包括清洁处理、防蚀处理、蚀刻加工和清除防蚀层,其中蚀刻加工工艺是整个金属蚀刻过程的关键,所蚀刻的基板不同,采用的金属蚀刻剂不同。利用金属蚀刻技术制备金属模具,可以克服光刻模具易脱胶问题,模具能够多次重复使用,大大降低微流控芯片的制备成本。但是,金属精密蚀刻的缺点在于制备的微结构横截面呈 T 形,且其顶部宽度与设计尺寸误差过大。

③液体光刻胶刻蚀。液体光刻胶刻蚀是利用曝光前后胶膜对相应化学试剂溶解度不同的性质,将液体光刻胶作为基底硅片的涂层,透过有所需结构图案的掩膜模板对涂层进行曝光,经显影后得到微结构模具的方法。光刻胶的相关技术不仅品种非常多而且技术

难度高。光刻胶主要包括正性光刻胶(Positive Photo Resist)和负性光刻胶(Negative Photo Resist)两种。正性光刻胶是指某些不可溶的溶剂在受光后可以转化成可溶性的,相反的,在受到光照后产生不可溶物质的称作负性光刻胶。最早开始使用的是负性光刻胶,优点是黏附能力强、感光速度快以及阻挡效果好;但同时具有曝光区域容易发生交联、在显影液里难以溶解等缺点。正性光刻胶的优点是曝光区域能够更容易地溶解在显影液中,而且正性光刻胶具有非常高的分辨率和良好的对比度及台阶覆盖等;缺点是黏附性和抗刻蚀能力较差,同时成本较高。这种加工方式的不足在于掩模板质量的高低决定着微结构模具的表面粗糙度,从而影响所制备器件的表面粗糙度,较差的掩模版质量将对器件内流体流动性能研究造成误差,且使微流道表面容易遗留试剂残液,腐蚀芯片。目前,常用的掩模板根据材料不同分为玻璃掩模板和胶片掩模板,玻璃掩模板精度高、制备工艺复杂、价格高,而胶片掩模板则价格便宜且工艺简单。使用正性光刻胶时,胶片掩模板制备工艺如下:首先使用 CAD 画出微流道,然后将流道填充成黑色,然后反色输出。再利用高分辨率打印机把微流道图形打印在感光胶片上,即可得到结构边缘具有 2 μm 尺寸精度的胶片掩模板。

④感光干膜光刻胶刻蚀。感光干膜光刻胶(Dry Film Photoresist,DFP)是在高清洁度条件下,将配制好的液态光刻胶利用精密的涂布机均匀涂布在载体聚酯薄膜(PET 膜)上,经烘干、冷却后,覆上聚乙烯薄膜(PE 膜),再收卷而成的卷状薄膜型光刻胶。展开的 DFP 是三明治结构,上下各有一层透明的保护层,分别为质地较软的 PE 膜和质地稍硬的 PET 膜。利用 DFP 制备模具的工艺流程主要包括压膜、曝光和显影。

PDMS 的微流控芯片的加工方法主要有热压法、注塑法、软刻蚀、LIGA 技术(德文 Lithographie,Gavanoformung,Abformung 的缩写,译成英文则为 Lithogrophy,Electroforming, Molding,光刻,电铸,注塑)及激光刻蚀等。

热压法的做法是将 PDMS 基片与具有微流道结构的模具对准后加热,分别施加一定的压力在模具和基片的两端,并且保持加热和压力 20～50 s 的时间,然后降低温度至室温状态,撤去压力,退除模具之后得到具有微观结构的单层芯片,通过与平面的基片键合,得到完整的微流道芯片,如图 4.25 所示。热压法可以用来大批量地加工相同结构芯片,设备简单,加工操作便捷。但是热压法能够加工出的微流道的宽度较大,对其性能的研究还不够深入,还需要进一步验证它的应用价值。

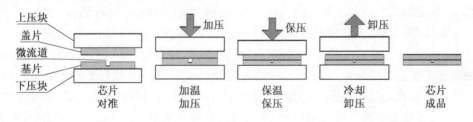

图 4.25 微流控芯片的热压法制备工艺

注塑法的原理:首先制造出带有微小结构的硅阴模,然后采用电铸的方式得到金属阳模,在完成注塑模具的制作后,将模具安装在注塑机上进行批量生产。模具制造是注塑法整个工艺过程中最关键的步骤,具有技术要求高、工艺复杂、加工周期长等特点。而且由于注塑工艺在生产金属模具工艺上的要求,一次性投资大,一般难以在实验室完成,大多为公司生产。

软刻蚀是制备聚合物芯片的主要方法,其工艺流程为:首先设计出将要加工器件的图样,其次将图样转移到掩模板上,通过光刻、刻蚀技术制备模具,接着采用复模法复制器件各部分,最后将玻璃基片和盖片放入等离子机中清洗,封装后就制成了具有微流道的 PDMS 芯片。使用软刻蚀技术制备 PDMS 芯片的工艺过程如图 4.26 所示。

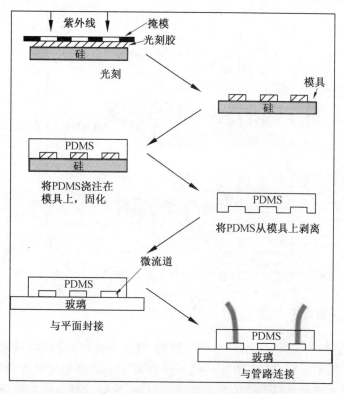

图 4.26　软刻蚀技术制备 PDMS 芯片

LIGA 技术利用 X 光深刻精密电铸模制造成型,通常简称为深刻电铸模造。基于其深刻微制的特性,它主要应用于制作深度宽度比大的微流控芯片基片。由于 X 射线具有非常高的平行度、极强的辐射强度、连续的光谱等特性,LIGA 技术能够制造出厚度大于 1 500 μm、高宽比达到 500、平行度偏差非常小而且结构侧壁比较光滑的三维结构。

与传统微细加工方法相比,使用 LIGA 技术加工超微细结构有如下特点:

①结构几何尺寸应用范围广,可制造有较大深宽比的微结构;

②材料适用范围宽,可以是金属、陶瓷、聚合物、玻璃等;

③精度高,可制作任意复杂图形的结构;

④可以实现大批量生产,成本低。

由于掩模板需要极其昂贵的 X 射线光源且制作工艺复杂,大大提高了 LIGA 技术工艺成本,因此限制了该技术在工业上的推广应用。

激光刻蚀技术是指使用激光在聚合物材料表面进行刻蚀加工微流道的方法。激光刻蚀方法加工微流道具有以下几点优点:加工过程简单方便,只需要一次刻蚀就可以完成加工;材料适用范围宽,可应用于大多数聚合物材料和玻璃等。缺点在于:在聚合物材料表面加工的微流道内壁不光滑,存在大量气泡;加工流道的两侧有熔融材料抛出,再次凝固形成凸起,不利于后续键合;加工精度有限,仅适用于流道宽深度大于80 μm的应用。基于激光刻蚀技术的微流控芯片的制备工艺如图4.27所示。

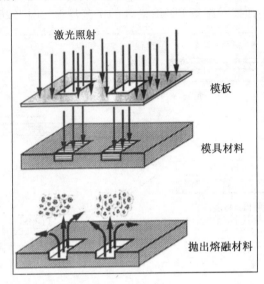

图4.27 基于激光刻蚀技术的微流控芯片制备工艺

4.4.3 利用软刻蚀方法制备微流控芯片

利用软刻蚀技术能够制造复杂的三维结构,且该技术能在不同材料的表面上使用,例如有机聚合物、胶质材料、玻璃和微晶陶瓷等。软刻蚀技术还可以根据需要改变材料表面的分子构造,从而改变材料表面的化学性质。目前,软刻蚀技术尺寸精度能达到0.03~1 μm。在微流体应用领域,PDMS是软蚀刻中最常用的弹性复模材料,PDMS软蚀刻技术制备过程如图4.26所示。

传统微流控模具的制作是在抛光硅片表面涂抹SU-8负性光刻胶,并通过标准的光刻流程在硅片表面刻蚀微结构,该制作方法需要高洁度试验环境、专业制作人员、制作过程复杂且价格昂贵。

软刻蚀封装技术的主要制作步骤为:

①制备微流控模具。使用CAD画好T形流道后,反色打印出掩膜。先用热压的方式将一层感光干膜压在一块表面平整的钢板上,再夹上一层光学掩膜,移至紫外线灯下进行曝光。曝光后,移至显影液中进行显影,干燥后将得到阳模。

②配液。将液态PDMS硅胶与烷固化剂按照10∶1的比例进行混合,使用搅液器将配置后的PDMS预聚物按照顺时针方向循环搅动2~3 min,使其充分混合,避免因混合不充分导致固化后PDMS硬度不均匀产生断裂,然后均匀倒在硅片模具上。

③固化。固化PDMS的过程需要在表面和内部无气泡的前提下进行,将充分混合后

的 PDMS 预聚物覆盖到制备好的微流控模具上后,将其放入-0.1 MPa 的真空箱内抽气 30 min,以保证预聚物中的气泡完全溢出。气泡溢出后,放入 100 ℃ 的干燥箱内加热 1 h,此时液态 PDMS 预聚物会发生聚合,形成透光性良好的固态 PDMS。

④揭膜。用刀片将固化后的 PDMS 从模具边缘处小心剥离开,然后用镊子将其轻轻揭下,为了防止 PDMS 在揭膜时断裂,在 PDMS 和模具之间滴入少量的异丙醇(Isopropyl alcohol)溶液,可以保证揭膜过程顺利完成。

⑤打孔。使用打孔器分别在 PDMS 薄膜表面微流道的入口和出口处打孔,然后用保鲜膜覆盖保存或进入下一步的封接。

⑥封接。将待封接基底用去离子水清洗并在高纯氮气流下吹干,然后与制备好的 PDMS 封接在一起,形成具有闭合微流道的微流控芯片。为了增加二者之间的封接强度,提高装置的可靠性,两个封接面之间采用不可逆封接方法。基于软刻蚀技术制作微流控芯片的过程如图 4.26 所示。

微流控芯片装置的特点是它的流道结构要最少在一个维度上达到微米级的大小,基于此,微流控芯片的加工制作方法的发展不论从材料还是方法上受到了较大的限制。微流控芯片的制作材料主要包括纸基材料、无机材料、水凝胶、聚合物、混合和复合材料,用于制备微流控芯片及系统的材料种类繁多,其中 PDMS 属于弹性体材料,具有诸多优点,因此常用于微流控芯片制备中。目前为止基于 PDMS 材料的软刻蚀制作方法是应用最广泛的制作微流控芯片的方法。

4.5 微流控系统在 PCR 技术中的应用

4.5.1 概述

PCR(Polymerase Chain Reaction,聚合酶链式反应)技术是一种使用体外酶来促进复制 DNA 的方式,可以在一到两个小时内将微量的目标 DNA 片段指数扩增至原浓度的一百万倍以上,从而实现定量检测目标 DNA 片段。在过去的三十多年时间,PCR 技术大体上经过了三次主要的更新换代:第一代凝胶电泳 PCR、第二代实时荧光定量 PCR(real-time quantitative PCR,后文简称 qPCR)和第三代数字 PCR(digital PCR)三个阶段。对于大多数 qPCR 测定,绝对定量仍然是一个挑战。数字 PCR 是一种分布靶点的终点检测方法,它将目标 DNA 分配到大量分区并对这些正反应的分区进行计数,在量化稀有样本的绝对定量方面已变得越来越有前景。

微流控技术在近些年来得到了极大的发展,而微流控芯片在生化分析等领域也应用地越来越广泛。与传统的数字 PCR 相比,与微流控芯片结合的液滴数字 PCR 和微腔数字 PCR 在准确性和灵敏度方面得到了极大的改善,且操作简便,消耗样品量少。因此它已被广泛应用在细胞研究、疾病检测、药物筛选以及基因测定等相关领域。液滴数字 PCR 原理图如图 4.28 所示。

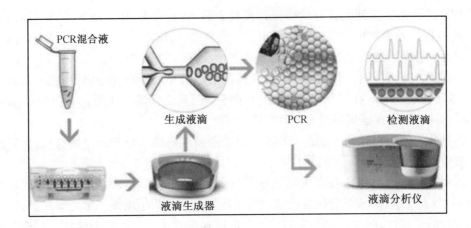

PCR混合液 生成液滴 PCR 检测液滴 液滴生成器 液滴分析仪

图 4.28　液滴数字 PCR 原理图

4.5.2　数字 PCR 技术的原理

数字 PCR 一般包括两部分内容:PCR 扩增和荧光信号分析。PCR 扩增主要由三个步骤组成:①变性,通过加热(≈95 ℃)方式使双链 DNA 彻底变性,解离成单链,然后与引物相结合,接着准备进行下一个反应;②退火,将温度下降至适宜温度(≈56 ℃),根据氨碱基互补配对的原则,引物能够与模板 DNA 单链配对结合;③延伸,将温度升高(≈72 ℃),热稳定聚合酶得以获得活性,它是溶液中的游离核苷酸合成 DNA 的第二个互补链的催化剂。这就完成了一个循环,然后重复进行上述循环,实现了 DNA 片段的指数扩增。

在数字 PCR 扩增开始阶段,通常需要先将初始样品稀释相应的倍数,降低浓度后再将其分配到各个单元中进行扩增反应。与 qPCR 实时测定每个循环过程不同,在扩增结束后,数字 PCR 采集含有荧光标记的反应单元数,通过泊松概率分布公式(Poisson distribution)计算出样品的初始浓度。图 4.29 所示为数字 PCR 的原理示意图。

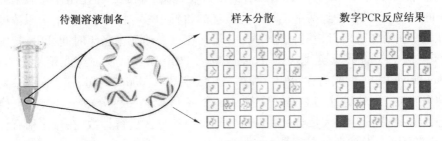

待测溶液制备　　　　　样本分散　　　　　数字PCR反应结果

图 4.29　数字 PCR 原理示意图

从理论上来说,当样品中 DNA 的浓度非常低时,各单元中有荧光标记的数目可以看作是目标 DNA 分子的复制数量。然而,大多数情况下,可能会有两个或两个以上的目标分子包含在数字 PCR 的反应单元中,这时就可以使用泊松概率分布公式来计算。

泊松概率公式表明,样品的初始浓度可以由数字 PCR 单元总数、带有荧光标记的细胞数和稀释倍数确定。而反应单元数决定了数字 PCR 的灵敏度和准确性,反应单元数的增多将会提高数字 PCR 的灵敏度和准确性,而且,扩增曲线的循环阈值不影响数字 PCR 的扩增结果,因此数字 PCR 技术具有很高的准确度和非常好的重现性,能够做到绝对定量。

4.5.3 数字 PCR 技术的分类

数字 PCR 技术的提出带动了相关技术和产业化的迅速发展。到目前为止,数字 PCR 可以分为孔板数字 PCR、微腔数字 PCR 和液滴数字 PCR 三类,如图 4.30 所示。

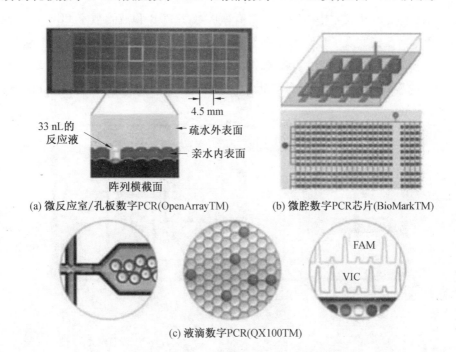

(a) 微反应室/孔板数字 PCR(OpenArrayTM)   (b) 微腔数字 PCR芯片(BioMarkTM)

(c) 液滴数字 PCR(QX100TM)

图 4.30　几种典型数字 PCR 芯片

孔板数字 PCR 是通过使用 96/384 孔板来进行 PCR 的扩增。由于数字 PCR 技术的灵敏度取决于反应单元的总数,随着研究的深入,孔板数字 PCR 相继出现了一系列缺点,例如昂贵试剂的浪费导致的高成本问题。而且,工作人员使用移液器注入样品的方式不能实现快速性和精确性,所以需要借助通量非常高的自动点样仪或者机械手等昂贵的设备,这就导致仪器成本和系统操作的复杂性大大增加。

微腔数字 PCR 技术是采用多层软刻蚀技术在 PDMS 微流控芯片上设计出一种高密度的微泵微阀结构。利用 PDMS 材料弹性高这一性质,可以在芯片上加工出交织的液体流道和气体流道结构,这些流道结构可以在较短时间内将流体准确地分配到若干个独立的微腔单元,实现多步平行反应。与孔板数字 PCR 芯片相比,结合微流控芯片技术的微腔数字 PCR 通量更高,同时每个反应单元的体积更小,加样速度更快。

液滴数字 PCR 是将含有核酸分子的反应体系(DNA 模板与连接引物的磁性微球)与油滴颗粒充分的混合,生成许多个纳升级微滴。液滴数字 PCR 包括乳液 PCR、无磁珠液滴数字 PCR、液滴阵列数字 PCR 和阶梯乳化液滴数字 PCR。在微流控芯片流道中,使用油相产生油包水的液滴,液滴中只包括 DNA 模板、PCR 引物和试剂,能够避免交叉污染,而且数字 PCR 技术可以进行绝对定量分析。通过控制油水两相流的流速得到以液滴为单位的 PCR 反应体系,该反应体系体积小、成本低、系统简单、通量高,是理想的数字 PCR 技术平台。然而,液滴数字 PCR 技术需要将 DNA 模板和磁珠包裹在同一个液滴中,使得系统的复杂性和定量分析的难度大大增加。

4.5.4　微流控技术在 PCR 技术中的应用

微流控技术在 PCR 技术中的应用主要有微腔数字 PCR 和液滴数字 PCR。尽管微滴式数字 PCR 平台已经实现了最大数量的总反应,但它们需要复杂的工作流程,包括微液滴发生器、液滴转移、微孔板密封和液滴读出系统,这些装置通常体积大且昂贵。更重要的是,不稳定的液滴尺寸有时会影响定量结果的准确性。图 4.31 所示为基于 PDMS 的液

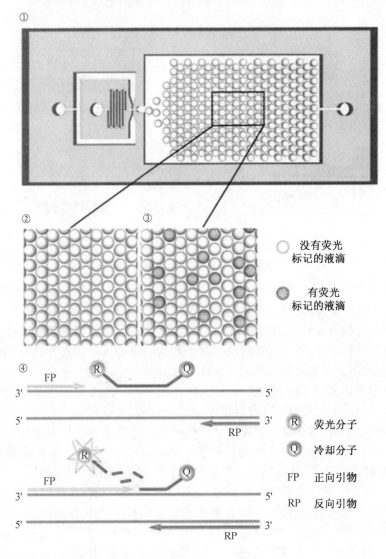

图 4.31　PDMS 液滴数字 PCR 芯片进行 miRNA 检测

滴数字 PCR 芯片,用于数字 miRNA(一类内源性的具有调控功能的非编码单链核糖核酸)检测。其中,①用于液滴产生和捕获的 PDMS 微流体芯片的布局;②单层液滴阵列的放大图示;③单层液滴的放大图示;④通过 Taq 聚合酶水解 Taqman 探针以产生荧光信号。

RainDrop 数字 PCR 系统是由美国 RainDance Technologies 公司提出的,其可以产生微升级别的液滴,而且数量达到了 100 万个,可以实现 10 重 PCR 分析,如图 4.32 所示,在系统灵敏度方面有了较大提高。

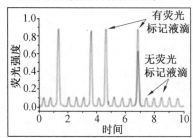
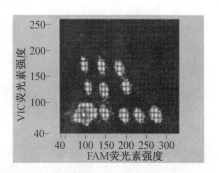

图 4.32 RainDrop 数字 PCR 系统实现 10 重 PCR 分析

相反,微腔数字 PCR 平台通过将样品分成许多相等体积的腔室来实现分区。在微腔式数字 PCR 中,腔室计量并限制反应体积,避免液滴尺寸的不均匀性并确保定量结果的准确性。一种典型的微腔数字 PCR 平台是微阀集成的数字 PCR,它提供了高数量和高密度的腔室,并已进入商业化设备。同时还有其他一些使用各种设计原理实现无阀分区的微腔式数字 PCR 平台,如 OpenArray、SlipChip 和旋转磁盘。这些无阀的微腔数字 PCR 平台通过避免外部阀门机制大大简化了液体控制。

目前已开发出一种用于自吸式分区数字 PCR 芯片,无须外部阀门或泵送组件。在该芯片中,通过对其 PDMS 基板进行脱气而预先存储的泵送功率依次驱动样品和油进入装置,以实现基于表面张力的样品自分区,因此不需要除流道和腔室之外的其他结构。

如图 4.33 所示为一种圆柱形微腔阵列的自吸自分区低蛋白吸附和低水分损失数字 PCR 芯片,可以将液滴分隔在各个微腔室中。图 4.33(a)为微流体数字 PCR 芯片的示意图;图 4.33(b)为分层芯片结构的示意图;图 4.33(c)为芯片操作的横截面视图。①在真空室中对芯片进行脱气,其中 PnP PDMS 泵连接到其出口;②从真空条件下取出芯片并将等分试样放在入口上;③将样品吸入微流道在脱气的 PDMS 基板和 PnP PDMS 泵产生的负压下;④通过脱气的 PDMS 基板和 PnP PDMS 泵产生的负压将油加载到入口并将油相吸入微流道;⑤将样品分隔成微型腔室阵列并粘接盖子玻璃到芯片;⑥完成组装芯片并准备进行热循环。

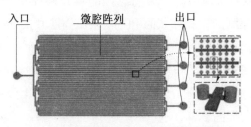

(a) 微流体数字 PCR 芯片的示意图

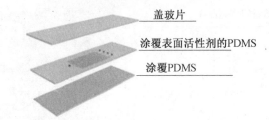

(b) 分层芯片结构的示意图

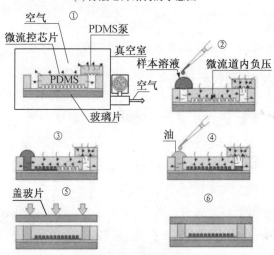

(c) 芯片操作的横截面视图

图 4.33　微腔式数字 PCR 芯片

4.5.5　微腔数字 PCR 系统的设计实例

本节设计的微腔数字 PCR 系统主要包括四个子系统:微腔数字 PCR 芯片的设计和测试系统、基于负压驱动技术的微流体液体泵送系统、高精度多路同步温度测控嵌入式系统以及荧光检测图像获取系统。图 4.34 所示为系统总体方案设计图。

微腔数字 PCR 芯片的设计和测试系统包含微腔式数字 PCR 芯片的设计和实验部分,该芯片能够将样本溶液分成上千乃至上万个微液滴,然后进行 PCR 扩增实验。基于负压驱动技术的微流体液体泵送系统包括真空泵、电磁阀和气体输运管道等,通过单片机控制器控制电磁阀,真空泵抽取芯片去除气通道内的气体,将样本溶液泵入微腔并使其填满微腔,实现了液体的泵送过程。温度测量和控制系统主要包括多路同步温度的采集检测系统和温度的控制系统。使用单片机、AD 转换器以及热敏电阻温度传感器实现温度的多路同步采集,使用单片机、功率三极管和加热制冷装置实现温度的快速升降温控制。荧光检测图像获取系统主要包括倒置荧光显微镜、CCD 及计算机,CCD 是用于记录显微镜内图像的组件,荧光显微镜中的图像通过 CCD 传入计算机做进一步的处理。

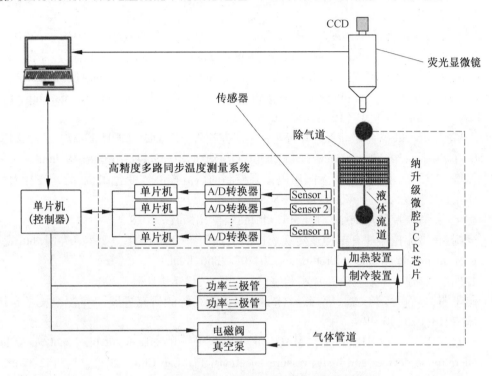

图 4.34　微腔数字 PCR 系统总体方案设计图

　　数字 PCR 技术不同于传统定量 PCR 技术的最大特点是可以利用直接计数从而实现初始 DNA 模板的绝对定量,因此对于不能很好分辨循环阈值的应用领域具有广阔的应用前景,比如等位基因失衡、拷贝数变异和单细胞基因的表达等应用领域。对于这些低浓度样品,检测通量越高意味着可检测到样品信号的概率越大,其灵敏度也会相应地提高。近几年不断涌现一些数字 PCR 技术领域的新技术和新方法,对于有前景的数字 PCR 技术全球各大公司竞争非常激烈,这也在推动数字 PCR 技术领域的产业化进程方面起到了非常关键的作用。可以断定在测序技术之后,与微流控系统结合的数字 PCR 技术成为了一个拥有巨大潜力的新兴技术和产业。

参考文献

[1] 孙薇,陆敏,李立,等. 微流控芯片技术应用进展[J]. 中国国境卫生检疫杂志,2019,42(03):221-224.

[2] 林炳承,秦建华. 微流控芯片实验室[M]. 北京:科学出版社,2006.

[3] 仪器信息网. 浅谈微流控技术发展及应用[EB/OL]. (2018-12-27). [2019-8-28]. https://www.instrument.com.cn/news/20130425/477837.shtml.

［4］肖丽君,陈翔,汪鹏,等.微流体系统中微阀的研究现状［J］.微纳电子技术,2009,46(02):91-98.

［5］汶颢微流技术股份有限公司.微流体的控制——微阀［EB/OL］.［2016-12-21］.http://www.whchip.com/news/wltkzwf.html.

［6］徐溢,陆嘉莉,胡小国,等.微流控芯片中的流体驱动和控制方式［J］.化学通报,2007,12:992.

［7］陈翠.微流控芯片技术详解——微流控技术在生活医学上的应用［EB/OL］.［2019-8-28］.http://www.elecfans.com/xinkeji/685840.html.

［8］LI Z,JU R,SEKINE S,et al. All-in-one microfluidic device for on-site diagnosis of pathogens based on an integrated continuous flow PCR and electrophoresisbiochip［J］. Lab on a chip,2019,19(16):2663-2668.

［9］卓艳花.2016—2017年微流控芯片行业分析研究报告［EB/OL］.［2016-12-27］.百度文库.https://wenku.baidu.com/view/6b4a05b5b1717fd5360cba1aa8114431b90d8e99.html.

［10］张敏,李松晶,蔡申.基于无阀压电微泵控制的微流控液体变色眼镜［J］.吉林大学学报(工学版),2017,47(02):498-503.

［11］林金明.微流控芯片细胞分析［M］.北京:科学出版社,2018.

［12］麦姆斯.微流控器件有望使遗传疾病诊断更加简单［EB/OL］.［2017-07-1］.http://www.mems.me/mems/microfluidics_201707/4856.html.

［13］林炳承,秦建华.微流控芯片实验室［M］.北京:科学出版社,2006.

［14］赵士明,赵静一,李文雷,等.微流体驱动与控制系统的研究进展［J］.制造技术与机床,2018(07):40-47.

［15］SOLLIER E,MURRAY C,MAODDI P,et al. Rapid prototyping polymers for microfluidic devices and high pressure injections［J］. Lab Chip,2011,11:3752-3765.

［16］BEEKER H,GAERTNER C. Polymer microfabrication technologies for microfluidic systems［J］. Anal. Bioanal. Chem,2007,390:89-111.

［17］MCDONALD J C,DUFFY D C,ANDERSON J R,et al. Fabrication of microfluidic systems in poly (dimethylsiloxane)［J］. Electrophoresis,2000,21:27-40.

［18］SATO H,MATSUMURA H,KEINO S,et al. An all Su-8 microfluidic chip with built-in 3d fine microstructures［J］. Micromech. Microeng,2006,16:2318-2322.

［19］CHOI N W,CABODI M,HELD B,et al. Microfluidic scaffolds for tissue engineering［J］. Nat. Mater,2007,6:908-915.

［20］DERDA R,TANG S K Y,LAROMAINE A,et al. Multizone paper platform for 3D cell cultures［J］. PLoS One,2011,6:e18940.

［21］BLAZEJ R G,KUMARESAN P,MATHIES R A. Microfabricated bioprocessor for integrated nanoliter-scale sanger DNA sequencing［J］. Proc. Natl. Acad. Sci.,2006,103:7240-7245.

［22］TATSUHIRO F,TAKATOKI Y,TAKESHI N,et al. Microfabricated flow-through device for DNA amplification-towards in situ gene analysis［J］. Chem. Eng. J.,2004,101(1-3):151-156.

[23] MCCORMICK R,NELSON R,ALONSOAMIGO M,et al. Microchannel electrophoretic separations of dna in injection-molded plastic substrates[J]. Anal. Chem. ,1997, 69(11):2626-2630.

[24] MARTYNOVA L,LOCASCIO L E,GAITAN M,et al. Fabrication of plastic microfluid channels by imprinting methods[J]. Anal. Chem. ,1997,69(23):4783-4789.

[25] 伊福延,吴坚武,洗鼎昌. 微细加工新技术——LIGA 技术[J]. 微细加工技术, 1993,4:1-7.

[26] ROBERST M A,ROSSIER J S,BERCIER P,et al. UV laser machined polymer substrates for the development of microdiagnostic systems[J]. Analy. Chem. ,1997,69(11): 2035-2042.

[27] SANCHEZ-FREIRE V,EBERT A D,KALISKY T,et al. Microfluidic single-cell real-time PCR for comparative analysis of gene expression patterns [J]. NATURE PROTOCOLS,2012,7(5):829-838.

[28] HINDSON B J, NESS K D, MASQUELIER D A, et al. High-throughput droplet digital PCR system for absolute quantitation of DNA copy number[J]. Analytical Chemistry, 2011,83(22):8604-8610.

[29] ZHU Q Y, QIU L, YU B W, et al. Digital PCR on an integrated self-priming compartmentalization chip[J]. Lab on a Chip,2014,14(6):1176-1185.

[30] BIAN X J, JING F X, LI G,et al. A microfluidic droplet digital PCR for simultaneous detection of pathogenic escherichia coli O157 and listeria monocytogenes[J]. Biosensors and Bioelectronics,2015,74:770-777.

[31] LUDLOW A T,ROBIN J D,SAYED M,et al. Quantitative telomerase enzyme activity determination using droplet digital PCR with single cell resolution[J]. Nucleic Acids Research,2014,42(13):e104.

[32] WANG P, JING F X, LI G, et al. Absolute quantification of lung cancer related microRNA by droplet digital PCR[J]. Biosensors and Bioelectronics,2015,74:836-842.

[33] MAZUTIS L,ARAGHI A F,MILLER O J,et al. Droplet-based microfluidic systems for high-throughput single DNA molecule isothermal amplification and analysis [J]. ANALYTICAL CHEMISTRY,2009,81(12):4813-4821.

[34] MEN Y,FU Y,CHEN Z,et al. Digital polymerase chain reaction in an array of femtoliter polydimethylsiloxane microreactors [J]. Analytical Chemistry, 2012, 84 (10): 4262-4266.

[35] FU Y, ZHOU H, JIa C, et al. A microfluidic chip based on surfactant-doped polydimethylsiloxane (PDMS) in a sandwich configuration for low-cost and robust digital PCR[J]. Sensors and Actuators B:Chemical,2017,245:414-422.

[36] LEE C Y ,FU L M ,CHOU P C ,et al. Design and fabrication of an electromagnetic pump for microfluidic applications [C]. Bandung: IEEE Symposium on Industrial Electronics and Application, 2012.

第5章

液压传动仿真技术

液压仿真技术主要包括液压元件和系统内部的流体力学计算、液压元件及液压系统性能分析和优化设计等内容。随着数值模拟技术的发展和计算机技术的广泛应用,液压仿真技术也得到了迅速发展,在液压元件及系统设计等方面发挥着越来越重要的作用,得到了越来越广泛的应用。

5.1 概 述

液压仿真技术对于液压元件及系统设计具有十分重要的意义,该技术主要通过数学建模、模型解算以及结果分析等步骤来实现。

5.1.1 液压传动仿真技术的意义

液压系统是机械装备及控制系统中的重要组成部分,由于液压系统具有功率重量比大,快速响应以及低速稳定性好等特点,因此在航空航天、工业生产及日常生活等领域得到了广泛的应用,在各种应用中起到非常重要的作用。随着现代电子和控制技术的不断发展,一些原理新颖、物美价廉的液压元器件不断涌现,给液压这一传统的技术带来了新的生机。在新原理、新结构液压元器件的开发和研制过程中,离不开液压仿真技术的支持。如果在液压元器件及液压系统研发和生产过程中能够充分利用液压仿真技术,则可以缩短研发和生产周期,大大降低研发和生产成本。

1. 缩短液压元件和系统设计周期

无论哪一种液压系统(伺服控制系统或是传动系统),设计开发过程中一般都包括以下几个步骤。

(1) 初期

静态估计,根据额定/最大负载和基本运动参数确定构成系统的元器件或所设计元器件的基本结构。

(2) 中期

动态性能测试,校正各种参数完成初步设计。这时要考虑的因素比较多,包括开环/闭环动态响应特性,系统发热,故障工况分析等。按综合分析的结果确定系统构成并进行控制器设计。

(3) 末期

其他系统联合调试,提出改进意见。

液压系统所具有的非线性、不连续性和大刚性等复杂物理属性给液压系统的分析和设计造成很大障碍。常用而有效的方法是在线性简化分析的基础上做试验。对于复杂而且有较高要求的系统,要想获得精确的结果,试验工作量和时间都会大幅度增长,而且物理元件的投入(液压元器件通常比较昂贵)必然导致开发成本迅速增加,限制了中期阶段所能做的实物试验。而数值仿真技术可以不必考虑要绕过元器件非线性特性的问题,在系统的数学模型足够精确时,数值分析和仿真计算技术可以显著减少设计循环次数,提高一次设计成功率,并减少试验次数。

2. 减少研发和试制成本

数值仿真技术是降低成本,提高设计质量和功效的有力手段。有时由于样机本身费用或测试费用较高,有些液压元器件产品或液压系统在研发过程中无法使用样机进行试验,尤其是无法进行破坏性试验,此时只有采用液压仿真技术才能合理预测液压元器件或液压系统的性能。

此外,由于液压系统中结构上微小的修改有时会导致系统性能的剧烈变化,需要反复进行试验验证,因此在改进一个已有设计时,如果无法准确定位修改点,工作量和成本可能不会比重新设计一个系统要小。而利用液压仿真技术则可以反复进行重新设计,直到得到满意的设计结果。

因此,液压仿真技术可以帮助企业减少研发和试制成本,在仿真计算结果的支持下,提高产品性能,缩减产品开发时间。

5.1.2 液压传动仿真技术的实施步骤

与其他任何物理过程的仿真步骤一样,液压元件及系统仿真过程主要包括数学建模、模型解算和仿真结果分析 3 个步骤。

数学建模过程是根据被模拟或被仿真的研究对象的工作机理、动力学特性以及工作条件等,给出被研究对象的数学描述。常用的数学建模方法有机理分析法和数据分析法。机理分析法是从基本物理定律以及系统的结构数据来推导出数学模型的方法;数据分析法是从大量的实验观测数据利用统计方法建立数学模型的方法。

数学模型的研究是仿真的基础性工作,数学模型建立的好坏直接决定着仿真技术的精度。仿真精度可以说是仿真技术的永恒追求,仿真精度不理想将使仿真技术的应用受到限制。数字仿真结果的误差主要是由基本模型的原理性误差和解算过程产生的数值计算误差所造成的。基本模型误差主要指的是忽略如弹性模量、节流系数、阻尼系数、刚性限位等非线性因素以及紊流、容腔的几何形状等非线性效应所造成的误差,此类误差往往是仿真结果误差的最主要原因。液压数学模型建立得是否合适,取决于人们对液压物理过程的理解程度,因此只有提高对液压物理过程的理解,才能进一步做好液压系统的仿真计算。

模型解算过程包括模型解算方法的选择以及解算程序的编制和运行。模型解算方法有很多种,针对不同的求解问题应采用不同的求解方法,例如根据被求解问题的空间维数,求解方法可分为一维、二维和三维求解方法;根据被求解问题的描述形式,求解方法可分为时域求解法和频域求解法等。解算程序的编写可采用不同的计算机语言和软件。

仿真结果分析是仿真过程的后处理部分,主要包括输出仿真数据、对仿真结果进行整理、打印仿真曲线、绘制仿真图形等。

5.1.3　仿真建模及模型解算方法

由于要模拟的液压问题多种多样,因此,针对不同的求解问题可采用不同的液压数值模拟方法。例如,液压元件内部流场的模拟问题一般采用计算流体力学方法进行模拟,液压元件及系统动态模拟问题多采用微分方程求解方法进行分析,液压管路动态分析问题有时会采用计算流体力学和微分方程求解方法相结合的方法进行分析。除了按求解方法不同进行分类外,液压数值模拟问题还可分为一维、二维和三维问题,或可压缩和不可压缩求解问题等。

1. 计算流体力学方法

流体力学分析方法是液压仿真技术的基础,而流体力学问题也是液压仿真技术中最难以精确求解的问题。计算流体力学数值求解方法有很多种,主要用于二维或三维空间域上偏微分方程的求解,以分析复杂流场的压力及流速等参数在空间域上的分布。由于求解方法计算量大、耗费机时多,因此过去该方法一般只适合于求解静态流场的分布问题,但随着计算机运算速度的提高,该方法也被用于求解动态流场问题。

虽然各种计算流体力学求解方法的数学原理各不相同,但所有方法的共同点是离散化和代数化。总的来说,计算流体力学求解方法的基本思想是:将原来连续的求解区域划分成网格或单元子区域,在其中设置有限个离散点(称为节点),将求解区域中的连续函数离散为这些节点上的函数值;通过某种数学原理,将作为控制方程的偏微分方程转化为联系节点上待求函数值之间关系的代数方程(离散方程),求解所建立起来的代数方程以获得求解函数的节点值。

各种计算流体力学数值方法的主要区别在于求解区域的离散方式和控制方程的离散方式不同。在流体力学数值方法中,应用比较广泛的是有限差分法、有限元法、边界元法、有限体积法和有限分析法等。

(1)有限差分法

有限差分法是最早采用的数值方法,它是将求解区域划分为矩形或正交曲线网格,在网格线交点(即节点)上,将控制方程中的每一个微商用差商来代替,从而将连续函数的微分方程离散为网格节点上定义的差分方程,每个方程中包含了本节点及其附近一些节点上的待求函数值,通过求解这些代数方程就可获得所需的数值。

有限差分法的优点是建立在经典的数学逼近理论的基础上,容易被人们理解和接受;有限差分法的主要缺点是对具有复杂边界形状的流体区域的处理不方便,处理得不好将影响计算精度。

(2)有限元法

有限元法的基本原理是把给定的微分问题的解域进行离散化,将其剖分成相联结又互不重叠的具有一定规则几何形状的有限个子区域(如:在二维问题中可以划分为三角形或四边形;在三维问题中可以划分为四面体或六面体等),这些子区域称之为单元,单元之间以节点相联结。函数值被定义在节点上,在单元中选择基函数(又称插值函数),把节点函数值与基函数的乘积线性组合成单元的近似解,以逼近单元中的真解。利用古典变分方法(里兹法或伽辽金法)由单元分析建立单元的有限元方程,然后组合成总体有限元方程,考虑边界条件后进而求解。由于单元的几何形状是规则的,因此在单元上构造基函数可以遵循相同的法则,每个单元的有限元方程都具有相同的形式,可以用标准化的格式表示,其求解步骤也就变得很规范,即使是求解域剖分各单元的尺寸大小不一样,其求解步骤也不用改变,这就为利用计算机编制通用程序进行求解带来了方便。

有限元法的主要优点是对于求解区域的单元剖分没有特别的限制,因此特别适合于处理具有复杂边界的流场区域。

(3)边界元法

边界元法是在经典积分方程和有限元法基础上发展起来的求解微分方程的数值方法,其基本思想是:将微分方程相应的基本解作为权函数,应用加权余量法并应用格林函数导出联系解域中待求函数值与边界上的函数值与法向导数值之间关系的积分方程;令积分方程在边界上成立,获得边界积分方程,该方程表述了函数值和法向导数值在边界上的积分关系,而在这些边界值中,一部分是在边界条件中给定的,另一部分是待求的未知量,边界元法就是以边界积分方程作为求解的出发点,求出边界上的未知量;在所导出的边界积分方程基础上利用有限元的离散化思想,把边界离散化,建立边界元代数方程组,求解后可获得边界上全部节点的函数值和法向导数值;将全部边界值代入积分方程中,即可获得内点函数值的计算表达式,它可以表示成边界节点值的线性组合。

边界元法的优点是:将全解域的计算化为解域边界上的计算,使求解问题的维数降低了一维,减少了计算工作量;能够方便地处理无界区域问题。例如对于势流等的无限区域问题,使用边界元法求解时由于基本解满足无穷远处边界条件,在无穷远处边界上的积分恒等于零。因此对于无限区域问题,例如具有无穷远边界的势流问题,无须确定外边界,只需在内边界上进行离散即可;边界元法的精度一般高于有限元法。边界元法的主要缺点是边界元方程组的系数矩阵是不对称的满阵,因此该方法目前只适用于线性问题。

2. 微分方程求解方法

通常时间域上的微分方程是用于描述液压元件或系统动态特性的数学模型,其求解方法有时域法和频域法两种。一般为了评价液压元件或系统的响应快速性或超调等特性时,多采用时域法进行分析;为了分析液压元件或系统的稳定性及控制精度等,多采用频域方法进行分析。

从求解系统数学模型的角度看,时域法是对系统的微分方程不作任何变换,直接在时域中求解的方法。对于少数简单的微分方程能够直接求出方程的解析解,然而在液压元件和系统的分析过程中,微分方程往往比较复杂,因此用时域法求解动态微分方程时,往往采用数值积分方法求解动态微分方程。龙格-库塔法就是求解动态微分方程的有效方法之一,此外还有欧拉法等。用时域法进行分析,所得元件或系统的响应特性是时间的函数,用系统对阶跃、斜坡以及正弦等信号的响应曲线表示。从这些响应曲线可以得到系统的响应时间、超调量以及稳态误差等信息。

频域法是通过傅里叶变换将微分方程变换到频域中的代数方程进行求解的方法,所求的元件或系统的响应特性是频率的函数,通常以波德图或奈奎斯特图等形式表示。波德图表示的是系统的幅值和相角随频率变化的关系,分别称为幅频特性和相频特性。从波德图可以得到系统的稳定性、快速性、幅值裕量和相角裕量等信息。

从信号分解的角度看,无论哪种微分方程求解方法,都是采用将激励信号分解为单元信号和的形式,首先研究单元信号作用到系统中的响应,然后再将各单元信号的响应叠加起来进行求解。时域法中采用的单元信号是冲激信号,频域法中采用的单元信号是等幅的正弦信号。

3.键合图法

键合图(Bond Graph 或 Bondgraph)又称键图,是20 世纪60 年代美国麻省理工大学的 Henry M. Paynter 教授发明的一种系统模拟方法,主要用于建立机械、电气、液压等系统的动态数学模型,以便于分析整个系统动态特性。所谓键合图,简单地说,就是将动力系统内部功率的产生、传递、转换和损耗,用功率键与若干作用元以及有关连接符号,按一定规则连接起来的用于描述动态系统的一种图形。键合图类似于控制理论中的方框图或信号流图。传递函数方块图、信号流图、键合图以及微分方程组等都能描述动态系统,但与传递函数方块图及信号流图相比,键合图更接近于物理系统。例如图 5.1(a)所示的锥阀,其数学模型可用图5.1(b)所示的键合图进行描述。

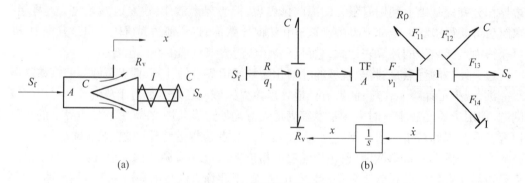

图 5.1 锥阀及其键合图

由电机带动的液压泵原理图如图5.2(a)所示,该系统可绘制成如图5.2(b)所示的键合图。

由于键合图以能量守恒原理为基础,因此它能够更清楚、更直观地表达系统的能量特性、物理效应和系统的内在联系,适用于所有构成功率的变量为两个的系统,例如由转矩和转速构成功率的电机,由流量和压力构成功率的液压泵等。根据键合图,可以很方便地判断出状态方程的阶次以及建立状态方程式,可以根据需要取舍或改变有关系统参数,进而找出系统的最佳参数及有关准则,实现对系统性能的动态分析。特别对于具有不同种类能量范畴的复杂系统,如机电液一体化系统,键合图是建模的有力工具。此外,键合图法还具有独特的符号推导功能。目前,键合图理论已经在很多学科和工程技术领域得到了应用,特别是在分析机、电、液联合作用的综合系统时,应用键合图理论更加方便。

(1)键合图的元件及基本组成

键合图是由功率键、若干作用元件和若干连接符号组成的,键合图的各组成部分见表5.1。

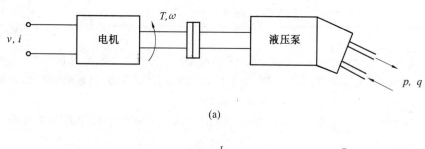

(a)

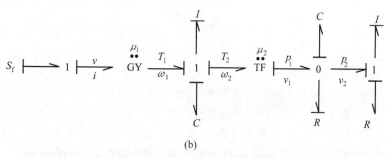

(b)

图 5.2　电机液压泵系统及其键合图

表 5.1　键合图的组成

名称		符号	含义
功率键	键	e, f	表示形成功率的两个变量,e 为力变量,f 为流变量,功率 $N = ef$;e 包括机械系统中的力 F 或力矩 T,液压系统中的压力 p,电力系统中的电压 V_t,热力系统中的温度和压力等;f 包括机械系统中的速度 v 和角速度 ω,液压系统中的流量 q,电力系统中的电流 I,热力系统中的熵变化率 ds/dt 或体积变化率 dV/dt 等。
	半箭头	⟶	表示功率流的方向
	因果线	｜	表示 e 和 f 之间的因果关系
	功率键	$\vdash\dfrac{e}{f}\rightarrow$	表示对于箭头指向的作用元,e 为自变量,f 为因变量
		$\dfrac{e}{f}\dashv$	表示对于箭头指向的作用元,f 为自变量,e 为因变量
连接符号	0 结点	$\dfrac{e_1}{f_1}0\dfrac{e_2}{f_2}$ $f_3｜e_3$	又称为流结点,表示相应物理结构属于并联连接。其特性为 $e_1 = e_2 = e_3$,$f_1 + f_2 + f_3 = 0$
	1 结点	$\dfrac{e_1}{f_1}1\dfrac{e_2}{f_2}$ $f_3｜e_3$	又称为力结点,表示相应物理结构属于串联连接。其特性为 $f_1 = f_2 = f_3$,$e_1 + e_2 + e_3 = 0$
	变换器	$\dfrac{e_1}{f_1}\overset{A}{TF}\dfrac{e_2}{f_2}$	表示不同形式的能量转换或同一形式中 e、f 大小变化。变换关系为 $e_1 A = e_2$,$f_1/A = f_2$
	回转器	$\dfrac{e_1}{f_1}\overset{r}{GY}\dfrac{e_2}{f_2}$	表示变换前的 e_1 和变换后的 f_2 或变换前的 f_1 和变换后的 e_2 保持比例关系。变换关系为 $e_1 r = f_2$,$f_1/r = e_2$

续表 5.1

名称	符号		含义
作用元	输入元	S_e，S_f	为系统提供功率的元件分为力源 S_e 和流源 S_f。S_e 包括力源、力矩源、压力源、电压源等；S_f 包括速度源、角速度源、流量源、电流源等
	阻性元	R	功率耗散元件，包括机械阻尼、摩擦、液阻、电阻等
	惯性元	I	功率贮存元件，包括机械惯性、液流惯性、电感等
	容性元	C	功率贮存元件，包括机械弹簧、液容、电容等
	全箭头	→	信号键表示控制关系，无功率概念

（2）液压系统键合图的构造方法

液压系统键合图的构造方法与其他系统键合图的构造方法一样，一般按下列步骤进行：

①将系统原理图分解为若干作用元件并用字母符号表示清楚。

②确定 0 结点和 1 结点，一般对于液压系统，一个容腔或一处分流点，均可用一个 0 结点表示。一个液阻或有几个力同时作用的位置，均可用一个 1 结点表示。

③确定转换器 TF 和回转器 GY，在能量形式变化处或同一形式能量中 e 和 f 大小变化处，可用 TF 表示。例如液压泵提供的压力油液通过油缸变为力和速度输出，这里的液压缸活塞面积可用 TF 表示，转换系数即为活塞面积。在变换前的 e 和变换后的 f 或变换前的 f 和变换后的 e 保持比例关系的地方，用 GF 表示。

④在各作用元件和连接符号之间以及各连接符号之间用键相连。

⑤根据系统实际功率流向，在每根键上标上半箭头。

⑥根据各作用元件和连接符号的物理意义，确定功率变量间的因果关系，并在每根半箭头键上加上因果线。

⑦分别用字母符号将每根键上的自变量和因变量表示出来。为清楚起见，0 结点周围各键上的势变量可用同一符号表示，1 结点周围各键上的流变量也可用同一符号表示。

5.1.4　液压传动仿真技术发展趋势

随着液压传动技术及软件技术的发展，人们对液压仿真技术也提出了越来越高的要求。目前，液压仿真技术的发展趋势主要有以下几个方面：

1. 流场分析中的多场耦合问题

目前，计算流体力学（CFD）已经发展成为分析液压和工业设备外部和内部流动的可靠工具，其所面临的新挑战是对于涉及不同物理现象的多物理场的模拟或叫作多物理场耦合作用的模拟。耦合作用是指不同的物理过程之间存在着相互影响和相互干扰。一个重要的例子是流动与周围固体结构的干扰。这种干扰可以是流体作用力与固体变形的力学耦合，也可以是流固界面之间温度和热通量的热耦合。例如机翼或叶片颤振力学耦合系统的数值模拟或液压系统中液流流动与软管壁或金属管壁的液-固耦合数值模拟。当液压管路中液流流过软管时，给软管一个作用力，使软管产生弹性变形，反过来软管的变形又会影响到液流的流动状态。耦合场分析是指在有限元分析的过程中考虑了两种或者多种工程学科（物理场）的交叉作用和相互影响。如果在上述仿真过程中能够同时分析液流场及软管壁固体应力场的分布及时变情况，则分析结果会更加精确，仿真精度会得到提高。

过去由于多场耦合问题的数学建模和解算过程都比较复杂,因此多场耦合问题的仿真模拟实现起来比较困难。近年来随着液压传动技术、模型解算方法和计算机软件的发展,液-固、液-气以及同时考虑热力场和应力场等多场耦合问题的求解越来越成为液压流场分析的发展趋势。目前各软件开发商也在致力于多场耦合分析软件的开发,例如 Comsol 公司开发的多物理量耦合有限元分析软件 Multiphysics(FEMLAB),Algor 公司开发的多场分析模块 Multiphysics 等。

2. 三维动态流场分析及可视化技术

三维流场分析相对于二维分析而言,分析结果更接近于工程实际,精度更高,尤其是对于某些无法简化成二维流场的结构,三维分析是十分必要的。在目前二维流场分析逐渐成熟以及计算机运算速度能够满足三维运算速度需要的情况下,三维流场分析成为液压流场分析技术发展的必然趋势,尤其能够同时求解动态流场分布的三维仿真方法将越来越受到重视。

液压传动技术中流场的分析问题往往涉及可视化技术,尤其是三维流场的分析。流场分析的可视化包括两个方面:一是计算流体力学分析结果的可视化呈现,即把仿真得到的大量数据结果转化成图像或以图像的形式呈现仿真中的某些过程;二是基于流体力学的流场可视化实验方法,用于验证流场分析结果的正确性。目前,仿真软件的可视化程度已经成为衡量一个仿真软件好坏的标准之一。

3. 机电液一体化系统分析

随着机电液一体化技术的发展,综合考虑机电液系统整体的建模及仿真分析将是机电液系统设计和性能评价的最好方法。因此能够同时建立机械、电气及液压结构的数学模型,并能把三者有机地结合起来的仿真软件将越来越受到青睐。例如 AMEsim 仿真软件,其最大优势是机电液一体化系统的分析。

4. 实时仿真技术

为了使仿真计算更直观、更具说服力,常常采用实时仿真。所谓实时仿真,包含两层含义:一是仿真结果的表达采用动画技术,二是在计算机屏幕上能"实时"地看到系统的动作。实时仿真对数据处理速度提出较高的要求,并通常需要一个三维实体造型器的支持。

5. 并行仿真技术

由于数学模型因考虑多种因素而变得越来越复杂,而仿真结果的输出则希望越来越快,因此,仿真方法对数据处理速度提出了很高的要求。多计算机或多 CPU 同时对同一问题进行仿真计算,是解决大量数据计算的有效途径,因此并行仿真方法应运而生。并行仿真环境可以借助计算机网络系统来构成,这对拥有众多微机的大多数国内单位来讲,在没有大型计算机的条件下开展高水平仿真研究,是一种最佳的选择。

6. 多媒体技术在仿真中的应用

多媒体技术使仿真结果的表示方式更加多样化,例如动画技术与仿真技术的结合,动画技术的引入,给仿真结果的输出表示带来了全新的感觉。随着计算机技术的发展,动画技术的实现越来越容易,如 Visual C 语言就可以支持动画的产生和制作。目前,许多大型流场分析软件,其动态仿真结果都能够以动画的形式输出。多媒体仿真在技术上是成熟的,经济上也是可行的。因此,相信今后一定能看到多媒体仿真技术在液压领域中的应用,譬如在高校中替代液压实验教学的计算机辅助教学系统中,就可采用多媒体仿真技术。

7. 半物理仿真

半物理仿真的特征是仿真模型中包含一部分物理模型。当一些系统部件和现象难于建模时，或在某些特殊要求下，系统的某些部分或其相似系统成为仿真模型的一部分，从而使仿真结果更具说服力。半物理仿真中要解决的关键问题是处理好仿真模型中数学部分与物理部分的衔接问题。

5.2　液压元件仿真分析

液压元件的仿真分析主要是液压元件内部的流场分析以及液压元件的动态响应特性分析，主要目的是计算液压元件内部难以用代数法计算的作用力，优化液压元件内部流道，以及预测液压元件的性能。液压元件中经常需要用到仿真分析的元件是液压泵和液压阀，此外还有蓄能器和滤油器等。

5.2.1　液压泵仿真分析

液压泵封油容积内部的压力分布、气穴现象、输出的流量脉动以及内部泄漏等往往是人们在液压泵设计和使用过程中所关心的问题，因此对液压泵上述特性的仿真分析也备受关注。液压泵的仿真分析主要是内部流场分析和流量脉动分析。

1. 液压泵内部流场分析

液压泵内部流场分析的目的主要是分析液压泵内部的压力分布、气穴现象以及困油现象，从而为液压泵的合理设计提供理论依据。例如柱塞泵的柱塞和缸筒配合间隙中压力场、温度场以及应力场等的分布情况分析，柱塞泵配流盘吸油腰形槽和压油腰形槽中的压力场分布分析，齿轮泵两啮合齿之间的压力场分布分析等。液压泵内部流场分析可采用 CFD、Fluent、Easy5、Delphi 等分析软件进行分析。此外，美国普度大学的研究人员开发了 GASPAR 柱塞泵有限元分析软件，主要用于分析柱塞泵柱塞和缸筒配合间隙中的压力场和温度场等的分布情况，仿真结果以某一时刻柱塞与缸筒间隙中压力沿柱塞长度和圆周方向的分布图表示，如图 5.3 所示。利用这样的流场分析方法，可分析不同结构参数下

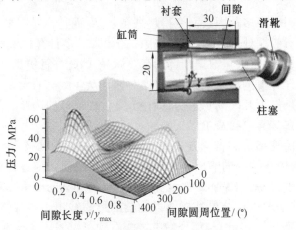

图 5.3　GASPAR 软件分析结果

柱塞在不同工作位置时的受力情况以及柱塞上的应力分布情况,从而为柱塞泵的设计提供理论依据。目前 GASPAR 软件只适用于柱塞泵的分析和设计,还不能用于齿轮泵和叶片泵等其他液压泵的分析。

2. 液压泵流量脉动分析

液压泵输出流量脉动分析的目的主要是为了抑制及消除液压系统的压力脉动和噪声,为液压泵的设计提供理论依据。流量脉动的分析方法有特性线法、有限元法和有限差分法等,可采用 Delphi、Matlab/Simulink 等软件进行分析。例如英国巴斯大学(University of Bath)的研究人员采用迦辽金有限元分析法,对曲轴连杆驱动式柱塞泵的输出流量和压力脉动进行了仿真分析,并着重研究了吸油管路和封油容积中气穴的存在对液压泵输出流量及压力脉动的影响。曲轴连杆驱动式柱塞泵结构原理图如图 5.4 所示,流量及压力脉动仿真和试验结果如图 5.5 所示。此外,英国巴斯大学研究人员还对齿轮泵封油容积内部的气穴现象进行了仿真分析及试验研究,波兰研究人员对摆线式内啮合齿轮泵输出的流量及压力脉动进行了仿真及试验研究。

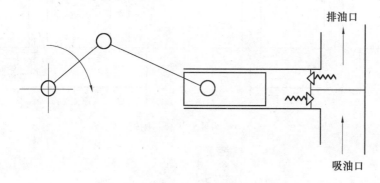

图 5.4　曲轴连杆驱动式柱塞泵结构原理

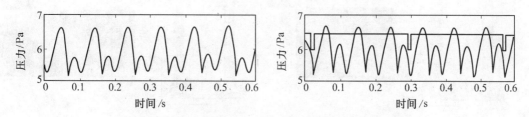

图 5.5　曲轴连杆驱动式柱塞泵压力脉动仿真及试验结果

5.2.2　液压阀仿真分析

液压阀仿真分析包括液压阀内部流场分析和液压阀静动态特性分析,主要目的是精确计算阀芯上所受到的液动力、计算阀口的过流损失以及对气穴现象进行分析等,从而为合理设计阀口流道以及改善液压阀的动态响应特性等提供理论依据。液压阀的仿真分析主要通过计算流体力学分析方法或微分方程解算方法进行求解,可直接采用 Fluent、Matlab/Simulink、Ansys、Comsol 等软件进行分析。例如芬兰坦佩雷工业大学的研究人员对节流阀口的气穴现象进行了三维的有限元仿真分析试验研究,我国浙江大学的研究人员也对节流口的流场分布及压力脉动进行了仿真及试验研究,哈尔滨工业大学的研究人员利用键合图法对溢流阀的动态特性进行了仿真分析。匈牙利的研究人员采用计算流体力学(CFD)和微分方程解算方法相结合的方法,对先导式溢流阀的动态响应进行了仿真研究,其中计算流体力学方法用于精确计算动态分析中节流口的流量系数。

加拿大萨斯卡其旺大学(University of Saskatchewan)研究人员采用计算流体力学方法对台阶上带边檐的分流阀阀芯所受到的液动力进行了分析和计算。液动力是液流流过液压阀时作用在阀芯上的作用力,液动力的存在使阀芯驱动力增大,有时甚至直接导致阀和系统的不稳定。研究表明,液动力是导致分流阀分流流量误差最主要的原因,因此通过分析和计算尽量减小液动力的影响是十分必要的。液动力的计算比较复杂,通常采用 CFD方法才能准确计算。台肩上加工出边檐的液压阀阀芯和一般的液压阀阀芯比较如图 5.6所示,其中阀芯台肩上加工出边檐的阀口流场分布图如图 5.7 所示。利用分析结果对阀芯液动力及分流流量误差进行计算,从而对两种结构分流阀的流量误差进行比较,表明采用台肩上加工出边檐的阀芯结构,能够减小分流阀的流量误差。

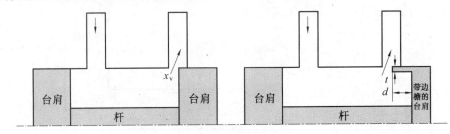

图 5.6　两种形状阀芯比较

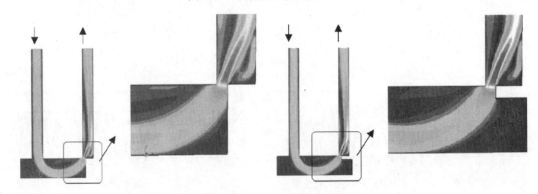

图 5.7　两种形状阀口流场分布图

5.2.3　分析举例

1. 射流管伺服阀射流管和接收管流场分析

射流管和接收管结构简图如图 5.8 所示,在射流管伺服阀中,射流管由前一级控制元件(力矩马达)带动,并绕铰接于射流管的支撑中心摆动。射流管中的液压油液经喷嘴喷射到两个接收孔中,两接收孔又分别与伺服阀阀芯两端的控制腔连接。当液体稳定地从射流管高速喷出时,高压液体的压力能转化为高速液体的动能。高速液体喷射进接收孔后,孔中压力升高,这时射流的动能又转化为压力能。图 5.8 中的两个大圆表示两个接收孔,中间圆表示射流管在零位时的喷嘴位置。在伺服阀无输入信号时,射流管保持在中位,此时射流管喷嘴对准两接收孔的正中,两接收孔接收到的喷射能量相等,因此两孔中的压力也相等。当伺服阀有输入信号时,射流管偏转某一角度,这时,喷嘴与一个接收孔相重叠的面积大于喷嘴与另一个接收孔相重叠的面积,因此喷入一个接收孔的流量大于喷入另一个接收孔的流量,于是一个接收孔中的压力升高,另一个接收孔中的压力降低,两边产生的压差将推动伺服阀阀芯运动。射流管和接收管之间的流场分布对于射流管伺服阀的动态特性具有十分重要的影响,流场的参数变化将引起伺服阀静动态性能的改变,流场中的气穴和压力脉动将引起伺服阀的自激噪声和不稳定。射流管伺服阀中射流管和接收管之间流场的仿真分析对射流管伺服阀的设计及性能改善具有重要的理论意义。

(1)问题描述及数学建模

对图 5.8 中射流管和接收管的流场分析问题进行简化,其几何模型可简化为如图 5.9 所示的模型,该模型中两个接收管简化为相互联通形式。该流场分析问题可近似为不可压缩流体的稳态流动问题,射流状态为淹没射流,流动过程是绝热的,不考虑流场与外界的热交换和流场的温度变化。

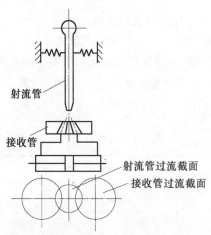
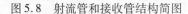
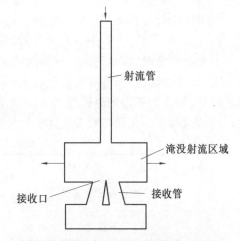

图 5.8　射流管和接收管结构简图　　　　图 5.9　射流管和接收管流场分析几何模型

流场分析的数学模型建立在 Navier-Stokes 流体力学基本方程基础上,再根据具体的分析问题,进行相应的简化。射流管和接收管流场分析的数学模型可用二维液体流动的连续性方程和运动方程进行描述。

(2)模型解算

对于流场分析问题,通常采用计算流体力学法中的有限元分析法进行分析。有限元法分析的过程是首先把微分方程进行相应的转化,转化成适合于有限元法分析的形式,然后对整个求解区域进行网格划分,设置相应的边界条件,再进行方程的数值求解。

对于液压流场,适合于有限元分析法进行求解的模型形式有层流模型、标准 $k-\varepsilon$ 模型、RNG $k-\varepsilon$ 模型、雷诺应力模型(RSM)以及气穴模型等。对于不可压缩的流体,标准 $k-\varepsilon$ 模型的湍动能和湍流耗散率的输运方程可表示为

$$\rho \frac{\partial k}{\partial t} + \rho \frac{\partial}{\partial x_i}(ku_i) = \frac{\partial}{\partial x_j}\left[\left(\mu + \frac{\mu_t}{\sigma_k}\right)\frac{\partial k}{\partial x_j}\right] + G_k - \rho\varepsilon \tag{5.1}$$

$$\rho \frac{\partial \varepsilon}{\partial t} + \rho \frac{\partial}{\partial x_i}(\varepsilon u_i) = \frac{\partial}{\partial x_j}\left[\left(\mu + \frac{\mu_i}{\sigma_\varepsilon}\right)\frac{\partial \varepsilon}{\partial x_j}\right] + C_{1\varepsilon}\frac{\varepsilon}{k}G_k - C_{2\varepsilon}\rho \frac{\varepsilon^2}{k} \tag{5.2}$$

式中　G_k—— 湍动能的生成项。

湍动能 k 和湍流耗散率 ε 的表达式如下：

$$G_k = -\rho u_i' u_j' \frac{\partial u_j}{\partial x_i} \tag{5.3}$$

$$k = \frac{1}{2}\overline{u_i'}\,\overline{u_j'} \tag{5.4}$$

$$\varepsilon = \frac{\partial \overline{u_i'}}{\partial x_j}\frac{\partial \overline{u_j'}}{\partial x_j} \tag{5.5}$$

湍流黏性为

$$\mu_t = \rho C_\mu \frac{k^2}{\varepsilon} \tag{5.6}$$

式中，C_μ—— 常量。

模型中的经验常数 $C_{1\varepsilon}, C_{2\varepsilon}, C_\mu, \sigma_k, \sigma_\varepsilon$ 是由实验得到的，对应取值如下：

$$C_{1\varepsilon} = 1.44, C_{2\varepsilon} = 1.92, C_\mu = 0.09, \sigma_k = 1.0, \sigma_\varepsilon = 1.3$$

在划分网格时，根据射流管伺服阀的工作原理，在射流流场的出口处有急剧的能量变化，因此需要加密网格。同时，在接收流场的入口处，能量会从动能转化为压力能，实现能量的转化，因此为了得到更详细的结果，此部位的网格也需要加密。

仿真过程中的几何参数及流体参数见表5.2。

表 5.2　仿真参数

参数名称	数　值
射流管内径/mm	0.2
射流管长度/mm	17
两接收口长度/mm	0.5
被分析区域长度/mm	19
被分析区域宽度/mm	2
两接收口内径/mm	0.2
射流口与接收口间距/mm	1
射流管向左偏转角度/(°)	1
两接收口起始间距/mm	0.2
液压油密度/(kg·m⁻³)	890
液压油动力黏度/(Pa·s)	0.003 3

（3）边界条件设置

在使用 Fluent 软件进行液压流场分析时，主要要设定的边界条件是进、出口边界条件以及壁面边界条件。进、出口边界条件有进口和出口压力及流量的设置，壁面边界条件对于模型有标准壁面函数、不平衡壁面函数以及增强的壁面处理方式 3 种壁面边界，可在 Fluent 软件对话框中进行选择，通常选择标准壁面函数。本例中进、出口边界分别为射流管进口供油压力为 6 MPa，接收场两侧输出边界压力为大气压。

（4）仿真分析结果

采用 Fluent 软件，经有限元仿真分析，得到射流管和接收管流场速度矢量及压力分布分别如图 5.10（a）和图 5.10（b）所示，两接收口截面上各点的压力分布如图 5.11 所示。

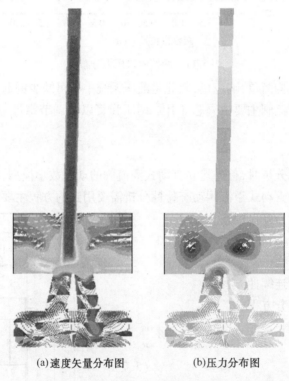

(a)速度矢量分布图   (b)压力分布图

图 5.10　射流管和接收管流场速度矢量及压力分布

图 5.10 流场分析结果表明，当射流管偏离中心位置某一角度时，一个接收管中的压力和流速略高于另一个接收管中的压力和流速，在接收口和射流管出口之间以及两接收口附近有漩涡产生。图 5.11 接收口处压力分布表明，当射流管偏置时，一个接收口处的压力高，另一个接收口处的压力，且两个接收口内侧压力低于外侧压力，这主要是由接收口处的涡流产生的影响。

2. 直动式溢流阀动态特性分析

液压阀的动态特性直接影响着液压系统的动态响应性能，如溢流阀的动态调压特性直接影响着液压系统的调压稳定程度，调速阀的动态流量调节特性直接影响着液压系统的流量调节时间等。这里以溢流阀动态特性分析为例，介绍液压阀的动态分析过程及方法。

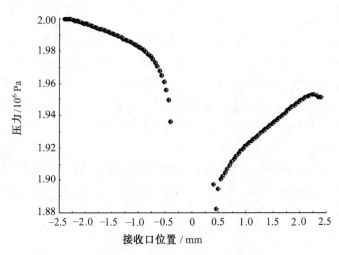

图 5.11　两接收口压力分布

直动式溢流阀结构简单,响应快,因此是液压系统中不可缺少的起调压和安全保护作用的元件。直动式溢流阀主要由阀芯、阀体、调压弹簧以及调节螺母等部件组成,其结构简图如图 5.12 所示。

(1)数学建模

在进行动态特性分析时,首先建立直动式溢流阀的动态数学模型,即建立直动式溢流阀的动态微分方程。直动式溢流阀动态特性分析需要用到的方程主要有:

a. 阀芯的运动微分方程;

b. 阀口的流量方程;

c. 阻尼孔流量方程;

d. 各液腔的流量连续性方程。

①阀芯的运动微分方程

$$Ap_c = k(x_1 + x) + F_s + F_t + m\frac{\mathrm{d}^2x}{\mathrm{d}t^2} + B\frac{\mathrm{d}x}{\mathrm{d}t}$$

$$(5.7)$$

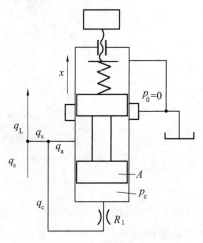

图 5.12　直动式溢流阀结构简图

式中　　p_c——受控腔压力;

　　　　m ——阀芯质量;

　　　　B——黏性阻尼系数;

　　　　x_1——阀芯位移;

　　　　A——阀芯下端有效作用面积;

　　　　k——调压弹簧刚度;

　　　　F_t——瞬态液动力,分析过程中往往忽略瞬态液动力;

　　　　F_s——稳态液动力,

$$F_s = 2C_dC_v\pi\mathrm{d}xp_s\cos\alpha_x$$

式中　　C_d——阀口流量系数;

C_v—— 阀口速度系数；

p_s—— 额定压力；

α_x—— 液流的射角。

② 受控腔连续性方程

$$q_v = q_a + q_c + C_1 ps + \frac{V_s}{E} \frac{dp_s}{dt} \tag{5.8}$$

式中　　q_v—— 额定流量；

q_a—— 通过阀口的流量；

q_c—— 通往敏感腔的流量；

C_1—— 泄漏系数；

V_s—— 受控腔体积；

E—— 油液体积弹性模量。

③ 敏感腔连续方程

$$q_c = A \frac{dx}{dt} + \frac{V_c}{E} \frac{dp_s}{dt} \tag{5.9}$$

式中　　V_c—— 敏感腔容积。

④ 阀口流量方程

$$q_a = C_d W x \sqrt{\frac{2}{\rho} p_s} \tag{5.10}$$

式中　　W—— 阀口面积梯度，$W = \pi d$；

ρ—— 油液密度。

⑤ 液阻 R_1 的流量方程

若认为阻尼孔中流动状态为层流，则有

$$q_c = \frac{\pi d_1^4}{128 \eta l_1} \Delta p \tag{5.11}$$

式中　　d_1—— 阻尼孔直径；

l_1—— 阻尼孔长度；

η—— 油液动力黏度；

Δp—— 节流口两端压力差，$\Delta p = p_s - p_c$。

（2）模型解算

本例采用时域分析法对直动式溢流阀的动态微分方程直接进行数值求解，求解过程中可自行编写运算程序，选择合适的程序语言进行求解，也可利用现有的仿真软件例如 Matlab/Simulink 直接进行求解。如果采用 Matlab/Simulink 进行仿真计算，则首先利用上述微分方程绘制 Simulink 框图，然后进行仿真运算。直动式溢流阀的 Simulink 框图以及 Subsystem 子系统的 Simulink 框图分别如图 5.13 和图 5.14 所示，仿真参数见表 5.3。

仿真过程中，输入信号为阶跃流量信号 q_v，输出信号为溢流阀阀口调定压力。

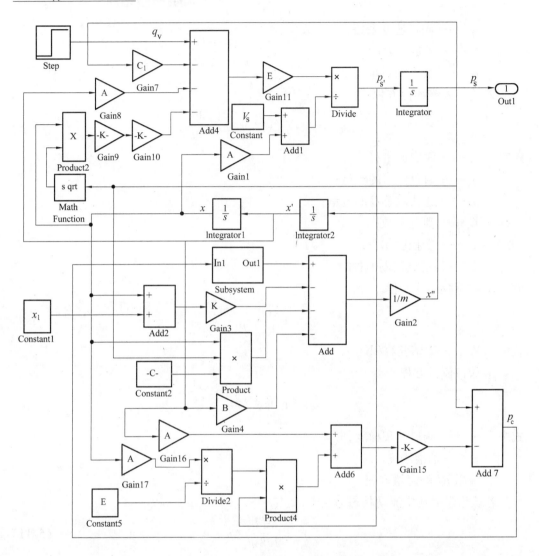

图 5.13 Simulink 框图

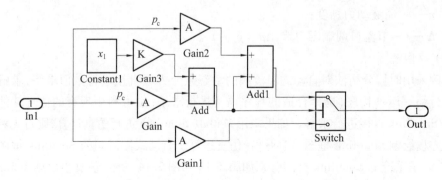

图 5.14 Subsystem 子系统的 Simulink 框图

表 5.3　仿真参数

参数项	数值
阀芯质量 m/kg	0.02
阻尼孔直径 d_1/m	0.000 8
阻尼孔长度 l_1/m	0.006
油液密度 ρ /(kg·m^{-3})	898
油液动力黏度 η/(Pa·s)	0.022 7
阀芯直径 d /m	0.028
流量系数 C_d	0.61
速度系数 C_v	0.98
液流的射角 α_x	69°
黏性阻尼系数 B/(N·s·m^{-1})	0.003 4
弹簧刚度 K/(N·m^{-1})	1 200 000
预压缩量 x_1/m	0.01
油液体积弹性模量 E/MPa	1 600
敏感腔容积 V_s/m^3	1.64×10^{-5}
内泄漏系数 C_1/(m^3·s^{-1}·Pa^{-1})	7.813×10^{-14}
额定压力 P_s/MPa	21
额定流量 q_v/(L·min^{-1})	100
调压精度 /%	10

3. 仿真结果分析

利用 Matlab/Simulink 仿真软件对直动式溢流阀的动态调压过程进行仿真分析,仿真结果分别如图 5.15 和图 5.16 所示。

图 5.15 表明,所分析直动式溢流阀进口压力动态响应过程存在 46.29% 的超调量,动态调节时间约为 1.5 ms。可见,该直动式溢流阀动态响应过程超调量较大。但由于仿真计算过程中忽略了摩擦力等因素的影响,因此该溢流阀的过渡过程调节时间较短,动态响应速度较快。工程实际中,直动式溢流阀的动态调节时间约为几十毫秒。

在设计过程中,如果希望直动式溢流阀的动态过程超调量尽可能小,响应速度尽可能快,则可以把这两个要求结合起来作为目标函数,对直动式溢流阀的结构参数进行优化设计。

如果对直动式溢流阀的动态响应过程采用频域分析法进行分析,则需要先对上述方程进行线性化及拉氏变换,然后推导传递函数,再编写相应的计算机解算程序,利用传递函数进行分析,或利用传递函数直接推导出直动式溢流阀的固有频率、阻尼比以及稳态误差等的表达式,通过表达式对直动式溢流阀的动态响应特性进行分析。

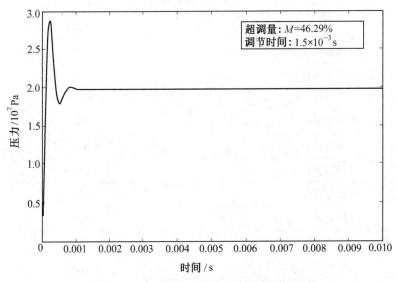

图 5.15　直动式溢流阀调定压力动态调压过程

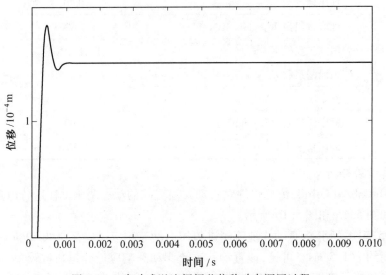

图 5.16　直动式溢流阀阀芯位移动态调压过程

5.3　液压系统仿真分析

　　液压系统仿真分析的主要目标是获取系统在某一瞬时的流量、压力和温度的计算值，以及液压系统相关联的机械系统的力、位移、速度、角度和角速度等物理量的计算值，通过观察这些物理量的变化来调整系统的结构、组成和参数，从而对系统进行合理的设计。

　　在液压系统仿真分析过程中，尤其是系统动态分析过程中，利用数学模型进行分析时，必然会遇到液压系统固有的非线性以及不连续性等问题，这些问题解决得好坏对液压系统的仿真精度影响很大，本章液压系统的特性分析主要介绍液压系统的动态特性分析。

5.3.1 液压系统动态特性仿真

采用微分方程求解方法对液压系统的动态特性进行仿真与采用该方法对液压元件动态特性进行仿真的方法相类似。

1. 先导式溢流阀调压系统动态仿真

先导式溢流阀调压系统原理图如图 5.17 所示,该系统也是先导式溢流阀性能试验系统,由液压泵、节流阀,电磁开关阀和先导式溢流阀组成,可用于测试先导式溢流阀的静态及动态性能,图中省略了压力表、压力传感器及流量计等测量元件。

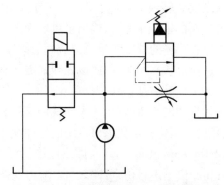

图 5.17 先导式溢流阀调压系统原理图

在图 5.17 所示的先导式溢流阀调压系统中,先导式溢流阀由座阀式的主阀和锥阀式的先导阀组成,根据先导式溢流阀的工作原理,图 5.17 又可表示为如图 5.18 所示的示意图。

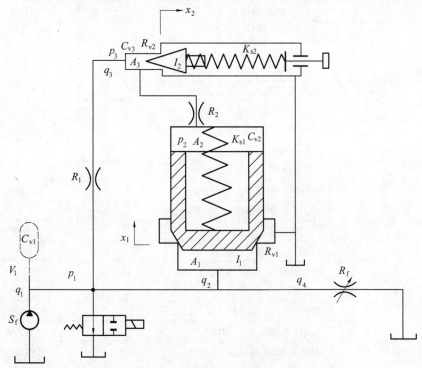

图 5.18 先导式溢流阀调压系统示意图

如果考虑液压油液的可压缩性,则可以用一个贮能元件来代替从液压泵出口到溢流阀入口之间管路中液压油液的可压缩性,其中系数 C_{v1} 与液压油的体积压缩系数 β_e 和液压泵出口与溢流阀进口之间油液的初始体积 V_0 有关。溢流阀主阀阀芯上腔液压油液可压缩性的影响可用系数 C_{v2} 表示。K_{s1} 和 K_{s2} 分别为主阀弹簧和先导阀弹簧刚度。在仿真计算过程中,为简化计算,忽略阀芯上受到的液动力及摩擦力等非线性因素的影响。

（1）绘制系统方块图

对于图 5.18 中先导式溢流阀试验系统,要模拟的状态是当回路中电磁开关,阀由断电状态突然转换为通电状态时,先导式溢流阀阀口压力的动态响应过程,因此输入量可取为液压泵的输出流量 q,输出量可取为先导式溢流阀阀口的调定压力,此外,输入量也可取为先导阀弹簧的预压缩量或节流阀的阀口开度。模拟状态与第 5.2.3 小节中直动式溢流阀的动态模拟状态相似,因此该先导式溢流阀调压系统可表示为如图 5.19 所示的方块图。

（2）计算方块图中参数

根据如图 5.20 所示的先导式溢流阀试验系统方块图,可直接推导出该系统的传递函数,然后利用传递函数求出系统的各种性能指标。或者可直接利用现有的仿真分析软件,例如 Matlab/Simulink 仿真软件,对系统动态响应特性进行仿真。在对传递函数进行求解或对 Simulink 模型进行仿真计算过程中,方块图中的各个参数必须是已知的。先导式溢流阀结构参数见表 5.4,图 5.19 中方块图各参数可利用已知的先导式溢流阀结构参数进行计算。

表 5.4　先导式溢流阀结构参数

参数名称	参数值
主阀芯质量 M/kg	0.05
主阀芯直径 d_{z_1}/mm	28
主阀阀座孔径 d_{z_2}/mm	27
主阀弹簧刚度 $K_1/(\mathrm{N}\cdot\mathrm{mm}^{-1})$	5
主阀弹簧预压缩量 x_{01}/mm	3
主阀上腔初始容积 V/m^3	1.2×10^{-4}
先导阀阀芯质量 m/kg	0.005
先导阀座孔直径 d_{x_1}/mm	2
先导阀阀芯直径 d_{x_2}/mm	6
先导阀弹簧刚度 $K_2/(\mathrm{N}\cdot\mathrm{mm}^{-1})$	10
先导阀弹簧预压缩量 x_{02}/mm	9
固定阻尼孔 R_1 直径 d_1/mm	0.8
固定阻尼孔 R_1 长度 l_1/mm	44
动态阻尼孔 R_2 直径 d_2/mm	0.8
动态阻尼孔 R_2 长度 l_2/mm	8
节流阀液阻 $R_\mathrm{f}/(\mathrm{Pa}\cdot\mathrm{m}^{-3})$	6.2×10^{10}
电机转速 $n/(\mathrm{r}\cdot\mathrm{min}^{-1})$	1 500
液压泵排量 $V_\mathrm{p}/(\mathrm{mL}\cdot\mathrm{r}^{-1})$	100
油液密度 $\rho/(\mathrm{kg}\cdot\mathrm{m}^{-3})$	900
油液运动黏度 $\nu/(\mathrm{mm}^2\cdot\mathrm{s}^{-1})$	30
油液体积弹性模量 $\beta_\mathrm{e}/\mathrm{MPa}$	1 600
黏性阻尼系数 $B/(\mathrm{N}\cdot\mathrm{s}\cdot\mathrm{m}^{-1})$	0.003 4
流量系数 C_d	0.61
泵出口到溢流阀入口油液体积(蓄能器容积)V_0/m^3	0.001 5

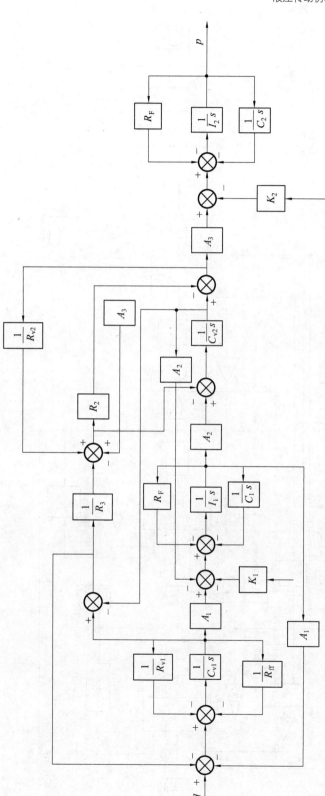

图 5.19　先导式溢流阀调压系统方块图

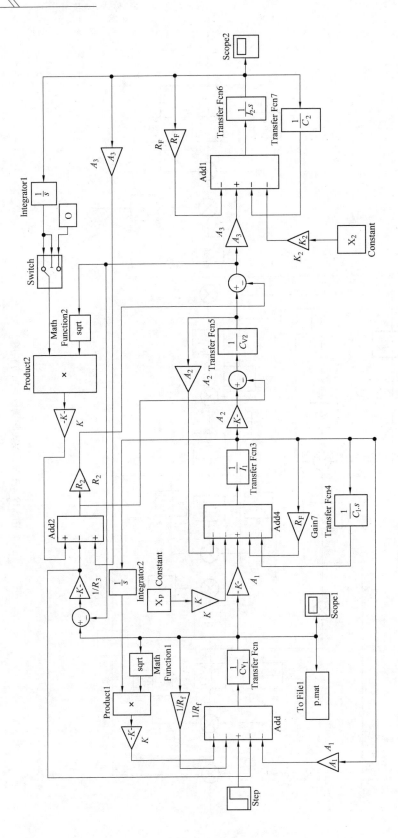

图 5.20　先导式溢流阀调压系统 Simulink 仿真框图

根据表 5.4 中先导式溢流阀结构参数,对方块图中各参数可采用表 5.5 中的表达式进行计算。

表 5.5　方块图参数计算表达式

$I_1 = M$	$R_1 = \dfrac{128\eta l_1}{\pi d_1^4}$
$I_2 = m$	$R_2 = \dfrac{128\eta l_2}{\pi d_2^4}$
$R_F = B$	$C_{v1} = \dfrac{V_0}{\beta_e}$
$C_1 = \dfrac{1}{K_1}$	$C_{v2} = \dfrac{V}{\beta_e}$
$C_2 = \dfrac{1}{K_2}$	$S_{e1} = K_1 x$
	$S_{e2} = K_2 x$

（3）绘制 Simulink 仿真模型

根据如图 5.19 所示的先导式溢流阀调压系统方块图,采用 Matlab/Simulink 仿真软件进行分析,Simulink 仿真框图如图 5.20 所示。

（4）仿真结果

采用 Simulink 仿真软件对先导式溢流阀试验系统的动态特性进行仿真分析,仿真结果分别如图 5.21 ~ 图 5.24 所示。

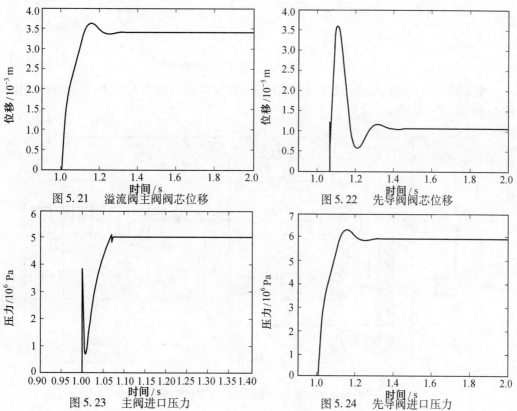

图 5.21　溢流阀主阀阀芯位移　　　　图 5.22　先导阀阀芯位移

图 5.23　主阀进口压力　　　　图 5.24　先导阀进口压力

2.考虑阀口误差的比例阀控非对称缸系统分析

比例阀控液压缸原理简图如图 5.25 所示,其中液压缸的负载有惯性负载、黏性负载和弹性负载,比例阀的阀芯为负开口四通滑阀,阀芯与阀体之间存在不同的正重叠量,分别表示为 $\Delta_i(i=1,2,3,4)$,阀口过流截面为锥面。仿真过程中,建立了状态方程和键合图两种数学模型,模型中不仅考虑了阀口的流量非线性和液压缸两腔液容的时变特性,还考虑了 4 个阀口因加工误差而引起的死区和开口不一致这类非线性因素对系统动态特性的影响。对非线性状态方程模型应用 Matlab/Simulink 软件进行仿真,对键合图模型采用 20sim 软件进行仿真。

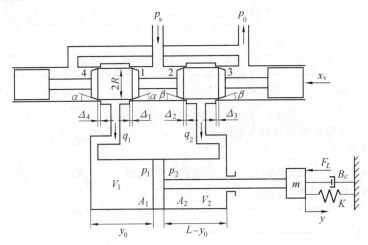

图 5.25 比例阀控液压缸原理简图

考虑阀口误差的阀控液压缸非线性状态方程模型框图如图 5.26 所示,其键合图如图 5.27 所示。

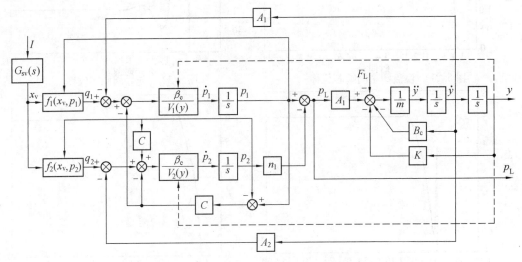

图 5.26 阀控液压缸非线性状态方程模型框图

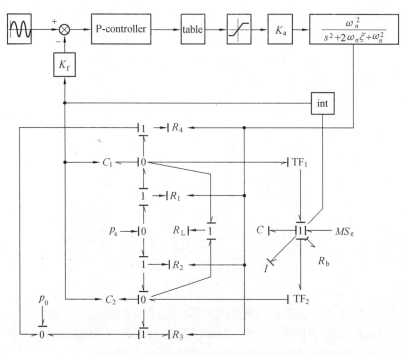

图 5.27　比例阀控液压缸系统的键合图

图 5.27 中的键合图部分用以描述阀控缸动力机构的动态特性,方框图部分表示阀和控制器的动态,该图实际是一种描述阀控缸位置伺服系统动态特性的完整扩展键合图模型。其中,阻性元件 R_1、R_2、R_3 和 R_4 描述阀 4 个节流窗口的液阻。阻性元件 R_L 表示液压缸的内泄漏。容性元件 C_1、C_2 描述液压缸的容积效应。恒势源 p_s 描述液压系统供油,恒势源 p_0 描述液压系统回油。P – controller 表示系统的比例控制器,"table" 模块表示阀的零位调整及死区补偿环节。K_f 表示系统的反馈增益,将位移信号转换为电压信号。K_a 表示放大器增益,将电压信号转换为驱动阀的电流信号。采用饱和环节描述阀的饱和非线性,二阶振荡环节描述阀的动态特性。液压缸及负载的总质量用惯性元件 I 表示,黏性负载和弹性负载分别用阻性元件 R_b 和容性元件表示,外干扰力用势源 MS_e 表示。

该比例阀控非对称缸系统的基本物理参数为:液压缸活塞直径为 125 mm;活塞杆直径为 90 mm;液压缸净行程为 1 440 mm;缓冲长度为 150 mm;在阀压降为 1 MPa 时,比例阀的额定流量为 220 L/min;阀芯锥度分别为 $\alpha = 15°$,$\beta = 6°$。取系统的设定输入为正弦运动规律,幅值 / 频率为 0.04 m/0.3 Hz,系统测试时油源工作压力为 10 MPa。为了便于对比,将两种仿真方法的仿真结果和试验结果绘于同一张图中,如图 5.28 所示。

图 5.28 表明,仿真结果与试验结果非常接近,证明所建非线性状态方程模型和键合图模型是正确的,采用非线性状态方程模型和键合图模型进行仿真,得到的仿真结果基本一致。此外,由于存在阀口误差,液压缸有杆腔压力超过了能源压力。利用该方法可以在获知阀的实际阀口重叠量 $\Delta_1 \sim \Delta_4$ 的条件下,仿真出比例阀控非对称缸系统的压力特性,并预测出是否会出现超压现象。比例阀控缸系统非线性状态方程模型及键合图模型不仅

适用于各种类型非对称阀控制非对称缸,还适用于各种类型对称阀控制非对称缸以及各种类型对称阀控制对称缸,是通用的阀控液压缸非线性数学模型。

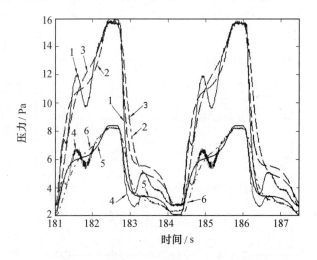

图 5.28　考虑阀口误差的比例阀控非对称缸系统压力特性曲线

1— 有杆腔压力试验曲线;2— 有杆腔压力非线性状态方程模型仿真曲线;

3— 有杆腔压力键合图模型仿真曲线;4— 无杆腔压力试验曲线;

5— 无杆腔压力非线性状态方程模型仿真曲线;6— 无杆腔压力键合图模型仿真曲线

上述考虑阀口误差的比例阀控非对称缸系统动态特性的分析目的在于寻找阀口误差与系统超压之间的定量关系,使系统设计者或比例阀使用者对阀口误差与系统特性之间的关系有更清晰的认识,便于对比例阀提出恰当的技术要求。也可指导比例阀的生产厂家,在现有生产条件和所确定的公差范围内,通过调整误差方向,合理确定关键尺寸的误差带,使阀满足使用者的要求。为了满足对阀控缸系统性能的更高要求,可以通过上述理论分析向比例阀生产厂家提出合理且可实现的阀口加工误差建议,或进一步改进的目标。

5.3.2　液压管路瞬态分析

液压管路中存在着由液压油源的流量脉动而引起的压力脉动,同时液压管路中还存在由于液压阀的突然开关或液压泵和液压缸的突然制动而引起的瞬态压力冲击。液压管路压力脉动和冲击现象会严重影响液压系统的工作性能,降低液压元件和系统的使用寿命,对于液压元件和系统具有非常大的破坏作用。尤其当压力冲击现象发生在液压泵吸油管路或系统的回油管路等低压管路中时,压力脉动过程中会伴随气泡和气穴的产生及破灭,从而对液压系统产生更大的破坏作用。

液压管路中动态压力脉动和瞬态液压冲击过程的仿真分析通常采用迦辽金法、特性线法或有限元法等分析方法,也可采用微分方程和有限差分相结合的液压管路分析方法。

以一段一端连接油箱另一端连接阀门的等径直管路为例来介绍采用微分方程解算和有限差分法相结合的液压管路瞬态压力脉动仿真方法,该管路模型如图 5.29 所示。

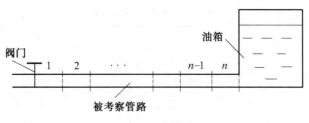

图 5.29　管路模型

1. 建立管路瞬态数学模型

假设管道中存在着稳定的起始流动,当管路一端的阀门突然关闭时,管路中将产生由于液体的动能和压力能之间相互转换而引起的压力脉动。如果阀门的关闭是瞬时完成的,阀门关闭后流体的流动是一维时变的可压缩流体的流动,因此流体流动的数学模型通常可用时间和空间上的二维偏微分方程来表示,这两个方程分别是连续性方程和运动方程。由于流速 $\frac{q}{\pi r_0^2}$ 远远小于液压油中的声速 C_0,迁移导数项 $\frac{q}{\pi r_0^2}\frac{\partial p}{\partial x}$ 及 $\frac{q}{\pi r_0^2}\frac{\partial q}{\partial x}$ 可忽略,因此管路中的流动方程可描述如下。

（1）连续性方程

$$\frac{1}{C_0^2}\frac{\partial p}{\partial t} + \frac{\rho}{\pi r_0^2}\frac{\partial q}{\partial x} = 0 \tag{5.12}$$

（2）运动方程

$$\frac{\rho}{\pi r_0^2}\frac{\partial q}{\partial t} + \frac{\partial p}{\partial x} + F(q) + \rho g \sin\theta_0 = 0 \tag{5.13}$$

式中　p——t 时刻管路中 x 位置处的压力值;

q——t 时刻管路中 x 位置处的流量值;

r_0—— 管路半径;

ρ—— 液压油液密度;

C_0—— 液压油中声速,如果不考虑液压管路管壁的弹性,则 $C_0 = \sqrt{\dfrac{B_L}{\rho}}$,其中 B_L 为液压油的体积弹性模量;

$\rho g \sin\theta_0$—— 重力项,θ_0 为管路与水平方向的夹角,若管路水平放置,$\theta_0 = 0$,则此项可忽略;

$F(q)$—— 摩擦力项,$F(q) \approx F_0 + \dfrac{1}{2}\sum\limits_{i=1}^{k}Y_i$,其中 F_0 为稳态项,$\dfrac{1}{2}\sum\limits_{i=1}^{k}Y_i$ 为与频率有关的瞬态项;对于层流和紊流两种不同的流动状态,摩擦力稳态项有不同的表示方法,但对于层流和紊流,瞬态项可用相同的方法表示,即

$$\begin{cases}\dfrac{\partial Y_i}{\partial t} = -\dfrac{n_i\mu}{\rho r_0^2}Y_i + m_i\dfrac{\partial F_0}{\partial t} & (i = 1, 2, \cdots, 10)\\[2mm] Y_i(0) = 0\end{cases}$$

其中系数 n_i 和 m_i 可采用日本研究人员 T. KAGAWA 等给出的数值,见表5.6。

表 5.6　系数 n_i 和 m_i 值

t	n_i	m_i
1	$2.637\,44 \times 10^1$	1.0
2	$7.280\,33 \times 10^1$	$1.167\,25$
3	$1.874\,24 \times 10^2$	$2.200\,64$
4	$5.366\,26 \times 10^2$	$3.928\,61$
5	$1.570\,60 \times 10^3$	$6.787\,88$
6	$4.618\,13 \times 10^3$	$1.167\,61 \times 10^1$
7	$1.360\,11 \times 10^4$	$2.006\,12 \times 10^1$
8	$4.008\,25 \times 10^4$	$3.445\,41 \times 10^1$
9	$1.181\,53 \times 10^5$	$5.916\,42 \times 10^1$
10	$3.483\,16 \times 10^5$	$1.015\,90 \times 10^2$

2. 构建有限差分模块

采用有限差分法分析液压管路瞬态脉动特性时,可将被分析管路在长度上划分为 n 段,如图 5.29 所示,假设各段内部的压力及流量相等。在使用 Matlab/Simulink 仿真平台采用有限差分法进行仿真时,需将整个管路中的压力及流量分布用向量形式表示出来,即

$$\boldsymbol{q} = \begin{pmatrix} q_1 \\ q_2 \\ \vdots \\ q_n \end{pmatrix}, \quad \boldsymbol{p} = \begin{pmatrix} p_1 \\ p_2 \\ \vdots \\ p_n \end{pmatrix}$$

在由连续方程和运动方程构成的偏微分方程数学模型中,时间域上的偏微分项 $\frac{\partial}{\partial t}$ 可用 Simulink 中的积分模块直接进行求解,偏微分方程中空间域上的偏微分项 $\frac{\partial}{\partial x}$ 则无法直接利用 Simulink 中的现有的模块进行求解,需采用 Simulink 中的现有模块,例如 Selector 模块,来构造空间域上的积分算子。

Simulink 中的 Selector 模块用于选出或重新排列一个输出的向量或数组,例如选出 $\boldsymbol{q}$ 向量的前 $n-1$ 个元素,$\boldsymbol{p}$ 向量的后 $n-1$ 个元素,分别加上两个边界条件 $q = q_0, p = p_0$,则构成两个新的向量

$$\boldsymbol{q}' = \begin{pmatrix} q_0 \\ q_2 \\ \vdots \\ q_{n-1} \end{pmatrix}, \quad \boldsymbol{p}' = \begin{pmatrix} p_2 \\ p_3 \\ \vdots \\ p_n \\ p_0 \end{pmatrix}$$

空间域上的偏微分算子 $\frac{\partial q}{\partial x}$ 和 $\frac{\partial p}{\partial x}$ 可分别表示为

$$\frac{\partial q}{\partial x} = \frac{(q - q')}{\partial x}, \quad \frac{\partial p}{\partial x} = \frac{(p' - p)}{\partial x}$$

3. 绘制 Simulink 仿真框图

用 Simulink 框图表示的上述空间域上的偏微分算子 $\dfrac{\partial q}{\partial x}$ 和 $\dfrac{\partial p}{\partial x}$ 分别如图 5.30 和图 5.31 所示。

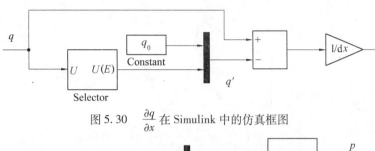

图 5.30 $\dfrac{\partial q}{\partial x}$ 在 Simulink 中的仿真框图

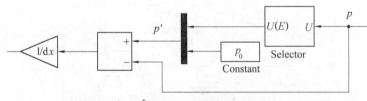

图 5.31 $\dfrac{\partial p}{\partial x}$ 在 Simulink 中的仿真框图

整个管路动态压力脉动特性分析的 Simulink 仿真框图如图 5.32 所示, 其中 Subsystem 子系统为包括稳态项和瞬态项的摩擦力项。

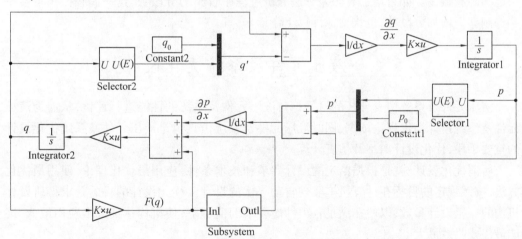

图 5.32 Simulink 仿真框图

4. 仿真结果

对阀门和油箱之间的被考察管路进行动态特性仿真分析, 假设管路中存在由阀门方向向油箱方向流动的稳定起始流量, 其仿真参数见表 5.7。

表 5.7 仿真参数

阀端压力 p_1/MPa	油箱压力 p_2/MPa	管路半径 r_0/mm	管长 l/km	油液密度 ρ/(kg·m^{-2})	液压油中声速 C_0/(m·s^{-1})	运动黏度 μ/cP
3	2	4	0.02	871	1 392	50.518

采用上述仿真参数进行仿真,得到靠近阀端第一个单元内的压力脉动特性曲线如图 5.33 所示,在该仿真计算过程中,把被分析管路平均分为20段。图中还给出了相同仿真参数下,采用特性线法和有限元法仿真计算得到的阀端第一个元素内压力脉动特性曲线。

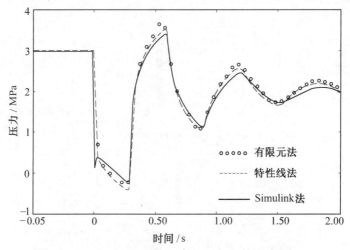

图 5.33　仿真结果比较

图 5.33 中 Simulink 仿真曲线也表明,在第一个脉动峰值之前存在着由于数值计算而引起的高频振荡。如果增加有限差分法分析过程中管路的分段数,这一高频振荡将会得到抑制。但增加分段数,也将增加计算工作量。

5.4　液压元件及系统优化设计

液压元件及系统仿真分析的目的是对液压元件及系统的性能进行评价,从而为液压元件及系统设计提供理论依据,同时液压元件及系统仿真也是液压元件及系统优化设计的重要手段,优化设计离不开仿真计算。

所谓优化设计,就是根据给定的设计要求和技术条件,应用最优化理论,使用最优化方法,按照规定的目标在计算机上实现自动寻优的设计。优化设计的目的是求得所设计机构的一组设计参数,以便在满足各项性能要求的前提下,使机构达到成本费用最低、性能最优或收效最大。

5.4.1　优化设计数学模型

优化设计的数学模型一般包括设计变量、约束条件以及目标函数 3 部分。对于一个非线性规划问题,其数学模型可描述为

$$\min f(X), X \subset E^n \tag{5.14}$$
$$\text{s. t. } g_j(X) > 0, (j = 1, 2, \cdots, m)$$

式中　　X——n 个优化变量组成的向量,$X = (x_1, x_2, \cdots, x_n)^T$;

　　　　$f(X)$—— 优化问题的目标函数,表示 n 维欧式空间中被 m 个约束条件限制的一

个可行解域;

$g_j(\boldsymbol{X}) > 0, (j = 1, 2, \cdots, m)$——$m$ 个约束条件。

1. 设计变量

对于一个较为复杂的优化设计,优化变量或参数的选择是至关重要的。从理论上讲每个参数都可以作为设计变量处理,但实际上这样做往往不合理,甚至不可能。设计变量的个数不宜过多或过少,设计变量太少,优化设计的自由度小不能保证获得满意设计方案;设计变量过多,使计算工作量增大;因此对于变化范围较小的参数基本上可以作为常量处理,同时各个设计变量之间应为相互独立的变量。

2. 约束条件

设计对象在设计过程中所要满足的技术条件,称为约束条件,是变量集合 $\boldsymbol{X}$ 的函数。这些技术性能要求或规定,形成了对设计空间寻优范围的约束。满足所有约束的设计空间称为可行域,最优点 $\boldsymbol{X}^*$ 只能在该可行域内求得。

3. 目标函数

优化设计中要满足的性能指标,称其为优化数学模型中的目标函数,是变量集合 $\boldsymbol{X}$ 的函数,数学上表示为 $f(\boldsymbol{X})$,要求 $f(\boldsymbol{X})$ 达到极小,就是评价设计方案好坏的标准。有时优化设计的目标函数不是单一的,对于多目标函数的优化问题,多采用评价函数法进行求解。其基本思想是根据问题的特点和决策者的意图,把多个目标函数转化为一个数值目标函数 —— 评价函数,然后对评价函数进行最优化求解。评价函数的构造方法有线性加权和法、极大极小法和理想点法等。

5.4.2　优化步骤

一个优化问题的实施步骤可总结为:

①给定初始点 x_0;

②确定搜索方向 d_k,即依照一定规则,构造 f 在 x_k 点处的下降方向作为搜索方向;

③确定步长因子 α_k,使目标函数值有某种意义的下降;

④令 $x_{k+1} = x_k + \alpha_k d_k$,若 x_{k+1} 满足某种终止条件,则停止迭代,得到近似最优解 x_{k+1},否则,重复以上步骤。

5.4.3　优化方法

传统的优化方法可分为 3 种类型:解析法、枚举法和随机法。近年来,随着传统优化设计方法的应用及发展,为克服其应用中的缺点,模拟退火优化、遗传算法、混沌寻优以及神经网络优化设计等先进的求解优化问题的方法相继问世,这些新近发展起来的优化方法,在求解概念上完全不同于以往传统的优化设计方法。

1. 解析法(Analytical Method)

解析法寻优是研究得最多的一种优化方法,一般可分为间接法和直接法两种。间接法是通过让目标函数的梯度为零,进而求解一组非线性方程来寻求局部极值的方法。例如,用于求解无约束最优化问题的最速下降法、牛顿法、共轭梯度法以及拟牛顿法等。此类方法是利用函数的一阶导数或二阶导数来判断最优化点的位置,要求目标函数有较好的解析性质。直接法是按照梯度信息沿最陡的方向逐次运动来寻求局部极值的方法,即通常所称的爬山法。这类方法主要有坐标轮换法、漠视搜索法、共轭方向法以及单纯形法等。这类方法由迭代构成,适合于计算机的数值计算,而不适合于分析计算。此外,此类方法不需要求导数,因此比较适合于目标函数无解析式的非线性规划问题。

解析法有两个缺点:一是只能寻找到局部极值而非全局极值;二是要求目标函数是连续光滑的,而且需要导数信息。

2. 枚举法(Enumeration Method)

枚举法就是列举出所有解的可能性,然后对其目标函数值进行比较,找出其中最小值。枚举法可以克服解析法的两个缺点,即它可以寻找到全局的极值,而且也不需要目标函数是连续光滑的,但它的最大缺点是计算效率低,对于一个实际的问题,常常由于太大的搜索空间而不能将所有的情况都搜索到。

3. 随机法(Random Method)

随机搜索是通过在搜索空间中随机地漫游并随时记录下所取得的最好结果而逐渐趋近最优解的方法,出于效率的考虑,随机法搜索到一定程度便终止计算,因此所得结果也一般尚不是最优解。

4. 模拟退火法(Simulated Annealing)

模拟退火法是通过模拟固体退火的过程来实现优化的方法,即首先将固体加温至充分高,使固体内部粒子在高温下变为无序状,内能增大,然后逐渐缓慢冷却时,粒子渐趋有序,在每个温度都达到平衡态,最后在常温时达到基态,内能减为最小。例如用模拟退火法求解组合优化问题时,将内能 E 模拟为目标函数值 f,温度 T 演化成控制参数 t。求解组合优化问题的模拟退火算法可描述为:由初始解 i 和控制参数初值 t 开始,对当前解重复"产生新解→计算目标函数差→接受或舍弃"的迭代,并逐步衰减 t 值,算法终止时的当前解即为所得近似最优解。模拟退火是一种并行算法,也是一种可以跳出局部极值的有效方法。

5. 遗传算法(Genetic Algorithms)

一般的优化方法是从定义域空间的某个点出发,根据某些规则来求解问题,这种方法相当于按照一定的路线,进行点到点的顺序搜索,这对于多极值问题的求解自然很容易陷入局部极值。而遗传算法则是从一个种群(由若干个字符串组成,每个字符串都对应一个自变量值)开始,不断地产生和测试新一代的种群。这种方法在一开始便扩大了搜索的范围,因此可期望较快地完成问题的求解。同时,通过交叉和变异等操作,遗传算法可避免陷入局部极值。

5.4.4   采用遗传算法的直动式溢流阀优化设计举例

这里以一个简单的直动式溢流阀优化设计为例,结合前面给出的直动式溢流阀动态分析的例子,简单介绍采用遗传算法的液压元件及系统优化设计过程。

1. 确定优化设计变量

影响直动式溢流阀稳态调压精度及动态响应过程的结构参数主要是阀芯直径 d 和调

压弹簧刚度 K，此外还有阀芯下端阻尼孔直径 d_1，因此选择这 3 个参数作为优化变量，然后确定这 3 个优化变量的初始种群。假设每个变量的初始种群个体数为 20，在寻优范围内，采用随机数发生器对每个变量在整个寻优范围内随机产生 20 个个体。如果采用 Matlab 软件中的 Genetic Algorithm and Direct Search 工具箱，则优化程序会按照给定的种群数自动产生初始种群。

2. 计算适配值

遗传算法中的适配值也就是优化过程的目标函数，优化的目的是使适配值达到最小。对于直动式溢流阀，要求其响应速度快，而且过渡过程超调量小，因此可取这两个优化目标构成适配值计算函数。在构造适配值函数时，大多采用罚函数法，根据两个目标函数的重要程度，对两个目标函数施加不同的权重。例如构造适配值函数如下：

$$y = w_1 M(x) + w_2 t(x) \tag{5.15}$$

式中　$M(x)$——过渡过程超调量；

　　　$t(x)$——动态调节时间；

　　w_1、w_2——目标函数的权重，本算例中两个目标函数取同样的权重。

在计算适配值时，还应对各目标函数进行相应的调整，使目标函数值基本保持在同一数量级。

过渡过程超调量 $M(x)$ 和动态调节时间 $t(x)$ 可通过前面章节中介绍的直动式溢流阀的动态仿真过程进行求解，因此遗传算法程序在实施过程中需要不断调用前面章节中给出的直动式溢流阀动态仿真程序。

3. 优化过程的实施

遗传算法的实施可根据遗传算法优化原理，对复制、交叉及变异等操作过程自行编写优化程序，也可利用现有的遗传算法软件包，例如 Matlab 软件中遗传算法工具箱，利用其中的 [x fval] = ga(@ fitnessfun, nvars) 命令，或使用遗传算法工具箱（Genetic Algorithm Tool）命令，启动交互式的遗传算法界面，直接进行优化设计。对直动式溢流阀进行遗传算法优化设计后，得到的优化结果与原设计参数比较见表 5.8，优化后的动态响应过程如图 5.34 所示。

表 5.8　优化结果

	弹簧刚度/(N·m⁻¹)	阀芯直径/mm	阻尼孔直径/mm
优化结果	9.95×10^5	29.98	0.994 7
原设计参数	6×10^5	28	0.8

参数优化后，直动式溢流阀的压力动态响应过程超调量由原来的 47% 降低为 26%，动态调节时间由原来的 1.5 ms 减小为 0.9 ms。可见，采用优化设计方法，直动式溢流阀的动态响应特性能够得到明显提高。

本例仅以过渡过程超调量 $M(x)$ 和动态调节时间 $t(x)$ 为目标函数，在实际的设计过程中，也可把调压精度或稳定性等性能指标作为优化设计的目标函数。

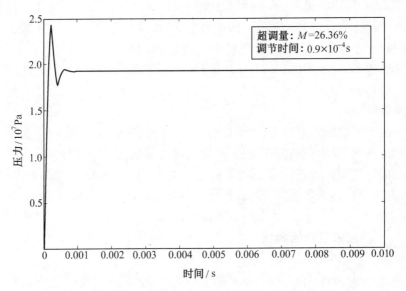

图 5.34　优化后直动式溢流阀动态响应

5.5　计算流体力学的可视化技术

无论是液压元件和系统的分析设计,还是计算流体力学的仿真计算问题,都必然会涉及计算结果和计算过程的可视化技术,只不过计算流体力学的可视化技术更加复杂,实现起来更加困难。

5.5.1　可视化分析

近年来随着流场分析技术的发展,计算流体力学 CFD 仿真方法产生的解越来越庞大,计算结果的输出数据量也不断增加,整理、分析、加工计算数据也越来越繁琐,因此只有将数据转换为直观的图像才能更好地理解其包含的信息、了解其规律、甚至发现用其他方法不能发现的现象。基于这一需要,1987 年,美国国家科学基金会召开了"科学计算可视化研讨会",提出了科学计算可视化 ViSC(Visualization in Scientific Computing)的概念。目前,科学计算可视化已被成功地应用到流体力学、气象、航空等众多领域。一些著名的 CFD 软件,如 FLUENT、PHOENICS、CFX、Delft23D 和 STAR-CD 等,也都集成了可视化模块。

科学计算可视化是计算机图形学的一个重要领域,它的核心是将二维或三维数据转换为图像,它涉及标量、矢量、张量的可视化,流场的可视化,数值模拟及计算的交互控制,海量数据的存储、处理及传输,图形和图像处理以及并行算法等。科学计算可视化与计算流体力学的结合,也极大地促进了计算流体力学技术的研究和发展。

1. 主要内容

计算流体力学可视化的主要内容有以下几点。

①计算区域与计算网格的显示；

②计算过程及流体结构的显示；

③计算结果的显示与分析，包括速度、压力、水位、温度等；

④数据比较，可进行不同 CFD 模拟结果之间或 CFD 模拟结果与实测结果之间的快速比较。

2. 处理类型

计算流体力学可视化技术可应用于计算流体力学分析的不同处理阶段，因此可分为 3 种处理类型，即事后处理（Post Processing）、跟踪处理（Tracking）及驾驭处理（Steering）。事后处理是把计算与计算结果的分析分成两个阶段进行，两者之间不能进行交互处理；跟踪处理是针对实时显示的计算结果，判断计算过程的正确与否，以确定是否继续进行计算；驾驭处理则可以对计算过程加以实时监控，修改或增减某些变量和参数，如在计算过程中增加或组合网格等，以保证计算过程的正确进行。目前 CFD 的可视化问题多为事后处理问题，但同时也有一些对跟踪处理及驾驭处理的研究。

3. 分类

计算流体力学的分析结果通常以标量或矢量的两种形式表示，因此根据输出结果的形式，可视化技术可分为标量场（Scalar Field）和矢量场（Vector Field）的可视化。此外，有些计算流体力学问题还有可能会涉及张量的可视化问题，但张量的可视化更加难以实现。

标量场可视化技术是对流场计算中产生的压力、温度、水位等标量予以可视化映射的技术，典型的可视化方法有等值线、等值面和标量场的体绘制方法。例如图 5.7 和图 5.10，以等压线来表示压力场分布情况的方法就是标量场可视化的一种表示方法。

矢量场可视化技术是对流场计算中产生的力、力矩、速度、加速度等矢量予以可视化映射的技术。与标量场相比，矢量场的最大不同点在于每一物理量不仅具有大小，而且还具有方向，这种方向性的可视化要求决定了它与标量场完全不同的可视化映射方法。矢量场可视化现有的各种表示方法大致可以分为点、线、面、粒子及粒子动画、矢量场拓扑、矢量体绘制和基于纹理的方法等几大类。例如图 5.35，以带箭头的线来表示流场中速度矢量分布情况的矢量场表示方法。

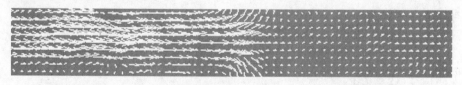

图 5.35　矢量场表示方法

5.5.2　可视化实验

流场可视化实验通常采用热线、皮托管、激光多普勒测速（Laser Doppler Velocimetry，LDV）或粒子图像速度场测量（Particle Imagine Velocimetry，PIV）等方法。

1. 激光多普勒测速分析仪

自从 1964 年应用激光多普勒效应首次测得流体速度以来,激光测速技术经历了发生、发展和广泛应用的过程。作为一种崭新的流动测量技术,它的发展速度之快是很少见的,它对于流体力学实验研究的贡献可见诸每年大量发表的论文成果中。它的应用领域已遍及航空、航天、机械、能源、石油、动力、冶金、钢铁、水利、化工、轻工、环保、计量、医学等部门,成为科研和新产品研发过程中的有效手段。随着我国经济和科技的快速发展,各种门类的高新工业制造业的蓬勃兴起,激光测速技术必将得到进一步的普及、应用和发展。

激光测速是一门涉及激光、光学、电子、信号处理、软件编程和计算机技术的光机电一体化新技术;同时,它又是与流体力学密切相关、应用性很强的实验测试技术。正是由于流体运动的形态十分复杂,传统的测试手段局限性很大,因此这一技术才获得了十分重要的发展原动力。

激光多普勒测速分析仪(LDV)就是利用多普勒原理来实现速度测量的仪器。任何形式的波在传播过程中,由于波源、接收器、传播介质、中间反射器或反射体的运动,会使接收器接收到的波频率不同于波源发出的波频率。奥地利科学家多普勒(Doppler)于 1842 年首次研究了这一现象,后来人们就把这一频率变化称作多普勒频移或多普勒效应。采用参考光和散射光进行外差的基本多普勒速度测量原理如图 5.36 所示。

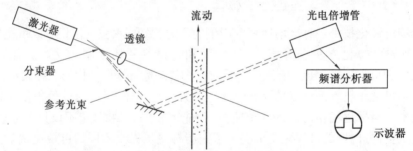

图 5.36　多普勒速度测量原理

在激光多普勒测速分析仪进行速度测量的应用中,由于不存在光源和接收器之间的相对运动,因此频移是由粒子和较大物体的运动产生的。图 5.36 中由氦氖激光器发出的光束被分束器分开,其中绝大部分由透镜聚焦到管道中需要测量流速的某一点处。随流体运动的粒子产生的散射光由光电倍增管接收,而从分束器出来的较弱的那部分光没有频移,因此可作为参考光被反射镜直接反射到检测器。光电倍增管的输出包含了两种光束的差频信号,这就是多普勒频移。

激光多普勒测速分析仪的双光束光路简图如图 5.37 所示,如果运动颗粒的散射光与入射光之间存在的频率差,即多普勒频移为 f_d,则根据多普勒原理可以导出多普勒频移 f_d 与颗粒移动速度 v_y 之间的关系为

$$f_d = \frac{2v_y}{\lambda \sin \dfrac{\alpha}{2}} \tag{5.16}$$

式中　v_y——颗粒速度 v 在 y 轴的分量;

α——双光束系统两束入射光之间的夹角；

λ——介质中的激光波长。

当光学系统中 α、λ 给定后，则多普勒频移 f_d 与速度 v_y 成线性关系。因此，只要测出多普勒频移 f_d，就可计算出流场中颗粒的运动速度 v_y。

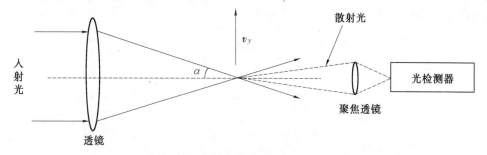

图 5.37　双光束多普勒光路简图

激光多普勒测速系统通常包括发射光路系统、信号处理系统、全自动一到三维位移系统、计算机及应用软件等。作为一种先进的测量技术，激光多普勒测速仪已经在大型风洞中的气流流场、火焰燃烧、发动机内流的测量、旋转机械、湍流统计及流场测速等领域得到了广泛应用，尤其适用于测量具有回流的高湍流度的分离流动、周期性脉动流动以及两相流动等较复杂流动场合中的流速。与传统测速仪相比，激光多普勒测速仪的主要优点包括：

①非接触测量，测量过程对流场无干扰；

②空间分辨率高，测点小，主要取决于激光光斑大小；

③测量精度高，重复性好，测量精度可达±0.1%；

④被测速度范围大，可测量 0.1～2 000 m·s⁻¹ 的速度；

⑤可实现一维、二维或三维的测量。

但由于激光多普勒测速方法通过检测流体中和流体以同一速度运动的微小颗粒的散射光来测定流体的运动速度，因此也具有一定的局限性，例如，

①被测流体要有一定的透明度，且置于透明容器中；

②测纯净流体时需人工加入跟随粒子；

③只能测量单点的速度，如果要测量某个截面的速度分布，则需要大量的测量点和较长的测量时间；

④使用时对环境条件要求严格，尤其是对防震的要求，要确保管道与光学系统无相对运动。

目前，激光多普勒分析仪产品的功能越来越强大，性能指标越来越高，较为著名的生产厂家有美国的 TSI 公司、丹麦的 Dantec Dynamics A/S 公司以及美国的 Aerometrics 公司等。

2.粒子图像速度场测量系统

粒子图像速度场测量系统(PIV)采用的测量方法是最基本的流体速度测量方法。PIV 技术的流动显示与测量原理图如图 5.38 所示。一般 PIV 系统由照明、成像和图像处

理等部分组成。照明部分主要包括连续或脉冲激光器、光传输系统和片光源光学系统;成像部分包括图像捕捉装置和同步器。图像处理部分包括帧捕集器和分析显示软件及仪器。帧捕集器将粒子图像数字化,并将连续图像储存到计算机的内存中。分析显示软件用于分析视频或照相图像,实时显示采样的图像数据,在线显示速度矢量场。因此分析显示软件需要用到大量的图像学和可视化技术。

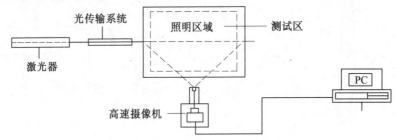

图 5.38　PIV 技术的流动显示与测量原理图

　　测试时,在流场中播入示踪粒子,粒子将随流体一起运动。用激光脉冲器发射激光束,激光器发出的光束经过一系列光学元件形成可调制的激光片光源,沿预先规定的方向(液力元件轴向或径向)入射到所测流场区域中,通过高速摄像机,用多次曝光来记录粒子场在不同时刻的图像,并将图像转化为数字信号传入计算机。测出在已知时间间隔 Δt 内流体质点(示踪粒子)在某切面上的位移 Δx,速度 v_p 等于位移 Δx 除以时间间隔 Δt,因此可计算出粒子的速度 v_p。在粒子的跟随性满足要求的条件下,粒子的运动速度可代表流体质点的运动速度,即,$v_p = \dfrac{\Delta x}{\Delta t}$。

　　通常为分析一个截面的速度分布,要把高速摄像机记录下来的图像分成许多积分窗口,例如,尺寸为8×8 至64×64 像素。在两次激光发射的时间间隔 dt 内,每一个小区域有位移 ds。速度便可以用 ds/dt 来表示。粒子位移 ds 可以通过两个相应的积分窗口的相关性来计算。对于高速计算经常采用根据 Wiener-Kinchin 理论的快速傅里叶变换。另外,目前高分辨率的 PIV 仪器也往往选择高级的相关算法来提高性能,如二阶相关算法,局部自适应窗口平移,可变形积分窗口等相关分析技术。所有积分窗口的位移矢量最终转换为一幅完整的瞬时速度分布图。

　　PIV 技术不仅能用于二维流场流速的测量,还可用于三维流场流速的测量。三维立体 PIV 技术是基于立体成像原理,采用两个照相机从不同角度对照亮的粒子进行成像而实现的。由于采用一台相机只能测量垂直于其光轴方向粒子位移的投影,如果把两个相机拍到的投影图合并起来,就能够再现被测流体中粒子的真实位移。用这种方法,可以记录包括所有 3 个速度分量的完整向量。立体 PIV 是模仿人眼立体视觉原理而发展起来的。

　　PIV 技术与单点测量方法如皮托管、热线风速计和激光多普勒测速仪等方法相比具有以下优点:

　　①非接触测量,对流场干扰小;

　　②突破了空间单点测量技术的局限,能实现整个被分析区域全场的同步测量;

③测量时间短,响应快,能实现实时测量;

④二维和三维瞬时速度测量,并可以获得流动的瞬时速度场、脉动速度场、涡量场和雷诺应力分布等。

PIV 技术非常适用于研究涡流、湍流等复杂的流动结构,这是其他单点测量技术难以或无法做到的。同时,现在的 PIV 系统还具备了与单点测量仪器(如激光多普勒测速计 LDV 等)相当的空间分辨率,即使仅限于二维测量,PIV 技术也是一种详尽的研究复杂流动的定量工具。目前,PIV 系统已经被广泛地应用于科学研究、工程、生物、制药等领域发生的气流、液流、甚至于多相流或者反应活化流体,如燃烧等现象的分析中。无论是 LDV 还是 PIV,目前都是价格比较昂贵的流场可视化分析设备,而且设备使用操作比较复杂,调节时间长。

5.6　液压传动仿真软件介绍

随着液压传动技术的推广使用以及液压仿真技术的发展,从 20 世纪 70 年代开始,液压仿真软件的开发越来越受到各国液压研究人员及软件开发公司的重视。

1973 年,美国俄克拉荷马州立大学推出了第一个直接面向液压传动技术领域的专用液压仿真软件 HYDSIM,该软件首次采用了液压元件功率口模型方式进行建模,所建模型可重复使用。1974 年德国亚琛工业大学开始研制液压系统仿真软件包 DSH,该软件在建模方式上采用面向原理图的建模,具有模型直观,物理意义强,模型包含非线性等优点。但所有模型库需要靠人工管理,新元件描述繁琐,并且具有系统描述文件需人工编辑等不足。在德国亚琛工业大学开始研制液压系统仿真软件后不久,英国巴斯大学开始开发液压系统仿真软件包 HASP,该软件采用功率键合图的建模方法,数学模型可采用 FORTRAN 子程序自动生成。面向键合图的建模虽然物理机理清楚,但键合图不如原理图直观,用户需学习键合图的绘制方法,描述文件也需要人工编辑。

20 世纪 80 年代是西欧和美国在液压仿真方面初显成效的时代,一批液压仿真软件包相继问世。首先是德国的 DSH 软件和英国的 HASP 软件研制成功。其后,美国俄克拉荷马州立大学于 1984 年又推出了 PERSIM,芬兰坦佩雷工业大学 1986 年推出了 CATSIM,瑞典从 1979 年开始研制,经过八九年的开发与完善,推出了 HOPSAN 等。这些软件虽然各具特点,但从建模原理、程序结构与功能上均未超出 DSH 与 HASP 的基本模式。

到了 20 世纪 90 年代,液压系统仿真软件又有了新的发展,1992 年巴斯大学以全新面貌推出了 HASP 的升级版 BATH/ FP。除了专用液压仿真软件的研制,一些大型的仿真软件公司也在原有软件的基础上开发了液压仿真软件包或流场分析软件,例如波音公司的 Easy5 软件,MATHWORKS 公司在 Matlab 软件下增加的液压系统仿真工具箱,Ansys 公司收购的 Fluent 和 CFX 流场分析软件等。此外,较为著名的液压系统仿真和流场分析软件还有 Flowmaster、Amesim、Femlab 等。

5.6.1 计算流体力学分析软件

1. Fluent

早在1983年,Fluent计算流体力学分析软件由美国Creare公司投资开发成功,并投放市场。1988年,Fluent软件研究人员从Creare公司脱离出来,成立了独立的Fluent公司。2006年5月,Fluent公司又被著名的计算机辅助工程软件开发商Ansys公司收购,成为Ansys公司的一个子公司。目前,Fluent仍然是国际上比较流行的商用计算流体力学软件包,在美国的市场占有率约为60%。它具有丰富的物理模型、先进的数值方法以及强大的前后处理功能,凡是与流体、热传递及化学反应等有关的行业均可使用,因此在航空航天、汽车设计、生物医药、化学处理、发电系统、电子半导体、石油天然气、涡轮机设计等方面都有着广泛的应用。

Fluent软件在技术上具有如下优越性:

①具备多种优化的物理模型,如定常和非定常流动,层流和紊流,不可压缩和可压缩流动等;

②对应于每一种物理问题的流动特点,有适合该物理问题的数值解法,用户可对显式或隐式差分格式进行选择,从而在计算速度、稳定性和精度等方面达到最佳;

③将不同领域的计算软件组合起来,成为CFD计算机软件群,软件之间可以方便地进行数值交换,并采用统一的前、后处理工具,省去了使用者在计算方法、编程、前后处理等方面投入的重复劳动;

④采用Gambit专用前处理软件,使网格可以有多种形状,对二维流动,可以生成三角和矩形网格,对三维流动,则可生成四面体、六面体、三角柱和金字塔等网格,结合具体计算,还可生成混合网格、不连续网格、可变网格和滑动网格等;

⑤交互式的人机界面,便于在仿真计算、结果输出及后处理等过程中随时改变参数设置,节约仿真时间,使用方便;

⑥运行速度快,在软件中加入了可缩短计算时间的解算器和数值算法,鲁棒性和并行处理能力使复杂问题的求解更快速;

⑦强大的输出能力,能够输出高精度的图表、动画以及数据分析等。

Fluent公司的CFD软件群包括如下软件模块:

①FLUENT——基于非结构化网格的通用CFD求解器,针对非结构性网格模型设计,是用有限元法求解不可压缩流及中度可压缩流流场问题的CFD软件。可应用的范围有紊流、热传、化学反应、混合、旋转流(Rotating Flow)及震波(Shocks)等,在涡轮机及推进系统分析方面都有成功的应用。

②GAMBIT——专用的CFD前置处理器(几何/网格生成),是一个具有组合建构模型能力的前处理器。

③FIDAP——基于有限元方法的通用CFD求解器,专门解决科学及工程上有关流体

力学传质及传热等问题的分析软件,其应用的范围有一般流体的流场、自由表面的问题、紊流、非牛顿流流场、热传、化学反应等。

④POLYFLOW——针对黏弹性流动的专用 CFD 求解器,用有限元法仿真聚合物加工的 CFD 软件,主要应用于塑料射出成型机,挤型机和吹瓶机的模具设计。

⑤MixSim——针对搅拌混合的专用 CFD 软件,是一个专业化的前处理器,可建立搅拌槽及混合槽的几何模型,不需要一般计算流体力学软件的冗长学习过程。设计工程师利用它的图形人机接口和组件数据库,可直接设定或挑选搅拌槽大小、底部形状、折流板的配置,叶轮的形式等。MixSim 可随机自动产生三维网络,并启动 FLUENT 做后续的模拟分析。

⑥Icepak——专用的热控分析 CFD 软件,专门仿真电子电机系统内部气流,温度分布的 CFD 分析软件,特别是在针对系统的散热问题作仿真分析时,可通过模块化的设计快速建立模型。

⑦Airpak——强大的通风系统分析软件。

⑧FloWizard——针对设计工程师使用的通用 CFD 求解器。

2. ANSYS 和 CFX

ANSYS 软件诞生于 20 世纪 70 年代,在有限元的发展史上,一直作为一个重要成员存在,是目前世界上最有影响的有限元分析软件之一。ANSYS 软件是集结构、流体、电磁场、声场和耦合场分析于一体的大型通用有限元分析软件。由世界上最大的有限元分析软件公司之一的美国 ANSYS 公司开发,它能与多数 CAD 软件接口,实现数据的共享和交换,如 Pro/Engineer, NASTRAN, Alogor FEAS, I-DEAS, AutoCAD 等,是现代产品设计中的高级 CAD 工具之一。2003 年,ANSYS 公司并购了流体动力学强大仿真分析软件 CFX;2006 年,该公司又并购了世界著名的计算流体力学软件公司 Fluent 公司。

ANSYS 软件主要包括 3 个部分:前处理模块,分析计算模块和后处理模块。前处理模块提供了一个强大的实体建模及网格划分工具,用户可以方便地构造有限元模型;分析计算模块包括结构分析(可进行线性分析、非线性分析和高度非线性分析)、流体动力学分析、电磁场分析、声场分析、压电分析以及多物理场的耦合分析,可模拟多种物理介质的相互作用,具有灵敏度分析及优化分析能力;后处理模块可将计算结果以彩色等值线显示、梯度显示、矢量显示、粒子流迹显示、立体切片显示、透明及半透明显示(可看到结构内部)等图形方式显示出来,也可将计算结果以图表、曲线形式显示或输出。软件提供了100 种以上的单元类型,用来模拟工程中的各种结构和材料。

ANSYS 中的模块主要有:多物理场模块(Multi - Physics)、结构分析模块(Mechanical)、电磁分析模块(EMAG)、流体动力学分析模块(CFX)、瞬态动力学模块(LS-DYNA)、专业分析模块(CivilFEM)等。ANSYS 是多用途非线性的有限元求解器,用于计算固体结构和非固体结构(例如静电场、静磁场 、声学)。其中 CFX 是通用的 CFD 代码,以高鲁棒性和高精度的流动数值算法、高级湍流模式和多种复杂物理模型而著称。

ANSYS 软件中 CFX 模块的特点如下:

①N-S方程组采用守恒形式的有限体积法来离散,时间采用隐格式,可以计算混合网格和非结构网格,网格单元可以是六面体形、棱柱形、楔形和四面体形。在每个网格节点周围构造控制体,通常通过位于两个控制体界面上的结合点来计算。

②离散方程采用有界的高精度对流格式来求解。通过 Rhie 和 Chow 的算法来计算质量流量,以保证压力速度耦合。离散方程组通过由 Raw 发展的耦合代数多重网格法求解,该方法的数值能力随参与计算的网格节点的数量增加而线性增加。定常计算采用时间迭代法,直到达到用户指定的收敛标准。对于非定常计算,迭代程序在每个时间步内更新非线性系数,而时间步由外层循环来推进。

③由于力学耦合将导致流体和固体之间的界面发生移动,因此,离散方程必须被拓展以允许网格移动和网格变形。这种拓展通过空间守恒定律来实现。壁面网格节点界面的移动需要重新计算求解域内部网格节点的位置,可以通过求解描述网格变形的拉普拉斯方程来实现,这类似于网格光顺所做的操作。它是描述动网格运动的经典黏弹动力学方程的简化形式。如果网格严重变形,光顺网格的方法不足以提供高质量的网格。此时,必须建立拥有不同网格拓扑结构的新网格,在下一时间步,通过二阶插值将求解变量插值到新网格节点上。

3. COMSOL

COMSOL 是由 1986 年在瑞典成立的 COMSOL 公司开发的用于求解多物理场耦合问题的有限元分析软件,最初的软件名字叫作 FEMLAB,后改名为 COMSOL。该软件的最大特点是简单易学,分析耦合场问题时操作简单,而且各类函数的输入可以直接输入表达式。

COMSOL 有限元分析软件具有如下特点:

①通过选择不同的模块,同时模拟任意物理场组合的耦合分析,处理耦合问题的数目是没有限制的;

②通过使用相应模块直接定义物理参数创建模型;

③以偏微分方程(PDEs)为基础来建立模型,使用基于方程的模型可以自由定义用户自己的方程;

④直觉式的图像使用者界面,能执行一维、二维或是三维模型。

COMSOL 软件核心包中集成了大量的模型,它们都是针对不同的物理领域,主要有:声学,集中-弥散,热传导,AC-DC 电磁场,静电场,静磁场,不可压缩流体,结构力学,Helmholtz 方程,Schrødinger 方程,波动方程,广义偏微分方程。此外,在基本模块的基础上,COMSOL 还包括燃料电池(Fuel Cell)、化工模块(Chemical)、光电(Electronic Optic)、结构分析模块(Structural Mechanics)、微机电（MEMS）、电磁模块（Electromagnetics）、两相流(Two Phase Flow)、热传递(Heat Transfer)等模块。

COMSOL 的应用领域包括:声学、生物科学、化学反应、弥散、电磁学、流体动力学、燃烧罐、地球科学、热传导、微电机系统、微波工程、光学、光子学、多孔介质、量子力学、无线电频率部件、半导体设备、结构力学、传动现象、波的传播等。

COMSOL 的用户界面如图 5.39 所示。

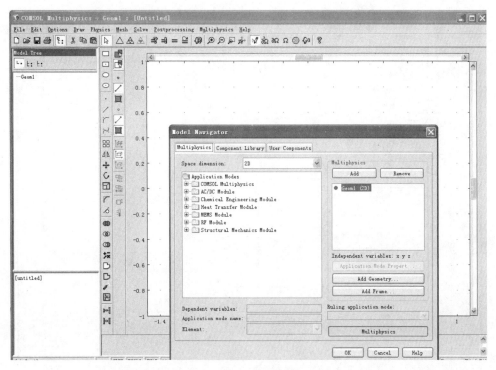

图 5.39　COMSOL 软件用户界面

5.6.2　系统分析软件

1. bathfp

bathfp 是 20 世纪 70 年代由英国巴斯大学动力传递及运动控制研究中心(Center for Power Transmission and Motion Control)开发的流体动力系统专用仿真软件,最初 bathfp 只是作为该研究中心开设的流体动力课程的辅助教学软件,随着功能的不断增强,bathfp 也逐渐被用于各种工程实际系统的仿真分析。最初的 bathfp 只能在 Unix 操作系统上运行,2003年,bathfp 推出了基于 Windows 操作系统的新版本。bathfp 仿真软件主要有如下特点:

①完全免费的软件,任何人都可以从英国巴斯大学动力传递及运动控制研究中心的网站上直接下载使用;

②使用计算机空间少,Windows 版的 bathfp,整个软件安装后只占用不到 10 MB 的空间,运行后占用的计算机内存也很少;

③基于键合图的数学建模方式;

④具有回路检查功能,能自动对使用者构造的流体动力回路进行正确性检查,可给出错误信息,并给出回路修改意见,以保证系统的仿真结果有意义。这一点对学习液压课程的学生来说更有意义,可以帮助学生总结经验,从而掌握回路及系统的正确绘制及设计方法;

⑤友好的人机交互界面,丰富的机电液元件库。

bathfp 的操作界面如图 5.40 所示。

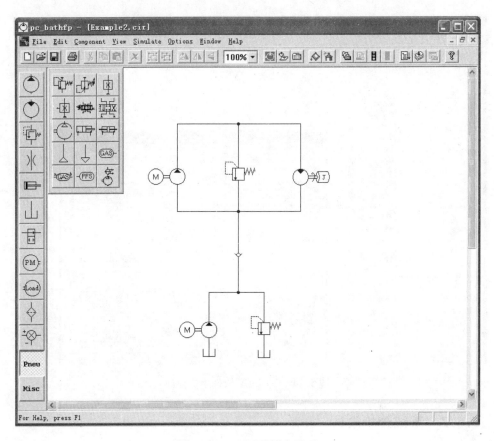

图 5.40　bathfp 的用户界面

2. AMEsim

AMEsim 是由法国 IMAGINE 公司于 1995 年推出的专门用于液压/机械系统的建模、仿真及动力学分析软件。IMAGINE 公司创建于 1987 年,总部设在法国的 ROANNE,具有机械和液压领域的专业知识以及复杂系统建模和设计方面的丰富经验。AMEsim 的设计思想与 bathfp 十分相似,都是采用基于键合图的建模方式,但 AMEsim 功能更加强大,工具箱及元件库更加齐全,尤其适合于分析电气、机械及液压结构同时存在的系统,软件售价也比较高,对计算机运行环境有一定的要求。

AMEsim 软件的主要特点是:

①易于识别的标准 ISO 图标和简单直观的多端口框图,为使用者提供了一个友好的界面;

②根据系统的动态特性,在 17 种可选算法中自动选择最佳积分算法,并具有精确的不连续性处理能力;

③12 个开放的模型库基于物理原理和实际应用,包含大量一维流体/机械系统设计及仿真所必需的模型;

④超元件功能使用户可以将一组元件集成为一个超元件,并可以将超元件作为一个普通元件一样使用;

⑤内置与 C(或 FORTRAN)和其他系统仿真软件的接口,借助此特性,用户可以在 AMEsim 环境中访问任何 C 或 FORTRAN 程序、控制器设计特征、优化工具及能谱分析等工具。同时用户还可以将一个完全非线性 AMEsim 子模型输出到一个 CAE 或多体软件中去。

AMEsim 软件不仅可应用于液压系统,还可应用于其他机械及电气等系统,其应用主要包括:

①燃料喷射系统:柴油发动机的直接喷射(高压)、燃油喷射系统的开发、LPG 喷射、电子柴油喷射系统;

②悬挂系统:车辆动力学、制动系统、ABS-ESP、气动系统、制动辅助(液压与气动)、润滑系统、动力操纵系统、冷却系统和热力控制;

③传动系统:自动传动、CVT、手动传动、传动网络建模;

④液压元件:液压阀压力脉动、阀/管路/升降机、各类阀的设计;

⑤液压回路:机翼油箱间的油料传输、直升机燃气涡轮的油料供应;

⑥系统控制:直升机机翼多回路控制、太空船火箭助推器束控制、舵机控制、飞行员训练生成器、飞机液压控制、离合器控制等;

⑦燃油回路:振动与噪声、热效应;

⑧机械系统:起落架、升降机。

3. MSC. Easy5

Easy5 软件是 1975 年由美国波音公司开发的公司内部使用的工程系统仿真和分析软件,1981 年作为商业软件由波音公司投放市场,2002 年,Easy5 软件被总部位于美国加利福尼亚的 MSC. Software 软件公司购买,成为现在的 MSC. Easy5。该软件集中了波音公司在工程仿真方面 20 多年的经验,其中液压仿真系统包含了 70 多种主要的液压元部件,涵盖了液压系统仿真的主要方面,是当今世界上主要的液压仿真软件之一。

MSC. Easy5 的主要应用领域包括:液压系统,推进系统,动力系统,智能发动机,混合车辆,控制系统,气体动力系统,风动系统,机械系统,燃油系统,电气系统,热力系统,飞行动力系统,采暖通风/环境控制系统以及多相流体系统等。

MSC. Easy5 是一个基于图形的用来对动态系统进行建模、分析和设计的软件,其建模主要面向由微分方程、差分方程、代数方程及其方程组所描述的动态系统。模型直观地由基本的功能性图块组装而成,例如加法器、除法器、过滤器、积分器和特殊的系统级部件,如阀、执行器、热交换器、传动装置、离合器、发动机、气体动力模型、飞行动力模型等很多部件。分析工具包括非线性分析、稳态分析、线性分析、控制系统设计数值分析和图表等。开放的基础构架提供了与其他很多在计算机辅助分析领域应用的软件和硬件的接口。

MSC. Easy5 在液压系统的动态特性仿真及控制器设计方面具有以下特点:

①液压系统动态过程的仿真通常属于非线性模型的分析和解算范畴。MSC. Easy5 求解引擎中的 Switch States 可以很好地解决液压系统模型中的不连续状态。Switch States 可准确判断系统非线性事件的发生和状态转移,从而指导模型的解算,最终使模型能够详实地反映出液压系统所具有的特性。Switch States 配合软件提供的多种定步长和变步长积分方法,有效地解决了非线性、不连续、大刚性的液压系统求解问题。

②内涵丰富的流体特性,内置 16 种不同流体的数据库,使用者也可加入自己的流体,相同的模型中也可选择不只一种流体,此外流体可以是可压缩的,所有流体的特性随压力和温度而变化,是二者的函数,使用者还可以模拟混入空气或流体黏度下降等情况对系统特性的影响。

③液压系统控制器的设计多从线性理论出发。MSC. Easy5 的线性化分析功能还可以在系统的某一工作点附近提取系统的线性化模型,自动画出液压系统的伯德图,奈奎斯特曲线和根轨迹图,以帮助开展控制器的设计。同时 MSC. Easy5 为寻找稳态工作点提供了相应的工具,根据设定的工况条件,自动完成计算。

④软件分析系统的各种工具统一使用一个数学模型,因此,不必为不同分析而另外建模,具有良好的项目和工程可管理性。

⑤MSC. Easy5 用 FORTRAN 和 C 语言描述模型及积分算法,因此可以很好地继承纯粹由 FORTRAN 和 C 语言实现的模型描述,减少了模型移植的工作量。使用者也可以随时根据自己的需要添加元件或是建立自己的应用库,使仿真分析更具灵活性。

⑥能与 DADS 动力学分析软件和 Matlab 以及 Matrix X 控制系统仿真集成。

⑦不仅可分析系统的静态和动态特性,还可进行瞬态特性和气穴现象的分析。

MSC. Easy5 软件的用户界面如图 5.41 所示。

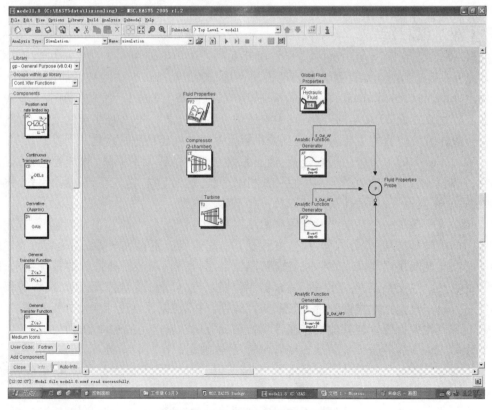

图 5.41　MSC. Easy5 软件用户界面

4. Flowmaster

Flowmaster 是 1984 年成立于英国的 Flowmaster International Ltd 公司开发的产品,该产品是面向工程的一维热流体系统仿真软件,凭借其内置的强大一维流体动力系统解算器,工程技术人员可以利用 Flowmaster 建立的系统模型,对复杂的工程系统进行压力、流量、温度、流速的分析,帮助工程技术人员完成流体输运系统、冷却润滑系统、液压动力系统、环控空调系统、污水处理系统、高压供气系统以及热管理等系统的设计。

Flowmaster 具有以下功能:

①精确预测流体系统中的压力、温度、流量等参数,元件模型主要是基于压力-流量关系的模型,因此对系统压力分布、流量分布及元件流阻、流量及流速进行精确的计算是软件的基本功能。

②包括了各种分析类型的求解和仿真,例如稳态与瞬态、可压缩与不可压缩、气体与液体、液压与润滑系统分析等。

③除了对流体系统进行常规的静态及动态特性分析外,还可对系统中压力波及气蚀现象等特殊现象进行捕捉,能够完全捕捉到系统内的压力波动,进而观察系统内压力波的压力峰值及气穴产生等现象,通过控件功能,还可研究阀门关闭控制过程等控制策略,实现系统的优化设计。

④元件尺寸分析和复杂管网优化,Flowmaster 可以针对给定的设计流量自动计算出元件所需的管径、管长、孔径、损失系数、摩阻系数等参数。

此外,Flowmaster 还具有完备的元件库、强大的控制器件与控制算法、丰富的第三方软件接口、二次开发环境、开放式的数据库管理以及人机交互式的仿真过程等特点。例如用户可以将自己利用 FORTRAN 或 C 语言编写的元件加入元件库中,Flowmaster 建立的虚拟模型也可以与其他 CAE 软件如 Matlab、Fluent 进行联合仿真,还可以通过柔性接口,方便地与 Excel、Access 等软件进行数据传递。

Flowmaster 的主要应用领域有:航天器(包括太空飞船、航天飞机及空间站等)的燃料供应系统、环境控制调节系统(ECS)、液压系统;飞机的发动机燃料供应系统、环境控制调节系统(ECS)、液压系统、冷却系统、润滑系统,舰艇、潜艇的燃料供应系统、液压系统、设备冷却系统、消防系统、饮用水供应及污水处理系统、上浮/下沉系统,车辆(包括汽车、摩托车等)的燃料供应和喷射系统(200~300 MPa)、润滑及冷却循环系统、排气系统和热管理系统,发电厂的冷却水供应系统(包括核电站)、燃料供应系统、汽轮机叶片冷却系统、整个管道系统的浪涌抑制,化学工业、人工煤气、天然气工业以及其他的供油、供水和供气系统等。

Flowmaster 软件用户界面如图 5.42 所示。

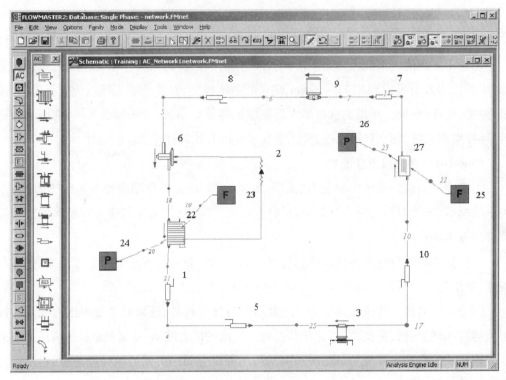

图 5.42　Flowmaster 软件用户界面

参考文献

[1] IVANTYSYNOVA M, HUANG C, BEHR R. Measurements of elastohydrodynamic pressure field in the gap between piston and cylinder[C]. Bath: Proceedings of Power Transmission and Motion Control, 2005:451-466.

[2] SHU J J, BURROWS C R, EDGE K A. Pressure pulsations in reciprocating pump piping systems[J]. Part 1: Modeling. Proceedings of the Institution of Mechanical Engineering, Part I, Journal of Systems and Control Engineering, 1997,211(13),229-237.

[3] EDGE K A, BOSTON O P, XIAO S, et al. Pressure pulsations in reciprocating pump piping systems[J]. Part 1: Experimental investigations and model validation. Proceedings of the Institute of Mechanical Engineering, 1997,211(13):239-250.

[4] OKUNGBOWA N, BERGSTROM D, BURTON R. Determining the steady state flow forces in a rim spool valve using CFD analysis[C]. Bath: Proceedings of Power Transmission and Motion Control, 2005:223-242.

[5] HOS C, KULLMANN L. Dynamic modelling of a pilot-operated pressure relief valve[C]. Bath: Proceedings of Power Transmission and Motion Control, 2005:193-208.

[6] ANTONIAK P, STRYCZEK J. Model of the flow process in the channels of the gerotor pump[C]. Aachen: 5th International Fluid Power Conference, 2006:225-236.

［7］ 胡国清,罗任飞. 多路换向阀流道数值模拟的一种新方法——代数应力模型［J］. 水动力学研究与进展,1996,11(3):272-275.

［8］ 檀润华,孙力峰,苑彩云,等. 基于功率键合图的自动符号建模与仿真软件［J］. 中国机械工程, 2000,11(9):1058-1060.

［9］ SHU J J. A finite element model and electronic analogue of pipeline pressure transients with requency-dependent friction［J］. Transactions of ASME, Journal of Fluids Engineering, 2003,125(1):194-198.

［10］ LEE I Y, KITAGAWA A, TAKENAKA T. On the transient behavior of oil flow under negative pressure［J］. Bull JSME, 1985,28(240):1097-1104.

［11］ WYLIE E B, STREETER V L. Fluid transients in systems［M］. NJ: Prentice-Hall, 1993.

［12］ KAGAWA T, LEE I Y, KITAGAWA A, et al. High speed and accurate computing method of frequency-dependent friction in laminar pipe flow for characteristics method ［J］. Trans. Jpn. Soc. Mech. Engrs, Ser. B., 1993,49(447):2638-2644.

［13］ ZIELKE W. Frequency-dependent friction in transient pipe flow［J］. Transactions of ASME, Journal of Basic Engineering, 1968,90(1):109-115.

［14］ 焦宗夏. 飞行器液压动力机管路系统的振动分析［J］. 北京航空航天大学学报, 1997, 23(3):316-321.

［15］ 刘晓波,华祖林,何国建. 计算流体力学的科学计算可视化研究进展［J］. 水动力学研究与进展,2004,19(1):120-125.

［16］ 刘云贺,俞茂宏,王克成. 流体–固体瞬态动力耦合有限元分析研究［J］. 水利学报, 2002(2):85-89.

［17］ 陈鹰,谢英俊,徐立. 液压仿真技术的新进展［J］. 液压与气动,1997(1):4-6.

［18］ 程述声,叶文柄,王匡时,等. 用功率键合图建立液压系统的数学模型［J］. 自动化技术与应用,1985,4(1):1-7.

［19］ HIKEYTECH. FloMASTER 热流体系统设计仿真平台［EB/OL］. ［2020-01-01］. http://hikeytech. com/index. php? m=Page&a=index&id=40.

［20］ ANSYS INC.. Computational fluid dynamics (CFD) simulation［EB/OL］. ［2020-01-01］. https://www. ansys. com/products/fluids.

［21］ COMSOL INC.. Understand, predict, and optimize physics-based designs and processes with COMSOL Multiphysics®［EB/OL］. ［2020-01-01］. https://www. comsol. com/comsol-multiphysics.

［22］ VNIVERSITY OF BATH. Centre for power transmission & motion control software［EB/OL］. ［2020-01-01］. https://www. bath. ac. uk/case-studies/centre-for-power-transmission-motion-control-software.

［23］ Boost energy efficiency and performance of your fluid systems［EB/OL］. ［2020-01-01］. https://www. plm. automation. siemens. com/global/en/products/simulation-test/fluid-system-simulation. html.

［24］HEXAGON AB. Advanced Controls & Systems Simulation［EB/OL］. ［2020-01-01］. https：//www. mscsoftware. com/product/easy5.

［25］MENTOR. Fluid thinking for systems engineers［EB/OL］. ［2020-01-01］. https：// www. mentor. com/products/mechanical/flomaster/flomaster.

第6章

新材料在液压传动技术中的应用

如果与机电一体化技术的紧密结合是促进液压传动技术迅速发展的动力之一,那么新材料、新工艺在液压元件及系统中的应用也是推动液压传动技术发展的另一个重要因素。近年来,随着微纳米技术、材料加工以及材料合成等技术和工艺的不断进步,某些合成材料以及功能材料的性能得到了很大的提高,在液压传动技术中的应用也得到了不断推广,从而促进了液压传动技术的发展和进步。目前在液压领域有着广阔应用前景的合成材料及功能材料主要有工程陶瓷材料、压电材料、记忆合金、磁流体及流变流体等。

6.1　工程陶瓷材料

陶瓷与金属材料和高分子材料并称为人类社会的三大材料。通常陶瓷是指以黏土为主要原料经高温烧制得到的制品,例如陶器、炻器和瓷器。但从广义上来讲,陶瓷还包括砖瓦、耐火材料、玻璃、珐琅、各种元素的碳化物、氮化物、硼化物、硅化物、氧化物等无机非金属材料以及水泥和石墨等。陶瓷材料通常至少有两种元素组成,其中一种是非金属元素或非金属固体元素,另一种可以是金属元素也可以是另外一种不同的非金属固体元素,这样一种经过加热(有时候还需要加压)、烧制而获得的固体化合物就称为陶瓷。更简单地说,除了金属、半导体和高分子材料以外的其他材料都可以认为是陶瓷材料。

陶瓷材料的种类很多,与金属、塑料相比,陶瓷的材料范围更为广泛,应用也更为多样。考古学研究表明,早在一万年以前就有陶器出现,原始瓷器在我国也已有三千多年的历史。现代社会中,传统陶瓷材料作为陶瓷器、砖瓦、卫生陶器等民用产品,仍然广泛用于人们的日常生活。而区别于传统陶瓷的特种陶瓷材料,由于具有某些特殊性能,因此在工业生产、航空航天及日常生活中得到了更为广泛的应用,成为现代科技发展不可缺少的支柱材料。

特种陶瓷又称为"精细陶瓷""先进陶瓷""高技术陶瓷"等。特种陶瓷是采用高度精选的原料,具有能精确控制的化学组成,按照便于控制的制造技术制造、加工的,具有优异性能的陶瓷。特种陶瓷并不是原来传统陶瓷的简单延伸,它建立在科学技术基础之上。与传统陶瓷相比,特种陶瓷是以人工合成的氧化物、氮化物、硅化物、硼化物、碳化物等为主要原料,成分由人工配比决定,具有不同于传统陶瓷的特殊性质和功能,如高强度、高硬度、耐腐蚀等的特殊材料。

特种陶瓷的品种繁多,可按化学组成分类,也可按性质分类,但通常都把它划分为结构陶瓷材料和功能陶瓷材料两大类。结构陶瓷又称为"工程陶瓷"或"工程结构陶瓷",是指利用陶瓷的热功能、机械功能和化学功能的陶瓷制品。主要有耐磨损材料、高强度材料、耐热材料、高硬度材料、低膨胀材料和隔热材料等结构材料。本节主要介绍工程陶瓷材料。功能陶瓷主要是指利用电磁功能、光学功能、生物化学功能等的陶瓷制品,其中绝大多数是绝缘材料、电介质材料、磁性材料、压电材料、半导体和超导陶瓷等电子陶瓷材料,其他功能陶瓷材料还包括生物陶瓷材料、抗菌陶瓷材料、透光性陶瓷材料等。其中压电材料就是 6.2 节介绍的内容。

工程陶瓷材料可以承受金属材料和高分子材料难以胜任的严酷工作环境,具有硬度高、强度大、耐高温、化学稳定性优异、绝缘性佳和介电性能优等一系列特点,此外,由于原材料来自于大气和地壳中取之不尽的氮和硅,而不需 Ni、Cr、Co 等战略金属,因此,近年来工程陶瓷材料的发展极为迅速。目前被广泛应用在能源、机械、电子、化学、石油化工、农药、建材、矿产等工业及航天航空领域。使用场合最多的有:黄金矿产、矿渣和煤炭等粉体或悬浮液输送管线的内衬;旋风分离器、燃气轮机、泵体的叶片、柱塞、套管和各种阀门;制药、陶瓷业高速搅拌机研磨体、挤出模具和陶瓷剪刀;电缆、电线和纺织行业的导轮;化肥工厂裂解炉用喷嘴或食品、陶瓷业中喷雾干燥器用喷嘴;林业中切削木材的切割刀具及机械行业中各种切削刀具、高精度密封元件、量具、刃具等。工程陶瓷材料由于具有"像金刚石一样硬,像钢一样强、像铝一样轻"的优异性能,从 20 世纪 50 年代中期开始引起研究者的极大重视,工业发达国家,如日本、美国、英国、德国等都投入了大量资金进行研究,并取得了许多重要成果。近年来,国产工程陶瓷材料的应用研究进展也非常迅速,材料的性能也在日益提高和完善。

6.1.1　工程陶瓷材料的特性

陶瓷材料具有如下一些特性。

①陶瓷材料密度小,约为钢密度的一半,质量轻;

②耐磨性能好,在常温下,陶瓷的硬度远高于金属,其弹性模量也高于金属,这一特性是由于它的内部离子晶体结构所决定的,因此陶瓷元件磨损少,寿命长,工作性能也易于提高;

③化学性能稳定,这是由于在离子晶体中,金属原子被周围的非金属元素所包围,屏蔽于非金属原子的间隙之中,形成极为稳定的化学结构,因此不可能同介质中的氧发生反应,同时具有耐酸碱盐和抗腐蚀等特性;

④抗气蚀性能好,陶瓷材料能够抵御水压元件中严重的气蚀破坏和高速水流的冲蚀磨损或拉丝侵蚀,即便水流中含有一定的固体杂质也能克服;

⑤陶瓷原材料和陶瓷元件对环境不会造成污染;

⑥陶瓷的主要元素氧、氮、硅、碳和铝等均易获得,因此便于材料的加工与合成。

1. 力学特性

(1)摩擦特性

腐蚀、磨损和断裂是材料失效的 3 种主要形式,其中由于摩擦导致磨损失效约占设备损坏的 70% ~80%。工程陶瓷用做耐磨部件的工况是十分复杂的,有干摩与湿摩(有润滑介质)、滚动与滑动,有无腐蚀介质或环境,不同材质的摩擦副,不同的使用温度、表面状态及摩擦系数大小等,要想简单地用一种假说或机理来说明所有磨损行为很困难。目前,对于陶瓷材料的摩擦和磨损机理主要有黏着理论和分子-机械理论两种理论解释。

（2）变形特性

金属材料在室温静拉伸载荷下,断裂前一般都要经过弹性变形和塑性变形两个阶段。而陶瓷材料一般都不出现塑性变形阶段,极微小应变的弹性变形后,立即出现脆性断裂,延伸率和断面收缩率都几乎为零。这一变形特征是由晶体结构决定的。陶瓷材料多半是键合很强的离子键和共价键化合物,有明显的方向性,同号电荷的离子相遇,斥力很大,因此滑移系很少,塑性小,硬度高。同理,陶瓷中位错形成和位错运动都很困难,因此常温下塑性较小。

（3）弹性模量

弹性模量是陶瓷材料的重要参数之一,是材料中原子（或离子）间结合强度的一种指标。陶瓷材料具有强固的离子键或共价键,因此陶瓷材料具有高的弹性模量。陶瓷材料的弹性模量约为 1 ~ 100 GPa,泊松比约为 0.2 ~ 0.3。特种陶瓷材料中碳化物陶瓷（以共价键为主）弹性模量最高,其次为氮化物陶瓷,相对较弱的为氧化物陶瓷（以离子键为主）。

（4）断裂强度及失效强度的分散性

断裂强度是指材料在一定载荷作用下发生破坏时的最大应力值,是材料重要的力学性能,也是设计、选用和使用材料时的重要指标。断裂失效是陶瓷材料最重要的失效形式之一。而陶瓷材料一个最大的特点就是失效强度存在较大的分散性,即使同样成分,同样工艺,同一批工序生产的陶瓷零件,失效时的应力值也不一定相同。这种分散性缘于材料内部或表面存在的各种原始缺陷（气孔、裂纹、位错与沟痕等）,尽管加工的方法不同、工艺手段与设备不同,可能决定了有的缺陷多,有的缺陷少,但这种原始缺陷是始终存在的。

由于陶瓷材料的失效强度没有一个确定性的数值,因此不能采用通用的设计方法来设计。1939 年,Weibull 发现脆性材料（包括陶瓷）失效强度的累积分布概率符合一种特定的规律,这种概率分布规律后来被命名为 Weibull 分布。越来越多的研究证实,陶瓷材料的失效概率分布,采用 Weibull 分布来拟合非常接近,因此,Weibull 分布被广泛用于陶瓷等脆性材料的力学性质研究和结构强度分析。

2. 热学特性

材料的热学特性包括熔点、热容、热导率、热膨胀系数等。

（1）熔点

与金属和高分子材料相比,陶瓷材料耐高温性能优良。材料的耐热性一般用高温强度、抗氧化及耐烧蚀性等因子来判断。要成为耐热材料,首先熔点必须高。熔点是维持晶体结构的原子间结合力强弱的反映,结合越强,原子的热振动越稳定,越能将晶体结构维持到更高温度,材料熔点就越高。陶瓷材料为强共价键和离子键化合物,因此熔点很高,耐高温性好。

（2）热膨胀系数

物体的体积和长度随温度升高而增大的现象,称为热膨胀,用热膨胀系统、线胀系数或体胀系数表示。陶瓷材料的热膨胀系数小,一般为 $(10^{-7} \sim 10^{-5})/℃$。几种陶瓷材料与金属材料的热膨胀系数比较见表 6.1 所示。

表 6.1　材料的热膨胀系数

分类	物质	热膨胀系数(25 ℃)/$(10^{-6} \cdot ℃^{-1})$
陶瓷	Si_3N_4	3.3～3.6
	SiC	5.1～5.8
	TiC	7.6
	Al_2O_3	8.5
	BeO	8.0
	MgO	13.5
	SiO_2 玻璃	0.5
	金刚石	0
金属	Al	23.2
	Co	13.7
	Cu	16.8
	Mo	5.0

(3)热导率

热导率是指热流流过材料的速率。固体内导热的大小取决于传导热能的载流子数和载流子在固体内受到阻力的大小。固体材料导热的载流子是自由电子、声子和光子。在金属中由于有大量自由电子,而且电子的质量很轻,所以能迅速地实现热量的传递。因此,金属的热导率一般较大。陶瓷材料中声子传导起着决定性作用,热导率一般比金属低一个数量级。一些固体材料的热导率见表 6.2。

表 6.2　材料的热导率(25 ℃)

分类	物质	热导率/$(W \cdot cm^{-1} \cdot K^{-1})$
陶瓷	Si_3N_4	0.15～0.2
	SiC	0.6～1.6
	TiC	0.15～0.2
	Al_2O_3	0.4
	BeO	2.5
	MgO	0.6
	SiO_2 玻璃	约0.01
	金刚石	20
金属	Al	2.38
	Co	1
	Cu	4.16
	Mo	5.0

6.1.2 工程陶瓷材料的种类

目前可供选用的工程陶瓷材料按组成成分不同可分为氧化物陶瓷和非氧化物陶瓷两种；也可分为氧化物陶瓷（如 Al_2O_3、ZrO_2 陶瓷等）、氮化物陶瓷（如 Si_3N_4、Sialon）和碳化物陶瓷（如 SiC 等）等几种。表 6.3 中给出了几种工程陶瓷材料的性能指标，表 6.4 中给出了工程陶瓷材料所具有的功能及用途。

表 6.3　工程陶瓷材料性能指标

特　　性		PSZ				氧化铝	氮化硅	碳化硅
		Y_2O_3 系 (3%摩尔)	Y_2O_3/Al_2O_3 系(20%质量)	MgO 系 (9%摩尔)	CeO_2 系 (12%摩尔)			
密度/$(g \cdot cm^{-3})$		6.05	5.51	5.85	6.23	3.98	3.2	3.2
弯曲强度 /MPa	室温	800~1 700	2 000~2 500	600~800	400~500	300~700	600~1 000	400~900
	1 000 ℃	300	800~1 000	300	300	300~500	500~900	400~900
系数		8~20	8~15	30	45	—	—	—
冲击韧性/$(MPa \cdot m^{1/2})$		6~9	5~6	8	15	3~5	5~7	3~5
威氏硬度		1 300	1 470	1 200	700	1 600~2 000	1 400~1 700	2 500~2 800
弹性模量/GPa		2.0	2.6	2.0	2.0	4.0	3.2	4.5
热冲击阻抗/℃		250	450	500	250	210	550~800	400
热导率 /$(W \cdot m^{-1} \cdot K^{-1})$		2.926	4.18	2.926	2.926	12.54	29.26	83.6
热膨胀系数/$(10^{-6} \cdot ℃^{-1})$		10	9.4	10	8.9	6.5	3.5	4.5

表 6.4　工程陶瓷材料的功能及用途

功能	材料	应用
高强度性	PSZ、Si_3N_4、SiC 等	塑料、金属或陶瓷的增强材料、钓鱼竿等娱乐用品
硬度高、耐磨性	Al_2O_3、ZrO_2、B_4C、SiC、Si_3N_4、CBN、PCD、金属陶瓷、石墨	切削刀具、夹具、磨具、轴承、磨削材料、各种研磨材料、机械密封等
耐腐蚀	Al_2O_3、ZrO_2、B_4C、SiC、Si_3N_4、BN、TiN	冶金、化工用管道、喷嘴、阀门、泵、容器、表面涂层材料等
耐高温、耐热	Al_2O_3、ZrO_2、SiC、Si_3N_4、AN、TiB_2	燃气涡轮发动机零件、柴油机零件、航空航天用零件、加热炉输送用具、导轨、加热炉传热管、热交换器、高温气体流量调节阀等
低热膨胀性	Al_2O_3、ZrO_2、TiB_2、莫来石、堇青石	精密机械零件、高温炉内材料、各种炉内构件、热交换器、汽车尾气催化剂等
自润滑	石墨、氟化碳、MoS_2、六方晶碳化硼	固体润滑剂、高温脱模剂

6.1.3 工程陶瓷材料的加工方法

工程陶瓷材料的加工工艺直接关系到陶瓷材料的应用范围及应用方式,工程陶瓷胚料的生成广泛采用真空烧结、保护气氛烧结、热压、热等静压等新型的制备工艺,但由于陶瓷晶体是由阳离子和阴离子或阴离子和阴离子之间的化学键结合而成的,化学键具有方向性,原子堆积密度低,原子间距离大,使陶瓷显示出很大的脆性,因此成为难以加工的材料,特别是加工高精度、形状复杂的构件非常困难,从而导致精加工的费用增大,严重阻碍了工程陶瓷材料的推广应用,这也对机械加工提出了新的挑战。显然,陶瓷材料作为工程材料的大规模应用,在很大程度上取决于陶瓷零件加工技术的发展。

1. 工程陶瓷材料的机械加工

工程陶瓷的车削加工主要采用金刚石刀具(或涂层刀具)。多晶金刚石刀具难以产生光滑锋利的切削刃,一般只用于粗加工。而工程陶瓷的精密车削需使用天然单晶金刚石刀具,采用微切削方式。

磨削、研磨和抛光加工是陶瓷材料最主要的加工方法,包括平面、内外圆以及成形表面等的磨削、研磨和抛光加工。虽然陶瓷材料的磨削加工机理尚不完全清楚,但脆性断裂是陶瓷材料磨除的主要机理。陶瓷磨削中磨屑的处理是个大问题,一般采用冷却液冲洗,不仅可以冲走磨屑,而且可以降低磨削温度,提高加工质量,降低砂轮耗损。研磨通常采用铸铁等较硬的有数微米以上磨粒的研具,抛光采用软质抛光器和细粉磨粒在较低的压力下加工。

2. 工程陶瓷材料的电加工

工程陶瓷材料的电加工、电火花加工主要是通过电极间放电产生高温熔化和汽化来蚀除材料,因此材料的可加工性主要取决于材料的热学性质,如熔点、比热、导热系数等,而材料的力学性能影响较小。电火花加工适合于超硬导电材料的加工。由于大多数陶瓷材料是电的绝缘体,以往很少用电火花加工法加工。但近年来许多高性能工程陶瓷中都含有 TiC 等导电材料,使得电火花加工成为可能。

3. 工程陶瓷材料的超声波加工

硬脆材料用超声波加工是目前应用较普遍的方法之一。超声波振动研磨加工如图 6.1 所示。由于加工工具无须旋转,所以能加工型腔和特殊轮廓的孔。当使用中空工具时,还可以实现陶瓷材料的套料加工。这种方法存在以下缺点:

①加工工具的更换比较麻烦;

②由于加工中工具质量变化和力的传导等因素使加工速度和加工质量受到影响;

③加工工程陶瓷材料时,工具磨损严重,加工效率也比较低。

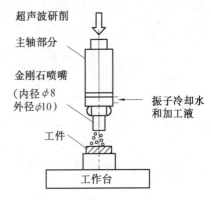

图 6.1 超声波振动研磨加工

4. 工程陶瓷材料的激光加工

由于激光加工与材料的硬度等力学性能无关,此外陶瓷与金属比较,对激光的吸收率较高,因此,利用激光对陶瓷材料特别是对薄板材料进行加工尤为适用。现在可产生振荡激光的激光器种类很多,其中用于工程陶瓷加工的主要有 CO_2 激光和 YAG 激光。YAG 激光操作容易,可靠性高,适宜于微细加工;CO_2 激光在效率和输出功率方面较优异,可用于需要大功率的材料加工。由于激光加工时,光束瞬时辐射,在材料表面产生局部高温,形成很大的温度梯度;又由于陶瓷材料硬且脆,因此激光加工后,会产生一定应力变形和不同程度的微裂纹。

5. 工程陶瓷材料的喷涂

在液压传动技术应用中,因陶瓷硬度高、脆性大,机加工困难,所以完全采用陶瓷做液压元件的关键零部件较为少见。目前多是采用对关键零部件的表面进行陶瓷喷涂,如用等离子喷涂设备将陶瓷粉末熔化,在工作气体保护下,通过喷嘴高速均匀地喷涂在零部件表面上,形成陶瓷涂层。这样,零件表面具有陶瓷的优良性能,而芯部具有金属的特性。在此基础上,对涂层进行磨削加工,使喷涂得到的涂层精度达到液压元件的精度要求。

工业生产中,陶瓷涂层是由表面冶金强化和表面镀覆强化两种方法生成。在表面冶金强化技术中,一般采用热喷涂方法来生成陶瓷涂层。热喷涂方法主要有电弧喷涂、火焰喷涂、等离子喷涂和爆涂,而火焰喷涂和等离子喷涂应用范围较广。热喷涂方法的最大优点是在喷涂过程中基体材料受热少,工件表面温度低(小于 250 ℃),故基体材料的组织和性能不发生变化,工件变形小,非常适合要求精密配合的水液压元件。然而,喷涂层与工件表面是机械配合,结合强度较低(约为 5~50 MPa),同时涂层由无数微粒堆积而成,总是存在一定的孔隙度,约为 1%~5%。表面镀覆强化指的是通过化学气相沉积法和物理气相沉积法来获得表面陶瓷涂层。其主要优点是覆盖能力强,镀层致密,与工件结合紧密,但其热处理温度较高,会使工件产生较大的变形,影响工件的精度。

6.1.4　工程陶瓷材料的应用

利用工程陶瓷材料的高硬度、耐高温、耐磨损、耐腐蚀以及重量轻和良好的自润滑性等特性,工程陶瓷材料被广泛应用于机械、电子、冶金、化工、航空航天等领域。

1. 制作刀具

工程陶瓷材料用于制作机械加工中的各种刀具主要是利用它的高硬度和耐高温特性。工程陶瓷刀具材料是 20 世纪 50 年代发展起来的,经改进,其材料硬度可达 HRA 93~94,抗弯强度达 800~1 000 MPa,能在 1 200~1 300 ℃的高温下正常切削。

2. 制作轴承

工程陶瓷材料用于制作轴承主要是利用其热膨胀率低、密度低、耐磨等特性。传统滚动轴承的滚珠,由于转速高、质量大,易产生热膨胀现象,因此滚珠弹道磨损严重、回转精度低。采用工程陶瓷材料后,不仅可减小热膨胀,而且轴承由于质量轻,高速旋转式离心力小,同轨道的磨损也相对减小,可以延长轴承的使用寿命。

3. 在航空航天领域的应用

利用工程陶瓷材料的热传导率低、熔点高、抗热冲击、抗氧化等热学特性以及密度低的特点,工程陶瓷材料被用于制作航天飞机外壳表面的镀层以及各种航空航天耐高温器件等。

4. 在燃气机上的应用

燃气机是喷气式飞机、轮船、发电机组的动力来源。工程陶瓷材料在燃气机上的应用主要是在高温部件上,例如叶片、转子、导叶、燃烧筒、套管等。使用工程陶瓷材料后,燃气机涡轮进口温度可提高到1 370 ℃,从而使燃料利用率大大提高。此外,工程陶瓷材料的使用还使发动机质量减轻,使涡轮转子的启动惯量减小,同时比采用高温合金材料具有更好的抗氧化性和耐腐蚀性。

5. 在汽车工业中的应用

汽车发动机中的一些零部件工作环境很差,长期处于高温、高压、高冲击状态,这就要求零部件耐高温、抗冲击,且能承受急冷急热的温度变化。工程陶瓷材料正是由于具备了某些发动机零部件所要求的良好特性,而被广泛应用于发动机上。例如制作气门加热器、活塞、汽缸、预燃烧室、挺杆、阀门、喷嘴、转子、轴承以及净化排气的氧传感器、蜂窝形催化剂载体、保护催化剂用的温度传感器、提高燃烧效率用的爆燃传感器等。

6. 在液压传动技术中的应用

工程陶瓷材料在液压传动技术中的应用主要包括以下几个方面。

(1)液压缸活塞杆

在液压缸的活塞杆上喷涂工程陶瓷材料,形成一层陶瓷镀层有助于提高液压缸活塞杆的抗腐蚀、抗磨损能力,从而提高液压缸的工作性能和使用寿命。活塞杆采用陶瓷镀层的液压缸将更适合于在水下、海底、化学物质中工作,因此可应用于水利机械(船闸、大坝、吊桥等),也可应用于海上石油钻井平台、甲板起升设备等。液压缸陶瓷镀层可采用电火花或热喷涂方法进行加工。例如 Bosch Rexroth 公司为水利机械和海上液压设备生产的陶瓷镀层液压缸,在液压缸活塞杆上采用了等离子喷涂和 HVOF(High Velocity Oxygen Fuel)超音速火焰喷涂等热喷涂方法,使液压缸活塞杆具有很强的抗污染和抗磨损能力。液压缸活塞杆陶瓷镀层的超音速火焰喷涂加工如图6.2所示。

(2)水压柱塞泵陶瓷柱塞

水压技术由于具有经济、安全、环保等特点,近几年来受到越来越广泛的重视。传统的液压元件大多由钢、铝、铜等金属材料制成,如果直接应用于水压系统,会出现磨损严重、元件生锈等问

图6.2   超音速火焰喷涂

[图片来源:Bosch Rexroth 公司]

题。陶瓷材料由于具有抗磨、自润滑、防锈等特点,因此在水压柱塞泵、水压控制阀等元件中发挥了重要的作用。例如华中科技大学研制的陶瓷材料水压轴向柱塞泵,柱塞和缸筒内壁表面采用了陶瓷镀层,增加了柱塞和缸筒内壁的抗磨、防锈能力,提高了柱塞泵柱塞摩擦副的可靠性。该水液压柱塞泵压力为14 MPa,排量为10 mL/min,柱塞数为9,柱塞

直径为 12 mm,柱塞分布圆直径为 62 mm,斜盘倾角为 10°。设计过程中,比较了等静压法氮化硅陶瓷和气压烧结法陶瓷两种陶瓷材料应用于柱塞泵柱塞上的可靠度。陶瓷柱塞可靠度分析结果表明,采用氮化硅陶瓷制造的柱塞,能够满足水液压柱塞泵的可靠性要求。

陶瓷零件有一个最大特点,就是它的可靠度永远不可能达到 100%,必须采用概率设计方法进行设计。水液压柱塞泵的柱塞在工作过程中,长期受到冲击载荷作用,因此,做柱塞的陶瓷应该具有良好的韧性和抗冲击能力。增韧氮化硅材料不但具有一定的自润滑性,也具有良好的抗冲击韧性,已经在金属切削刀具中广泛应用,因此,该材料用于加工水液压柱塞泵的柱塞是很有前途的。

(3)柱塞泵滑靴、球头和柱塞

与轴向柱塞泵中的柱塞和柱塞缸筒一样,径向柱塞泵中的滑靴、球头和柱塞也是极易磨损的部件,如果在这些部分采用高硬度和耐磨损的工程陶瓷材料,则能够提高柱塞泵的使用寿命。传统的轴向柱塞泵,滑靴和球头通常采用各种钢或合金材料。但对有些要求柱塞泵的转速和功率/重量比大的应用场合,例如航空航天应用中的液压系统,则需要采用密度小的材料。陶瓷材料的密度小于钢的密度,因此可以减小柱塞泵中各零部件的惯性力,从而减小柱塞泵的功率。德国 D. G. Feldmann 等研究人员提出采用新型易于加工的 RBAO 和 s-3A 陶瓷材料来制作水压径向柱塞泵的滑靴、球头和柱塞,该径向柱塞泵结构如图 6.3 所示。不同于传统的轴向柱塞泵,该径向柱塞泵的滑靴和球头是一体的,而球头和柱塞是分离的,柱塞套在球头上。当柱塞泵转子转动时,滑靴沿泵的定子内表面滑动,柱塞沿柱塞缸筒内表面滑动。

由于 RBAO 和 s-3A 这两种陶瓷材料可降低精加工工艺的费用,因此该方法与采用其他陶瓷材料的方法相比更加经济实用。

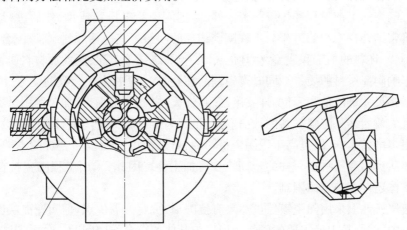

图 6.3　采用陶瓷滑靴和柱塞的水压径向柱塞泵结构

D. G. Feldmann 等人的这一研究是由 Bosch Rexroth、MOOG、Walter Voss、Materials Engineering Hamburg 等 4 家企业和 TUHH(Technical University of Hamburg-Harburg)大学先进陶瓷研究课题组联合承担的科研项目中的一部分,该项目由德国联邦教育和科研部(BMBF)以及德国工程工业联合会(VDMA)联合资助,目的是为流体动力系统开发精密的陶瓷元件,例如轴向柱塞泵、径向柱塞泵以及高压的水压控制阀等元件。

（4）密封

工程陶瓷材料制作的密封件或垫片主要应用在液压或水压泵和阀等元件的轴密封处,尤其是输送高温介质的流体系统的轴密封处。在轴密封处,要求密封端面既能相对转动,又不使液体泄漏,因此密封材料要具有良好的密封性,摩擦系数要小,不易磨损,而且不与工作介质发生反应。对于高温密封场合,除了上述要求外,还要求密封材料能够耐高温、热膨胀率低。过去高温密封通常采用铜合金或石墨材料,这些高温密封材料存在易磨损、磨损颗粒污染工作介质等缺点。随着液压传动技术向高速化、高压化及大型化发展,使用环境越来越苛刻,工作介质种类也越来越多,工作温度范围也越来越大,铜合金或石墨做密封材料已不能满足更高的性能要求。如果利用工程陶瓷材料所具有的耐高温、耐磨损、耐腐蚀等特性来制作密封件,则能够更好地发挥密封件的作用,提高液压系统的性能。

（5）其他应用

工程陶瓷材料在液压传动技术中的应用还包括：

①阀门,在医疗器械或家用器械中;

②泵,例如齿轮泵的壳体,柱塞泵的轴承、柱塞以及密封件;

③喷嘴,例如喷嘴挡板伺服阀的喷嘴,射流管伺服阀的射流管等;

④管路,例如输送具有腐蚀性的液体或高温气体等化工行业中。

6.1.5 存在的问题

如果液压元件的各零部件整体采用工程陶瓷材料,则存在加工困难、造价昂贵等问题。工程陶瓷的生产过程和传统陶瓷一样,是把陶瓷粉末压实成型,然后进行烧结,使陶瓷微粒紧密结合在一起的过程。工程陶瓷构件的制造工艺包括原料制备、配合料的混合、细碎和预烧、坯料的加工和成型、生坯的干燥、窑炉烧结等工序,因此原材料质量和烧结过程都会影响陶瓷材料的质量。同时陶瓷制品在烧结过程中体积会收缩变形,因此成型后的构件最终尺寸难以预测,且构件硬度高、脆性大,机械加工困难,加工费用昂贵。

脆性失效始终是陶瓷材料的致命弱点,虽然为了克服传统陶瓷材料的脆性失效问题,采取了很多增韧措施,以提高工程陶瓷材料的韧性,但由于陶瓷结合键的本性,使陶瓷材料尚不能达到同金属材料一样的塑韧性和可加工性。因此,采用工程陶瓷材料制作液压元件的整体还存在一定的困难。

在液压元件上采用陶瓷镀层虽然具有抗磨损、抗腐蚀等优点,但陶瓷镀层也存在一些尚待解决的问题,其中最主要的就是陶瓷层与基体的结合强度问题。一系列试验表明,陶瓷涂层的最后破坏均发生在陶瓷与金属的界面上,而不是陶瓷层本身的磨损。例如液压元件和管路中气穴和气蚀现象发生时,很容易导致陶瓷镀层从基体上成片脱落。因此应充分认识陶瓷与基体界面结合层的性质,以寻求更好的方法提高其结合强度。但由于陶瓷镀层和基体界面是亚微米以下的极薄的一层物质,而且组成复杂,要对该界面认识清楚还需要进一步的努力,只有对镀层的力学性质、镀层宏观性质与微观结构的关系做更全面的了解,进行大量的实验研究,才能使这一应用得到更进一步的完善。

6.2　压电材料

压电材料是一种具有压电效应、能够将机械能和电能互相转换的功能材料。压电效应有正压电效应和逆压电效应两种。某些介质在受到机械压力(即使像声波振动那样小的机械压力)时,会产生压缩或伸长等形状变化,并引起介质表面带电,这种现象称为正压电效应。反之,施加激励电场后,介质会产生机械变形,这种现象称为逆压电效应。

1880 年,法国的居里兄弟发现了压电效应,1942 年,第一个压电陶瓷材料——钛酸钡先后在美国、前苏联和日本制成。1947 年,第一个压电陶瓷器件——钛酸钡拾音器诞生了。20 世纪 50 年代初,又一种性能大大优于钛酸钡的压电陶瓷材料——锆钛酸铅研制成功。20 世纪 60 年代到 70 年代,压电陶瓷不断改进,这些材料性能优异,制造简单,成本低廉,得到了广泛的应用。

目前压电材料可分为三大类。

①压电晶体(单晶),它包括压电石英晶体和其他压电单晶;

②压电陶瓷(多晶半导瓷);

③新型压电材料,又可分为压电半导体和有机高分子压电材料两种。

目前,压电材料已广泛应用于制造各种谐振器、电声转换器、传感器以及驱动器等。在驱动器应用中主要采用的是压电陶瓷和有机高分子压电材料。

6.2.1　压电材料的特性

1. 压电常数

压电常数是反映压电材料产生应变与输入电压或输出电荷之间关系的常数。对于一般的固体,应力 T 只引起成比例的应变 S。但压电材料具有压电性,即施加应力后能产生额外的电荷。压电材料所产生的电荷数量 Q 与施加的应力 T 成比例,如果用介质电位移 D(单位面积的电荷)和应力 T(单位面积所受的力)来表示压电材料这一特性,则

$$D = \frac{Q}{A} = dT \tag{6.1}$$

式中　　d——比例常数,C/N,对于作用在压电材料上的压力和张力来说,其符号是相反的;

　　　　A——压电材料作用面积。

式(6.1)表示的是正压电效应。对于逆压电效应,当施加电场强度为 E 的电场后,压电材料成比例地产生应变 S,则应变 S 和电场强度 E 之间的关系可表示为

$$S = dE \tag{6.2}$$

式中　　d——比例常数,m/V。

施加电场后,压电材料所产生的应变为膨胀或收缩,主要取决于压电材料的极化方向。

上述式(6.1)和式(6.2)中的比例常数 d 称为压电应变常数,或简称为压电常数。对于正压电效应和逆压电效应来讲,d 在数值上是相同的,即有关系式:

$$d_{ij} = \frac{D_i}{T_j} = \frac{S_j}{E_i} \tag{6.3}$$

对于希望用来产生运动、振动或位移量的压电材料,应具有大的压电常数,因此如果把压电材料用于制作流体传动系统中的驱动器,则应选用具有较大压电常数 d 的压电材料。

2. 介电常数

介电常数是反映压电材料的介电性质或极化性质的参数,通常常用 ε 来表示。介电常数 ε 与元件的电容 C,电极面积 A 和电极间距离 t 之间的关系可表示为

$$\varepsilon = \frac{Ct}{A} \tag{6.4}$$

压电陶瓷极化处理之前是各向同性的多晶体,沿各个方向的介电常数是相同的,即只有一个介电常数。经过极化处理以后,由于沿极化方向产生了剩余极化而成为各向异性的多晶体。此时,沿极化方向的介电性质就与其他方向的介电性质不同。

此外,压电材料处于不同的机械条件下时,所测得的介电常数也会发生变化。在机械自由条件下,测得的介电常数称为自由介电常数,用 ε^{T} 表示,上角标 T 表示机械自由条件。在机械夹持条件下,测得的介电常数称为夹持介电常数,用 ε^{S} 表示,上角标 S 表示机械夹持条件。由于在机械自由条件下存在由形变而产生的附加电场,而在机械夹持条件下则没有这种效应,因此在两种条件下测得的介电常数数值不同。

不同用途的压电材料元器件对压电材料的介电常数有不同要求。例如,压电陶瓷扬声器等音频元件要求压电陶瓷的介电常数要大,而高频压电陶瓷元器件则要求材料的介电常数要小。

3. 弹性刚度系数

弹性刚度系数是反映压电材料所受到应力与产生的应变之间关系的系数。压电材料是一种弹性体,它服从虎克定律,即在弹性限度范围内,应力与应变成正比。设压电材料产生的应力为 T,加于截面积为 A 的压电陶瓷片上,所产生的应变为 S,则根据虎克定律,应力 T 与应变 S 之间关系可表示为

$$T = cS \tag{6.5}$$

式中　c——弹性刚度系数,$\mathrm{N/m^2}$。

4. 机电耦合系数

机电耦合系数是表示压电体机械能与电能耦合程度的参数,它表示压电材料的机械能与电能之间的耦合效应,是综合反映压电材料性能的参数,也是衡量压电材料压电性强弱的重要物理量。

机电耦合系数 k 可定义为

$$k^2 = \frac{电能转变为机械能}{输入电能}$$

或

$$k^2 = \frac{机械能转变为电能}{输入机械能}$$

任何一种压电材料的应用都要求压电材料具有较大的机电耦合系数。很多压电器件

的性能指标,如压电滤波器的带宽、压电变压器的升压比、声表面波滤波器的最佳带宽及换能器的辐射阻抗等,都直接与机电耦合系数有关。机电耦合系数不是压电材料的独立物理量,而是压电、弹性和介电参数的函数,所以它能更全面地表征压电材料的性质。由于压电元器件的机械能与它的形状和振动模式有关,因此,不同形状和不同振动模式对应的机电耦合系数也不相同。

表 6.5 给出了几种压电材料的压电常数 d、弹性刚度系数 c 和机电耦合系数 k 的数值。

表6.5　各种形态压电材料的特性

材料形态	典型材料名称	$d_{33}/(\text{pN} \cdot \text{C}^{-1})$	$c_{33}^{E}/(\text{N} \cdot \text{m}^{-2})$	$k_{33}/\%$
单晶	$LiNbO_3$	21(d_{22})	2.45	17
陶瓷	PZT-5H	539	1.17	75
薄膜	ZnO	12.4	2.11	28
有机高分子	PVF_2	25(d_{31})	0.025	20
复合材料	PZT/橡胶	340	0.04	9

注:表中"33""22""31"等下标表示材料的不同形状和应变方式。"E"代表测试条件为短路。

表 6.5 表明,压电陶瓷材料 PZT-5H 和压电复合材料 PZT/橡胶具有很大的压电常数,PZT-5H 也具有较大的弹性刚度系数和较高的机电耦合系数,因此压电陶瓷材料是压电材料中最适合于制作驱动器或致动器的材料。

6.2.2　压电陶瓷材料的应用

利用压电陶瓷将外力转换成电能的特性,可以制造出压电点火器、移动 X 光电源、炮弹引爆装置。用两个直径为 3 mm、高为 5 mm 的压电陶瓷柱取代普通的火石,可以制成一种能够连续打火几万次的气体电子打火机。用压电陶瓷把电能转换成超声振动,可以用来探寻水下鱼群的位置和形状,还可用于对金属进行无损探伤,以及超声清洗、超声医疗等,也可以做成各种超声切割器、焊接装置及烙铁,对塑料甚至金属进行加工。

压电陶瓷对外力的敏感使它甚至可以感应到十几米外飞虫拍打翅膀对空气的扰动,并将极其微弱的机械振动转换成电信号。利用压电陶瓷的这一特性,可将压电陶瓷应用于声呐系统、气象探测、遥测、环境保护、家用电器等方面。

在航天领域,压电陶瓷制作的压电陀螺,是在太空中飞行的航天器、人造卫星的"舵"。依靠"舵"的作用,航天器和人造卫星才能保证其既定的方位和航线。传统的机械陀螺,寿命短,精度差,灵敏度也低,不能很好地满足航天器和卫星系统的要求。而压电陀螺灵敏度高,可靠性好。

在深海中航行的潜艇上,都装有水下声呐系统。它是水下导航、通信、侦察敌舰、清扫敌布水雷的不可缺少的设备,也是开发海洋资源的有力工具。利用水下声呐系统,人们可以探测鱼群、勘查海底地形地貌等。在这种声呐系统中,不可缺少的部分是压电陶瓷水声换能器。当水声换能器发射出的声信号碰到一个目标后就会产生反射信号,这个反射信号被另一个接收型水声换能器所接收,于是,就发现了目标。目前,压电陶瓷是制作水声换能器的最佳材料之一。

在医学上,医生将压电陶瓷探头放在人体的检查部位,通电后发出超声波,传到人体,碰到人体的组织后产生回波,然后把这一回波接收下来,显示在荧光屏上,医生便能了解人体内部状况。

在工业上,地质探测仪里有压电陶瓷元件,用它可以判断地层的地质状况,查明地下矿藏。还有电视机里的变压器——电压陶瓷变压器,它体积小、质量轻,效率可达60%～80%,能耐住3万伏的高压,使电压保持稳定,完全消除了电视图像模糊变形的缺陷。现在国外生产的电视机大都采用了压电陶瓷变压器。一只15英寸的显像管,使用75 mm长的压电陶瓷变压器就能够满足要求,这样就使电视机体积变小、质量减轻了。

在工业应用中,压电材料被用于制作各种驱动装置,例如微泵的动力源、各种阀门的驱动部件、照相机的自动焦点控制装置、磁带录像机磁头位置控制装置以及超声波电机等。

下面将着重介绍压电材料在微流控系统和液压传动系统中的应用。

6.2.3 压电微泵

微泵作为微流控系统的主要部件,由于能实现流量的精确输送和控制,因此在药物微量运输、燃料微量喷射、化学分析与检测、集成电路芯片的散热与冷却、生物芯片等方面有着重要的应用前景。自20世纪90年代微流控技术出现以来,各国研究人员对微流控技术的加工工艺、理论分析及试验方法等都进行了大量的研究。微泵的类型多种多样,按工作过程可分为往复式、蠕动式、电气液力式以及超声波式等;按驱动方式可分为压电驱动式、气动式、热气动式、热机械驱动式以及静电驱动式等。其中采用压电陶瓷驱动方式的微泵又称为压电微泵,它是利用压电振子作为换能器的流体传输装置。从结构形式来划分,压电微泵可分为有阀压电微泵和无阀压电微泵两种。有阀型微泵制造工艺和应用技术成熟,原理简单,易于控制,是目前应用的主流;无阀型微泵则常常利用流体在微尺度下的新特性,原理比较新颖,更适于微型化,具有更大的发展前景。

1.压电片式有阀微泵

最初,为了能够将胰岛素精确而自动地注入人体内而开始了微泵的研究。当时微泵采用的是传统的精密机械加工技术,泵体和泵膜采用的是不锈钢材料,主动阀片和驱动器采用的是双压电片,双压电片驱动阀片使阀打开或关闭,其原理图及结构简图分别如图6.4所示。

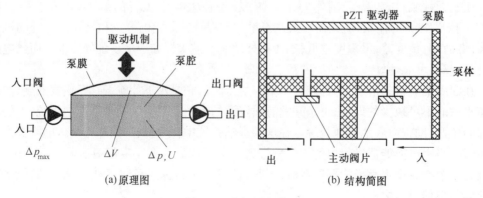

(a)原理图   (b)结构简图

图6.4 有阀压电微泵

图 6.4 所示压电微泵为往复式止回阀压电微泵,由驱动单元、泵腔及两个单向止回阀组成,其中驱动单元是压电陶瓷片和泵膜组成的薄膜。当给压电陶瓷片施加不同频率的周期性电压信号时,由于压电效应,压电片将产生周期变化的变形。泵膜在压电陶瓷片的带动下开始振动,泵腔体积周期性增大或减小。泵腔体积增大时,给入口阀片通电,出口阀片断电,入口阀打开,出口阀关闭,流体被吸入泵腔;加载反向电压时,泵腔体积将减小,此时入口阀片断电,出口阀片通电,入口阀关闭,出口阀打开,流体被输出。

最初用于胰岛素注射的微泵,当驱动电压为 100 V 时,试验得到泵腔体积变化是 115 μL,最大的压力大约是 32 kPa。此后,基于不同原理、结构、工艺方法的往复式压电微泵相继出现。Van Lintel 在 1988 年最早研制出具有 3 层、单驱动、单腔、圆形凸台止回阀的压电微泵,其封装体积不到 4 cm³,泵腔和阀片用硅片制作,阀片直径为 7 mm,其后对这一结构进行了改进。

1990 年,Shoji 等人研制了具有两个串联泵腔和止回阀的压电微泵,由硅和玻璃组成,用硅微加工技术制作,在驱动电压 $U=100$ V 时,压电片驱动频率 $f=25$ Hz,其工作参数为:最大泵送流量 $q_{max}=18$ μL/min,最大泵送压力 $\Delta p_{max}=1\,017$ kPa,为了减小由于周期性驱动而在出口处产生振荡,Shoji 等人又研制了一种由两个并联泵腔和止回阀组成的压电微泵,以水作为工作物质,其工作参数为:驱动频率 $f=50$ Hz,驱动电压 $U=100$ V,最大泵送流量 $q_{max}=42$ μL/min。

2. 无阀压电微泵

有阀压电微泵通常结构复杂,加工困难,于是有些研究者提出了无阀压电微泵的结构。无阀压电微泵主要利用管道的特殊结构或流体的黏度特性等来实现流体的单向流动。由于取消了微泵中的止回阀,因此无阀微泵简化了系统组成,降低了加工难度,使微泵更易于集成化。而且,由于系统内不存在机械阀对流体的挤压作用,除均相流体外,对一些非均相流体亦可驱动,如含微小颗粒的溶液、含细胞的溶液等,尤其在泵送含细胞的溶液时能保证活细胞在被泵出时不受损伤,这一点对生物分析具有十分重要的意义。但无阀压电微泵由于对流体的封闭不如传统机械式有阀微泵完全,因此,泵送液体时会有一定程度的倒流。

根据出入口形式的不同,无阀微泵可以分为扩张管/收缩管无阀压电微泵、瓣膜管道结构压电无阀微泵和弹性缓冲机制压电无阀微泵等。

(1) 扩张管/收缩管无阀压电微泵

1993 年,瑞典的 E. Stemme 等首次提出利用锥形管(收缩管/扩张管)制作无阀压电微泵,并采用精密加工技术在铜片上制作出该微泵。无阀压电微泵与有阀压电微泵的主要区别在于用收缩管和扩张管代替了止回阀,无阀压电微泵的结构简图如图 6.5 所示。该阀由铜片泵膜和固定在泵膜上的压电陶瓷膜片、阀体、收缩管及扩张管组成。

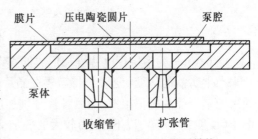

图 6.5　锥形管无阀压电微泵结构

在压电陶瓷材料 PZT 上加载周期变化的电压时,PZT 产生周期性位移,从而带动泵膜开始振动,由于扩张管与收缩管内压力分布曲线不同,当泵膜振动时,扩张管和收缩管内产生的阻力不同,引起两个管内流量的不同。当泵腔体积增大,腔内压力降低时,收缩管和扩张管内均有流体流入,但由于此时收缩管内阻力小于扩张管中阻力,因此收缩管中流入流量大于扩张管中流入流量;当泵腔体积减小,腔内压力增大时,收缩管和扩张管内均有流体流出,但由于此时收缩管内阻力大于扩张管中阻力,因此收缩管中排出流量小于扩张管中排出流量。所以,扩张管和收缩管无阀微泵整体表现为流体的差量单向流动。

同有阀压电微泵一样,增加腔体数量也可改善锥形管无阀压电微泵的性能。研究表明采用两个腔体并联或串联的无阀压电微泵比采用单泵腔的无阀压电微泵效果更好,而且两个腔体交叉工作(一个吸入,另一个排出)比两个腔体同步工作(同时吸入或排出)的效率(压力、流量)高2倍,且输出脉动小。另一项研究表明串联泵两个腔体交叉工作时最大输出流量和压力都优于单腔体泵,减小锥形管的通流面积也可以提高输出压力。此外,锥形管无阀压电微泵的出流方向与锥形管的角度有关,锥角小于20°时扩张管出流;锥角在20°~120°时收缩管出流。

(2)瓣膜管道结构压电无阀微泵

1919年,Nicola Tesla申请了带瓣膜的管道专利,当流体在这种管道中沿前进方向流动时,受到的阻力很低,反方向流动时,受到的阻力很大。Forster等将这一管道应用到无阀微泵中,在微尺度下加工出瓣膜管道结构的无阀微泵。利用这种微泵可输送直径为3.1~20.3 μm的聚苯乙烯微球悬浮物以及其他生物微球悬浮物等。

6.2.4　压电陶瓷(PZT)驱动式液压阀

利用压电陶瓷的逆压电效应,采用不同的应用方式,可制作出各种形式的压电执行器,例如利用多层压电片叠加形成直动式压电执行器,利用两个压电片叠加形成摆动式压电执行器等,如图6.6所示。

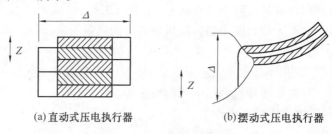

(a)直动式压电执行器　　　　　(b)摆动式压电执行器

图6.6　压电执行器结构

图6.6(a)为多层压电片叠加形成的直动式压电执行器结构,如果采用单层较厚的晶片来产生所需的应变(变形),将需要在晶片两极施加很高的电压(如1 000 V以上)。而如果把单个晶片做得很薄,然后各片分别加电压,最后叠加起来,这样便可以利用较小的电压(一般在150 V以下)获得较大的叠加变形。

图6.6(b)为双层压电片叠加形成的摆动式压电执行器结构,该结构是将两块沿长度方向伸缩变形的压电晶片粘贴在一块弹性板上,通电压后,两块压电片其中一块伸长,另一块缩短,从而造成弹性板整体的弯曲。这种形式的压电执行器制作比较容易,变位扩大

率也较高(变位可达数百 μm),是一种较常用的形式。但因为该结构利用的是弯曲变形,响应速度较慢,产生的力也不大。

1. 利用多层晶片驱动的伺服阀

德国亚琛工业大学采用 PZT 压电陶瓷材料作为驱动器,研制了新型压电陶瓷驱动的伺服阀,该阀结构简图如图 6.7 所示。图 6.7 中压电陶瓷驱动的伺服阀为两级伺服阀,由先导阀和主阀组成,其中先导阀为 4 个锥阀,分别控制主阀芯两侧控制腔的进油和出油,从而控制主阀芯的动作和位移量。先导阀芯的动作由 4 组压电陶瓷片驱动,当压电陶瓷不通电时,先导阀不工作;当给压电陶瓷片通电时,压电片产生变形,从而推动先导阀芯产生一定位移,使先导阀工作。为增大先导阀芯的位移量,采用图 6.6(a) 中多片压电陶瓷片叠加的直动方式进行驱动。

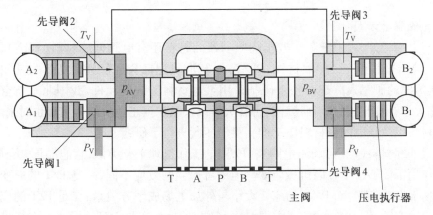

图 6.7　压电驱动伺服阀

[图片来源:德国亚琛工业大学]

图 6.7 中,当 A_1 和 B_2 组压电片通电,而 A_2 和 B_1 组压电片不通电时,先导阀 1 和先导阀 3 打开,主阀芯左侧控制腔接压力油,右侧控制腔接回油,因此主阀芯向右运动。同理,当 A_2 和 B_1 组压电片通电,而 A_1 和 B_2 组压电片不通电时,先导阀 2 和先导阀 4 打开,主阀芯左侧控制腔接回油,右侧控制腔接压力油,因此主阀芯向左运动。

该阀压电执行器行程为 30 μm,驱动电压为 0～160 V,先导阀流量为 5 L/min,先导阀口压降为 15 MPa。为方便设计及加工,主阀直接采用了 MOOG 公司的 D765 型伺服阀,阀芯直径约为 6.6 mm。

2. 利用双晶片驱动的高速开关阀

日本名古屋大学利用 PZT 双晶片型压电材料研制了一种响应频率较高、流量较大的三通高速开关阀,工作原理图如图 6.8 所示,该阀分为主阀和先导阀两级,主阀为锥阀形式,与阀体上的阀座孔相配合形成不同的油路连通方式。先导级为喷嘴挡板阀,通过挡板的动作来关闭或打开挡板两侧的喷嘴,使主阀阀芯两侧的控制腔产生不同的压力,从而驱动主阀芯动作。先导级的挡板由双晶片型压电材料制成,采用图 6.6(b) 中的双晶片叠加型摆动驱动方式,通过两片压电片不同的伸缩变形,使挡板产生偏向一侧的位移。试验结果表明,该阀响应频率可达 200 Hz,在系统油压为 20 MPa 时输出流量达 9.24 L/min。其最大响应频率为同规格普通高速开关电磁阀最大响应频率的 2 倍。

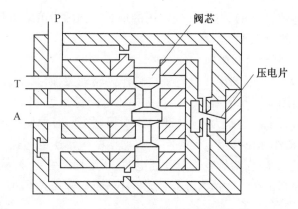

图 6.8　双晶片驱动的三通高速开关阀

3. 其他驱动方式

除压电陶瓷外,可用于制作液压阀驱动器的材料还有电致伸缩材料(PMN)、磁致伸缩材料(GMA)、甚至光致伸缩材料(PLZT)以及形状记忆合金(SMA)等。目前,日本、美国、瑞典等国的研究人员都在积极研制采用上述材料的液压元件,我国北京航空航天大学、东北大学、中国运载火箭研究院、吉林大学以及哈尔滨工业大学等单位也对采用电、磁致伸缩材料以及压电陶瓷材料驱动的新型液压阀进行了研究。

电致伸缩材料(PMN)和压电陶瓷(PZT)的工作机理十分类似,它们都是电介质,在一定电场作用下能够产生轴向机械应变。但二者产生的效应不同,一是 PZT 的应变大小与外加电场强度成正比,而 PMN 的应变大小与外加电场成平方关系;二是 PZT 的应变方向与电场方向有关,而 PMN 的应变方向与电场方向无关;三是 PZT 的电场-应变过程存在严重的滞后,一般为 15% ~ 20%,而 PMN 的滞后一般为 1.5% ~ 2%。因此,在液压阀的应用中,PMN 具有更大的优越性,其响应速度更快,输出力更大。

磁致伸缩材料(GMA)是在外加磁场的作用下能够产生形变的材料,与压电材料(PZT)和电致伸缩材料相比磁致伸缩材料具有如下性能:

①在室温下的磁致伸缩应变大;

②能量密度高;

③响应速度快,一般在几十毫秒或几毫秒以下;

④输出力大,带载能力强;

⑤磁耦合系数大;

⑥居里点温度高,工作性能稳定。

因此,磁致伸缩材料在制作液压阀驱动器方面具有更大的优势,但磁致伸缩材料易受到外界环境中磁场的干扰。

北京航空航天大学对采用磁致伸缩材料驱动的液压高速开关阀进行了研究,该高速开关阀的结构如图 6.9 所示。

光致伸缩材料(PLZT)是一种在强光照射下能够产生形变的光电陶瓷材料,具有光电效应,包括光伏效应和热释电效应,用光照射 PLZT 陶瓷,PLZT 陶瓷极化的两电极间产生高压。光致伸缩材料(PLZT)也是一种电致伸缩材料,光电效应产生电压,使 PLZT 陶瓷在

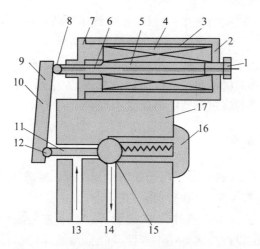

图 6.9　磁致伸缩材料驱动的液压高速开关阀

1—调整螺栓；2—导磁外套；3—线圈骨架；4—线圈；5—超磁致伸缩棒；6—推杆；7—端盖；8—滚珠 1；9—杠杆支点；10—杠杆；11—阀芯；12—滚珠 2；13—进油口；14—出油口；15—钢珠；16—预压弹簧；17—阀体

极化方向上伸长，这两种效应的叠加，便形成光致伸缩效应。因此根据光信号可控制极化后的 PLZT 陶瓷的伸缩量，从而达到根据光信号的输入成比例地产生微小机械位移输出的目的。哈尔滨工业大学利用光致伸缩材料研制了光致伸缩液压阀，其原理图如图 6.10 所示。该阀工作原理与图 6.8 中利用双晶片型压电片叠加的挡板阀工作原理相同，也是在弹性板两侧粘贴两片光致伸缩材料（PLZT）陶瓷片，利用激光作为控制信号，使光致伸缩陶瓷片发生形变，驱动挡板产生摆动位移，挡板两侧喷嘴内产生不同压力，从而使主阀阀芯产生一定的位移。

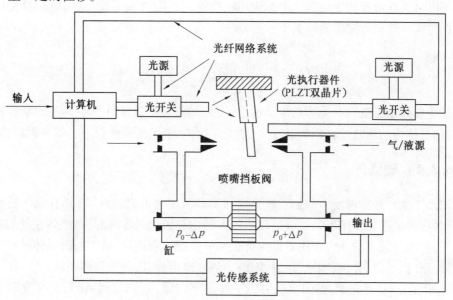

图 6.10　光致伸缩液压阀

采用光信号控制液压阀的动作,可以防止系统本身或外部环境中的电磁干扰,从而尽可能避免液压阀的无动作。同时光信号与传统的电信号相比具有信号频带宽、传播信息速度快、能够传播高密度能量信息、不需要电绝缘以及可远程非接触续接等优点,但目前光致伸缩材料与电致伸缩材料和磁致伸缩材料相比,发生形变的响应速度慢,位移量小,因此采用光致伸缩材料的液压阀性能还无法达到实用的要求。

6.2.5　存在的问题

无论是用于制作微泵的驱动装置,还是用于制作液压阀的驱动装置,压电材料都存在一定的缺点和不足,有待于进一步的研究和完善。

在微泵的应用中,由于微机械材料、微测量、微控制、微装配和封装、复杂可动结构的微细加工以及微器件的设计技术等还不成熟,同时,微流体的基础理论还处于起步阶段,所以,压电材料做驱动装置目前还存在以下技术问题:

①由于压电片位移量小,如果泵腔静体积较大,则微泵自吸困难、再现性不好、可靠性低;

②对于硅基微泵,压电片和泵膜与泵体的接合采用键合方式,工艺复杂,价格昂贵,对于聚合物基微泵,由于材料的加工工艺与硅微泵有很大的不同,键合通常用胶粘或者螺栓连接的方式,缺点明显;

③流量特性受气泡的影响大,在入口处的气泡影响微泵的工作;

④压电材料随着泵膜的振动易破损和脱落,导致微泵不能很好工作;

⑤对电源及控制器要求较高。

压电材料在液压阀驱动装置中的应用主要受到压电片变形量小、响应速度慢以及高频工作时噪声严重等缺陷的限制。

6.3　功能流体材料

某些流体由于既具有流体的流动特性,同时又具有常规流体所不具备的某些特殊功能,因此被称为功能流体。例如磁流体、磁流变流体、电流变流体以及电场共轭流体等。

6.3.1　磁流体

磁流体是一种在母液中添加了铁磁性物质和添加剂的悬浊液,既具有流体的流动特性,同时在外加磁场作用下又能够呈现出较大的饱和磁化强度,因此磁流体在外加磁场的作用下,可承受较大的外力作用或可保持在某一位置。利用这一特性,磁流体被广泛应用在润滑、密封、研磨、分选、轴承、印刷、陀螺、光纤、继电器、医药等许多领域。

20 世纪 60 年代初期,美国宇航局为了解决宇宙服可动部分的密封及在空间失重状态下的燃料补充问题,开发了磁流体。1965 年,S. S. Pappell 获得了世界上第一个具有实用意义的制备磁性流体的专利。1966 年,日本东北大学的下坂润三教授用不同的方法也成功研制了磁流体。20 世纪 60 年代末期,美国成立了磁流体公司,专门从事磁性流体及其应用的研究。此后,日本、苏联、英国等国家也相继开展了磁流体技术的研究。我国也于 20 世纪 70 年代末期开始了磁流体及其应用技术的研究。

1. 磁流体的磁化特性

磁流体在外加磁场作用下能够呈现出较强的饱和磁化强度,表现出磁性介质的特征。磁流体的这种磁性来源于磁流体中所含的磁性微粒。这些磁性微粒不是分子,而是由分子组成的颗粒,其特性与铁磁物质相似。组成磁性微粒的分子或原子中的电子都绕原子核运动或本身进行自转运动,这两种运动都产生磁效应。如果没有外磁场的作用,由于热运动,分子电流的磁矩任意取向,杂乱无章,磁性微粒中分子的合成磁矩为零,因此对外界不显示出磁效应。当磁性微粒置于磁场中时,分子电流磁矩的排列整齐,微粒中各磁矩的矢量和不为零,显示出磁性。

磁性微粒在一定磁场强度下的磁化强度与微粒的直径有关。当单位体积内磁性微粒的质量一定时,磁性微粒的直径越小,即磁性微粒的数量越多,则磁性微粒的磁化强度越大。

磁流体中的磁性微粒属于超磁性物质,一旦有外磁场的作用,则分子磁矩立刻定向排列,并对外显示出磁性。随着外磁场强度的增加,开始时,磁化强度随外磁场成正比地增加,然后增加逐渐变缓,最后达到饱和状态。饱和磁化后,所有分子磁矩均按磁场方向排列,磁场继续增强时,磁性微粒的磁性不再增加。外磁场消失后,磁性微粒立刻退磁,几乎没有磁滞现象。

2. 磁流体技术的应用

由于磁流体是一种既具有磁特性又具有液体性质的特殊材料,利用磁流体的这种特性,将磁流体应用到不同工业领域中,是近年来在新技术开发方面的一种新的尝试。目前,磁流体在密封、润滑等技术领域中得到了非常成功的应用,在轴承、研磨、传感元件、减震器、扬声器、医药等领域也具有一定的应用前景。

(1)磁流体润滑

如果将磁流体加入润滑油中,在外加磁场作用下可使润滑油摩擦系数下降,从而实现无磨损润滑;同时由于磁场对润滑起控制作用,利用磁场的作用可避免无润滑摩擦,提高两接触件的寿命。因此,磁流体润滑的特点是摩擦件寿命长、载荷承受能力大、速度快、噪音低。

磁流体润滑是将有效磁粒子加入到润滑油中来实现的。在这一应用中,润滑油就是磁流体的载液(常用的载液有双酯类和烷基萘类)。当磁流体加入到摩擦副中时,由于内含的纳米粒子尺寸比表面粗糙度小得多,不会引起摩擦副的磨损;而载液在摩擦副中起到与普通润滑油相同的润滑效果。除此以外,作为纳米粒子的表面改性功能可以显著改善润滑油的悬浮稳定性,提高抗磨减磨性能;作为磁性纳米粒子,还可以在磁场的作用下控制润滑位置,完全消除润滑剂的泄漏,使摩擦区的状态稳定。通过合理的磁场梯度设计,还可以增加磁悬浮力,提高轴承等的承载能力。同时,磁流体具有很好的热传导性,摩擦副间产生的热量可以很快传出,从而降低摩擦副的温度,改善润滑条件。

(2)磁流体研磨技术

磁流体研磨的方式较多,其中典型的是磁浮置研磨,其原理如图 6.11 所示。研磨装

置由 3 个以上磁极交替排列的永久磁铁、磁
流体及液体槽、磨粒、被加工件和旋转驱动设
备等组成。磨粒加入到磁流体中,由于相邻
磁铁的极性不同,由此产生的等磁力线在中
心磁铁上方呈凹形,添加的磨粒就悬浮在此
处。磁性流体受到向下的吸力,研磨颗粒受
到向上的浮力,浮在磁性流体上部。在工件
的旋转作用下,磨粒与工件间就产生磨削作
用,当要增加磨粒浮置力时,可增加垂直方向

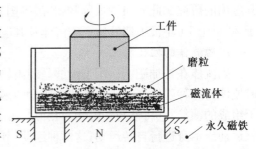

图 6.11　磁流体浮置研磨原理

的磁场梯度,当要增大保持力时,可增加水平方向的磁场梯度。该研磨方法的特点是加工
精度高,并可研磨自由表面。影响磁流体研磨质量和效率的因素有黏度、温度、磨粒大小、
磨粒添加率、外加磁场强度和磁流体的磁感应强度。目前已在航空、航天、车辆、电子、仪
表等精密零件的研磨中得到应用,还可用于光学透镜、弯管内孔等复杂形状的研磨。

(3)矿物筛选与物料分离

利用磁流体在不均匀外加磁场作用下,磁流体被高磁场侧所吸引的特性,使置于磁流
体中的非磁性物质向低磁场侧漂浮的原理,进行矿物筛选与物料分离,方法简易可行、无
噪音、无污染,这种方法对稀有贵重金属的分离很有意义。此外,由于以碳氢化合物作为
载液的磁流体具有亲油而疏水的特性,若将这种磁流体喷洒到漂浮于水面上的油上,则磁
性流体与油相混合,再将一磁场较强的永久磁铁加到水面上,则油与磁流体的混合物被磁
铁吸附,实现了油水分离。大型油轮失事造成海面严重污染的事故时有发生,利用此原理
可以回收泄漏于海面上的油及乳胶,也可以处理含油的废水。

(4)扬声器

随着人们对高档音响的要求,近年来磁流体在扬声器中的应用得到不断推广,现在绝
大多数高保真扬声器和专业扬声器中都使用了磁流体。

在普通扬声器音圈的气隙中注入少量的磁
流体,利用磁流体的良好的导热性能和减振减
摩功能,可增大扬声器的功率、改善其频率特
性、减少材料消耗,并可延长其使用寿命。磁流
体在扬声器中的应用如图 6.12 所示,在磁场的
作用下,磁性流体保持在气隙内,将热量传导至
磁路。由于磁流体的热导率远大于空气的热导
率,因此扬声器的散热效果得到了改善,功率可
提高近一倍。同时,磁流体吸附于磁极上,对音
圈产生了自动定心作用,防止音圈与磁极的摩
擦,使扬声器振膜平滑振动。具有一定黏度的
磁流体对扬声器的谐振还可起到阻尼作用,从
而改善扬声器的频率特性。

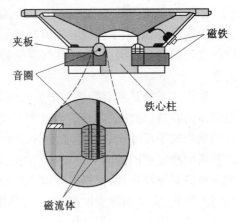

图 6.12　磁流体扬声器

扬声器磁流体在使用中要注意磁流体的选择、磁流体的注入量、磁流体飞溅、音圈材

质等问题。一般地,以音圈传热为目的的磁流体应选择黏度高、饱和磁化强度高的磁流体;而注入量可根据磁隙的大小来确定,以充满的 80% ~ 90% 为佳;磁流体在振动大的情况下会产生飞溅现象,需进行特殊的密封设计;音圈材质须适合磁流体的性能,尤其是要适合磁流体的毛细管现象。

(5)医药

在医药方面的应用有以下几个方面。

①靶向给药,将药品吸附或包裹在磁性粒子上注射到体内,利用外加磁场将药品富集定位在需治疗的部位上,又称"导弹药物"。药品作用后磁流体可以通过渗析除去,避免了药物的不良反应。目前,磁导向阿霉素羧甲基葡聚糖磁性微粒治疗肾癌的研究已取得了一定的进展。

②固定化酶,用于脲激酶等酶的固定以提高酶的操作稳定性和回收利用酶的技术。常用的固定化酶方法有:吸附法、包埋法、共价结合法和交联法。

③免疫检测,已制成了磁性荧光免疫检测仪器。

④基因工程,可作为携带核酸物质进入细胞的载体。

⑤封闭血管,方法是将磁流体注射到动脉中,在外加磁场条件下,用磁流体将血管与肿瘤隔开,然后用激光照射将肿瘤细胞杀死。日本神户大学利用这种方法治疗肝癌、肾癌已获得了成功。

⑥细胞分离,采用高梯度磁分离技术进行查找和调整细胞。目前,利用磁流体已捕获了含疟疾寄生的红细胞。

(6)生物学

随着新兴科学——生物磁学的发展,磁流体在生物磁学上不断获得新的应用。利用磁流体分离技术可以实现生物物料提纯,鉴别微量有机物、细胞或基因物质,诊断和处理人的血液和骨髓疾病。例如,通过把烟草花叶病毒和烟草哮喘病毒分散在磁流体中,施加适当磁场,已成功地把生物群落烟草花叶病毒和烟草哮喘病毒取向;通过用磷脂双层薄膜包裹纳米级晶粒生产磁性脂质体,为磁控制生物反应器中使用纯膜状脂打开了一条新途径;使微细弥散的铁磁颗粒悬浮液与细菌细胞相黏结,获得比一般方法高得多的细菌鉴别灵敏度。

3. 磁流体密封技术

磁流体密封技术是磁流体应用最早也是最成熟的一项技术,是磁流体应用的一个重要方面。由于磁流体是一种在母液中添加了铁磁性物质和添加剂的悬浊液,在外加磁场的作用下,磁流体具有较大的饱和磁化强度。因此,当磁流体受外力作用或磁流体内部有相对运动时,在外加磁场作用下,磁流体将具有一定的抵抗流体内部相对运动和变形的能力。因此,利用这一原理,将磁流体添加到磁回路的密封间隙中,形成密封带,可起到密封的作用。

(1)磁流体密封原理

如果磁流体密封圈所用的永久磁铁采用轴向充磁方式,当被密封转轴为导磁材料时,其结构如图 6.13 所示。图 6.13 表明,磁流体密封圈由永久磁铁、导磁体和添加到工作气隙中的磁流体组成。在永久磁铁、导磁铁和被密封转轴之间形成闭合的磁回路,磁流体在密封间隙中磁场的作用下被磁化,具有一定的磁化强度,能够承受一定的剪切力,因此可起到密封的作用。

　　当被密封转轴为非导磁材料时,由于被密封转轴不能作为磁通的路径,因此磁流体密封圈的结构必须作相应的变化。对于被密封件为非导磁材料的情况,可采用如图 6.14 所示的结构。

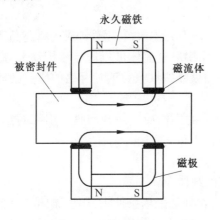

图 6.13　磁流体密封圈结构

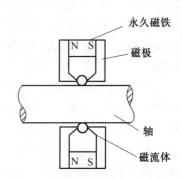

图 6.14　非导磁材料转轴的磁流体密封结构

　　图 6.14 表明,对于被密封转轴为非导磁材料的磁流体密封结构,磁力线经永久磁铁和两个导磁体闭合,在两导磁体之间的间隙内形成强磁场,使磁流体保持在两导磁体之间的间隙内,当磁流体量较多时,同样可在密封间隙内形成液体密封环,起到密封的作用。

　　如果忽略磁流体中的重力作用,对于静止的密封状态,磁流体密封圈的密封压差可近似地表示为

$$\Delta P = \int_{B_1}^{B_2} M \mathrm{d}B$$

式中　　M——磁流体内部某点的饱和磁化强度;

　　　　B——密封间隙中的磁感应强度。

　　(2)磁流体密封的特点

　　磁流体密封与接触式的机械密封不同,由于是依靠液体进行密封,因此有以下的特点:

　　①密封性能好,可以达到无泄漏。

　　②在固体材料间几乎不存在摩擦和磨损,因此摩擦功率小;不需要复杂的外润滑系统。

　　③结构紧凑,维修量小。

　　④密封处不需要高的光洁度,允许有较大的尺寸误差。

　　⑤密封的左、右两侧都能承受压力,没有方向性,使用寿命长。

　　磁流体密封可用于防尘、真空和压差密封。密封介质主要是气体,只要气体介质对磁流体的基液和表面活性剂没有化学腐蚀作用即可。液体介质的密封比较复杂,不但要求液体介质对磁流体的基液和表面活性剂没有化学腐蚀作用,同时要求介质与基液和表面

活性剂不发生亲和作用,否则可引起磁流体的流失。在压力方面,磁流体密封比较适合于压差不太高的密封,密封压力较高时,密封结构较复杂。

（3）磁流体密封的应用

目前,磁流体密封在很多领域都有所应用,例如国防、航天、电子、机械、仪表、农业、化工、原子能、制药、食品等领域。

磁流体密封主要用做防尘密封、真空密封以及压差密封等。例如磁盘存储器中防尘和防油雾的密封。磁流体作为硬质磁盘的粉尘密封,其需求量正在增加。为了保持磁盘工作环境的清洁,通常采用加压输送干燥的惰性氮气或经过过滤的空气,或使用迷宫式密封,但是高密度记录,高速旋转的磁盘部分要求很高,使用这种方法就很难防止轴承润滑剂的蒸发粒子或其他浮游粒子从主轴处流入磁盘的另一侧而聚集起来。为此,使用无泄漏的磁流体密封可以使这样的粒子变得很少,可靠性大幅度增加。此外,核反应中放射性气体的密封、超导发电机中防止氮气中进入氧等气体的密封、发酵罐的搅拌过程中防止细菌等混入的密封、半导体制作中的防尘密封等都适合于采用磁流体密封。伴随微电子学的发展,磁流体密封件正在被广泛地应用于半导体制造工艺中的粉尘密封和真空密封中。真空密封主要应用在 X 射线电极、真空蒸发、真空加热炉、质谱仪、储能飞轮的真空密封、真空加热炉以及单晶炉等。压差密封主要应用在反应釜、风机、气泵中。

6.3.2 磁流变流体

磁流变流体(Magnetro-rheological Fluid,MRF)是 1948 年美国人 J. Rabinow 发明的一种新型的功能材料,与磁流体相似,磁流变流体也是一种把饱和磁感应强度很高而磁顽力很小的优质软磁材料均匀分布在不导磁的基液中所制成的悬浊液。其特点是:在没有外界磁场作用时,特性与牛顿流体相似;而在外界磁场作用下,它的表现黏度和屈服应力会随外界磁场强度的变化而变化。当外加磁场超过一临界值后,磁流变流体会在几个毫秒内从液体变为接近固体状态,而当外界磁场消失后,又迅速恢复为原来的状态。

1. 磁流变流体的流变特性

磁流变流体通常包含以下几种成分:低黏性的基液,可磁化的精细粒子(μm 级)以及稳定剂和添加剂,此外也有以铁磁流体为母液,向其中加入非磁性粒子的流变流体。磁流变流体的基液一般为硅油、变压器油、矿物油、辛烷、甲苯、烃类、酯类、聚苯醚甚至纯水等,要求低黏度、高沸点、高燃点,以及化学稳定性好。极性粒子则可以是铁、钴、镍等磁性材料的合金,磁性铁氧体,或是上述材料的复合再加上铬、硅、硼等少量元素。

关于磁流变流体流变现象的机理,一般认为当无磁场作用时,磁性粒子悬浮在母液中,在空间随机分布;而施加作用场后,粒子表面出现极化现象,形成偶极子。偶极子在作用场中克服热运动作用而沿磁场方向结成链状结构。一条极化链中各相邻粒子间的吸引力随外加磁场强度增大而增强,当磁场增至一临界值,偶极子相互作用超过热运动,则粒子热运动受缚,此时流变体呈现固体特性。磁流变流体的固态和流态两相转变过程是可逆的,能够通过改变磁场而平稳、快速地完成,一般转换时间都为毫秒级。

磁流变流体的流变特性主要是磁流变流体的屈服应力特性,即屈服应力与作用于磁流变流体的磁场强度的关系。磁流变流体种类不同,流变特性也不同,其中,磁流变流体的基液、磁性粒子的种类,都会影响磁流变流体的屈服应力。屈服应力是磁流变流体的重要性能参数,不同的磁流变流体具有不同的屈服应力特性,某种矿物油基磁流变流体的屈服应力与磁感应强度之间关系如图6.15所示。

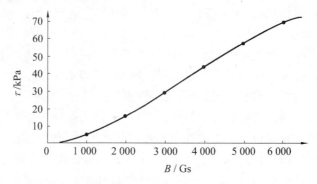

图6.15　屈服应力与磁感应强度之间关系

2.磁流变流体与电流变流体的比较

电流变流体也是一种与磁流变流体原理相似的功能材料,在外加电场作用下,电流变流体会发生和磁流变流体在磁场作用下相似的变化。磁流变流体的出现要早于电流变流体,但电流变流体的开发和使用曾一度超过磁流变流体。磁流变流体与电流变流体相比,尽管原理与物理性能相似,但是在某些方面,磁流变流体更优于电流变流体。主要表现为:

(1)屈服应力

与电流变流体相似,磁流变流体存在塑性特性。然而,磁流变流体的屈服应力明显大于相应的电流变流体,磁流变流体在磁场作用下,很容易获得80 kPa以上的屈服应力,而电流变流体的屈服应力不超过20 kPa。

(2)工作电压

一般电流变流体设备都需要几千伏的电压来供电,才能产生足够的屈服应力,而磁流变流体设备只需要几十伏的电源电压来供电即可达到足够的屈服应力。

(3)稳定性

与电流变流体不同,磁流变流体不受在制造和应用中通常存在的化学杂质的影响。另外,原材料无毒,环境安全,与多数设备兼容。通常流动情况下,磁流变流体会发生微粒子/载体溶剂分离,低剪切搅拌可很容易使粒子重新分散,消除分层。

3.磁流变流体的工作模式

磁流变技术研究的最终目标是利用磁流变流体在外加磁场作用下改变流变特性这一特点,开发各种用途的磁流变流体器件。目前开发的工作模式有压力驱动模式、剪切模式以及挤压模式3种,如图6.16所示。

(1)压力驱动模式

压力驱动模式是目前应用最多的工作模式。其原理如图6.16(a)所示,磁流变流体在压力作用下通过固定的磁极,磁流变流体流动的方向与磁场方向垂直,可通过改变励磁线圈的电流控制磁流变流体产生的阻尼力。该模式可用于伺服控制阀、阻尼器和减振器等。

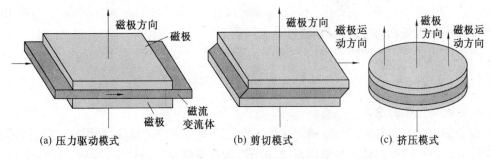

(a) 压力驱动模式　　　　(b) 剪切模式　　　(c) 挤压模式

图 6.16　磁流变流体工作模式

（2）剪切模式

如图 6.16（b）所示，磁流变流体在可移动磁极的作用下通过可控磁场，磁极移动方向与磁场方向相互垂直，这种模式可用于离合器、制动器、锁紧装置和阻尼器等磁流变器件。

（3）挤压模式

如图 6.16（c）所示，磁极移动方向与磁场方向相同，磁流变流体在磁极压力的作用下向四周流动，磁场方向与磁流变流体流动方向垂直。磁极移动位移较小，磁流变流体产生的阻尼力较大，该模式可应用于小位移大阻尼的磁流变阻尼器中。

压力驱动模式中，两磁极极板固定，由于装置中存在压力差而产生液体流动，因此该压力差可分为与磁场无关的黏性分量 Δp_η 和由磁场引起的屈服应力分量 Δp_τ，其大小近似为

$$\Delta p_\eta = \frac{12\eta QL}{g^2 W} \tag{6.6}$$

$$\Delta p_\tau = \frac{c\tau_y l}{g} \tag{6.7}$$

$$\Delta p = \Delta p_\eta + \Delta p_\tau = \frac{12\eta QL}{g^2 W} + \frac{c\tau_y l}{g} \tag{6.8}$$

式中　η—— 磁流变流体的零磁场黏度；

Q—— 体积流速；

L—— 极板长度；

W—— 极板宽度；

g—— 极板间距；

τ_y—— 施加的磁场强度 H 所引起的动屈服应力，与极板之间磁场强度和磁流变流体的种类有关；

c—— 计算参数，最小值为 2（当 $\Delta p_\tau / \Delta p_\eta$ 小于 1 时），最大值为 3（当 $\Delta p_\tau / \Delta p_\eta$ 大于 100 时）。

剪切模式中，两磁极极板有相对移动，产生剪切阻力。该阻力也可分为与磁场无关的黏性力和由磁场引起的屈服应力两种。其中，与磁场无关的黏性力分量 F_y 和由磁场引起的屈服力分量 F_τ，分别为

$$F_y = \frac{\eta SlW}{g} \tag{6.9}$$

$$F_\tau = \tau_y lW \tag{6.10}$$

式中 S——极板相对速度,其余符号意义同前。

由剪切式装置产生的阻尼力为 F_y 和 F_τ 之和,即

$$F = F_y + F_\tau = \frac{\eta S lW}{g} + \tau_y lW \tag{6.11}$$

4. 磁流变流体的应用

由于磁流变流体具有在外加磁场作用下产生磁流变效应的特性,利用这一特性,磁流变流体被广泛应用于制作各种阻尼器、减震器、离合器以及伺服位置控制装置等,取得了很好的应用效果,而且很多应用已经商品化、市场化。此外,利用磁流变流体的特性,可进行各种阀类元件的设计,以实现流体控制系统中的方向、流量及压力控制,由于该类控制元件取消了可动部件,使元件比传统的电液机械装置更简单、更可靠;而且由于磁流变流体可提供快速的响应、最小体积以及连续可调的控制,对于实时的伺服控制和计算机控制是非常有利的。利用磁流变流体的装置将是电控和机械元件之间最有效的转换方式之一,在许多元件设计上具有广阔的发展前景。

(1)阻尼器

磁流变流体阻尼器是磁流变流体最重要、也是开发得最早的应用。与传统阻尼器相比,磁流变阻尼器具有体积小、输出阻尼力大、动态范围广、频响高、适应面大等特点,特别是它能根据系统的振动特性产生最佳阻尼力,因此在智能结构领域具有广阔的应用前景,是目前国际上研究的热门课题之一。很多磁流变阻尼器已开始进入工程应用阶段,主要应用于汽车、机械和建筑等领域。

磁流变流体阻尼器的工作原理图如图 6.17 所示,该阻尼器主要由电磁铁铁心、线圈及流过电磁铁工作间隙的磁流变流体组成。当电磁铁线圈通电时,磁流变流体在工作间隙中的磁场作用下产生流变效应,此时磁流变流体具有较大的屈服应力,对活塞产生一个较大的阻尼力,要使活塞移动,必须施加一个较大的作用力。由于磁流变流体的屈服应力与作用在磁流变流体上的磁场强度有关,因此改变磁场强度大小,可改变阻尼器产生的阻尼力。

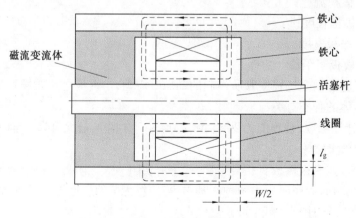

图 6.17 磁流变流体阻尼器

美国著名磁流变流体生产厂家 Lord 公司利用上述磁流变流体阻尼器工作原理开发了挤压模式汽车座椅悬架阻尼器,该阻尼器为单筒式,采用压缩氮气作补偿,在活塞上分布有环形阻尼孔,电磁线圈绕制在活塞上,通过活塞杆引出电源线,阻尼器直径为 4.1 cm,两连接孔中心距离为 17.9 cm,活塞行程为±2.9 cm,阻尼器共使用 70 cm^3 磁流变流体,在阻尼通道中发生流变效应的磁流变流体体积为 0.3 mm^3,在输入电流为 1 A 时,输入功率为 5 W。

此外,Lord 公司还利用上述阻尼器原理制作了人造膝关节阻尼器,利用该阻尼器,通过一系列传感器输入信号,可实时地控制人造假肢的动作,使用该阻尼器的假肢能够具有更加自然的步伐。2000 年,Lord 公司把基于磁流变流体的智能人造膝关节控制系统引入整形外科和修复术市场。

(2)减震器

英国 Air-log 公司最早提出将磁流变流体用于直升机和飞行器的隔离系统,以减少由于螺旋桨不平衡气流的冲击等引起的振动,这种振动会引起雷达和仪表的灵敏性降低。美国 Lord 公司将磁流变流体组成的吸振装置安装在 M551 坦克上,这样使炮击的准确度不会受到道路凹凸不平的影响,同时炮击的后坐力不会影响坦克手的驾驶。我国北京航空航天大学研制了用于航天减震的自适应磁流变流体减震器。

Lord 公司开发了可用于实时控制和主动控制的磁流变流体减震器,装有该减震器的汽车在正弦型道路上行驶时,车速可以达到 96 km/h,而普通汽车速度最高只能达到 56 km/h。研究人员认为,磁流变流体减震器应用于航空和汽车工业的显著特点是主动响应,人们可通过计算机利用外界条件的变化(气候、道路信息)来控制磁流变流体减震器的响应。

在建筑结构领域,高层建筑和大型桥梁受自然界因素影响易产生振动,利用磁流变流体可以制造阻尼可调的减震器,以实现振动的半主动控制。建筑结构的振动是造成重大灾害的重要原因,对其振动进行控制是十分重要的。与汽车座椅悬架阻尼器的使用环境不同,建筑结构振动控制减震器绝大多数时间是静止不动的,只有当地震发生时,减震器才会起作用。这就意味着不能靠减震器活塞的运动来维持磁流变流体的稳定,磁流变流体必须长时间保持沉降稳定和凝聚稳定。

(3)制动装置

磁流变流体气动制动装置主要是由安装在气动活塞上的电磁机构以及磁流变流体组成。磁流变流体气动制动装置通过电磁机构在工作气隙中产生磁场,磁流变流体在磁场的作用下发生流变,制动装置产生较大的制动力,使气动活塞停止运动。其工作特性与电磁机构的工作特性以及磁流变流体的流变特性密切相关。磁流变流体气动制动装置作用在气动执行机构上的原理图如图 6.18 所

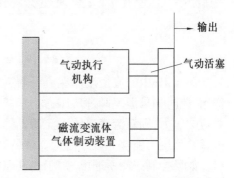

图 6.18 磁流变流体气动制动装置工作原理

示。其中气动执行机构可以是直动式的或转动式的。通常,气动系统从控制角度来说可以相对简单,不需要太复杂,这样可以用磁流变流体的作用来实现运动控制的目的,这样

的控制回路结构简单、成本低。例如,气动系统可以只由普通的气缸和驱动气缸的三位四通电磁换向阀组成。电磁阀的作用是确保气缸总是向目标位置运动,使气缸换向。

除上述用途外,磁流变流体在航天、航空、电子、机械、能源、化工、冶金、仪表以及医疗等诸多领域中也有许多成功的应用,尤其在制作各种无动作部件的液压阀方面也发挥着重要的作用。

5. 磁流变流体液压阀及系统

由于磁流变流体本身是一种流体,因此可以把磁流变流体作为流体传动系统的一种工作介质。同时,由于磁流变流体又具有某些特殊性能,因此可以在传统流体传动系统的基础上实现某些特殊的控制功能。近年来,随着磁流变流体研究的发展,出现了各种新原理的磁流变流体液压元件和系统,例如无动作部件的液压阀以及微型流控系统等。这些元件和系统,由于取消了动作部件,因此结构简单、使用寿命长、响应速度快。

(1)磁流变流体溢流阀

一种以磁流变流体为工作介质的液压阀,其结构简图如图 6.19 所示。该阀为溢流阀,由阀芯、阀体、端盖、导磁体及控制线圈组成,其中导磁体和阀体均采用导磁率较大的材料,两个导磁体和阀芯之间的径向间隙为工作气隙。当控制线圈通电时,在阀体、导磁体及阀芯之间形成闭合的磁回路,工作气隙中产生较大的磁场,流过工作气隙的磁流变流体在磁场作用下发生流变,产生较大的屈服应力,因此只有在溢流阀的入口施加一定的压力,工作气隙中的磁流变流体才能继续流动。

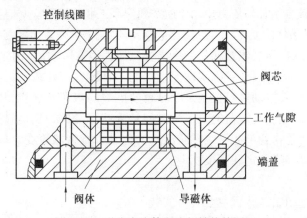

图 6.19 磁流变流体溢流阀结构简图

图 6.19 中磁流变流体溢流阀的工作原理为:当控制线圈通电时,工作气隙中有磁场作用,此时如果溢流阀进口压力小于调定压力,也就是小于磁流变流体的最大屈服应力所对应的压力,则磁流变流体不流动,溢流阀关闭。而如果溢流阀进口压力大于调定压力,也就是该压力能够克服磁流变流体的屈服应力时,磁流变流体沿流道流回油箱,溢流阀开启。如果控制线圈不通电,则工作气隙中无磁场作用,此时溢流阀相当于一个通道,磁流变流体可通过溢流阀的工作气隙直接流回油箱。上述磁流变流体溢流阀工作原理表明,溢流阀的开启和关闭不是通过阀芯的动作来实现的,而是通过控制线圈的通电和断电来实现。因此该阀无动作部件,调定压力可通过调节控制线圈的输入电压来无级调节,与传统溢流阀相比,结构简单、无磨损、使用寿命长、自动化程度高。

（2）磁流变流体微流体系统

日本东京工业大学的研究人员研制了多种形式的微型磁流变流体及电流变流体方向阀，并将其应用在波纹管式微执行机构的运动控制中。其中三通的磁流变流体开关阀结构原理如图 6.20 所示，该三通磁流变流体开关阀由永久磁铁、铁心、线圈及流过工作气隙的磁流变流体组成。由于永久磁铁磁场和电磁铁磁场的相互作用，当线圈中电流方向交替改变时，两工作气隙中的磁场强度也交替变化，磁场强度较强的工作气隙中磁流变流体的屈服应力大，只有在较大的作用压力推动下磁流变流体才能流过该阀口；而另一工

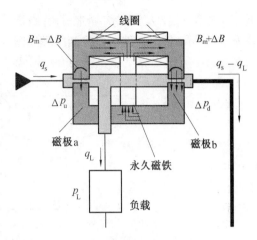

图 6.20　三通磁流变流体开关阀

[图片来源：日本东京工业大学]

作气隙中磁流变流体的屈服应力小，因此磁流变流体可以顺利流过该阀口。这样随着线圈中电流方向的改变，两阀口可交替开关，实现了回路的不同连接方式。

采用三通磁流变流体微型开关阀控制的波纹管式微执行机构原理图如图 6.21 所示，该波纹管式微执行机构可用做管道机器人的驱动装置，通过执行机构的伸缩来推动管道机器人在管道中运动。图 6.21 中阀口 1 打开时，阀口 2 关闭，此时油源向执行机构中供油，波纹管执行机构伸长；当阀口 2 打开，阀口 1 关闭时，波纹管执行机构靠自身的弹性收缩，执行机构中油液由阀口 2 排出。可见，利用磁流变流体开关阀可以取消动作部件，简化控制回路，使整个回路体积减小、质量减轻，这样才能够达到微流控系统的性能要求。

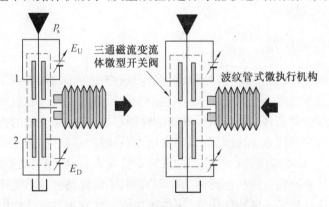

图 6.21　波纹管式微执行机构原理图

（3）磁流变阀控制行波壁生成

对于在流体中运行的航行器，如果能够减少流体对航行器产生的阻力，则可以降低航行器的能量消耗，提高其运行速度。由于理论上通过改变行波壁的外形可以将航行器受到的阻力降为零，因此行波壁减阻问题受到了广泛关注。但是目前大多数行波壁都主要是使用复杂的机械装置来实现的，由于这些机构体积大、耗能多，而且不能适应不同的航行器外形表面，因此难以应用于实际的航行器中。中科院材料力学行为与设计重点实

验室与中国科技大学联合研制了由磁流变阀控制的行波壁,行波壁面生成示意图如图 6.22 所示,其执行件压力控制原理如图 6.23 所示。

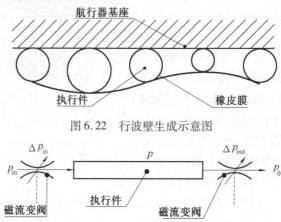

图 6.22　行波壁生成示意图

图 6.23　执行件压力控制原理

　　该行波壁生成系统由供油泵提供磁流变流体,磁流变流体进入构成行波壁面的执行件。供油泵供油压力由一个可调节流阀调节,每个执行件一端各连接一个磁流变阀,每个磁流变阀通过单片机进行控制,通过实时调节磁流变阀线圈中的电流强度来控制磁流变阀的磁场强度,从而控制磁流变阀中磁流变流体的屈服应力,以便控制执行件中磁流变流体的工作压力。由于执行件是采用橡胶壁面制作的软管,执行件中的压力不同,则执行件的直径不同,从而在航行器表面形成不同的行波壁面。因此通过改变磁流变阀的控制电流,即可实时地控制航行器行波壁面的形状,达到降低阻力的目的。该方法原理简单,易于控制,而且自动化程度高。

6.3.3　存在的问题

　　各种功能流体虽然已在工业生产、日常生活及航空航天等领域得到了广泛的应用,但在各种应用中都还存在着不足之处,有待于进一步的改进和完善。在各种应用中,首先功能流体的应用效果会受到各种功能流体本身的性能影响,例如磁流体的饱和磁化强度低,因此磁流体密封的密封压力无法提高;如果磁流变流体的沉降性严重,则会影响阻尼器的使用寿命等。其次,对功能流体作用机理的研究不够深入,也限制了功能流体作用的充分发挥。因此只有深入研究各种功能流体的作用机理,不断提高各种功能流体本身的性能,才能更好地发挥各种功能流体的作用,提高各种功能流体应用装置的性能。

6.4　形状记忆合金

　　形状记忆合金(Shape Memory Alloys, SMA)是一种在加热升温后能完全消除其在较低的温度下发生的变形,恢复其变形前原始形状的合金材料。作为一种新型的功能材料,形状记忆合金的应用始于 1963 年美国海军武器实验室一个研究小组的一次偶然发现,而合金的形状记忆效应则可以追溯到 20 世纪 30 年代美国哈佛大学研究人员的报道。目前,形状记忆合金已广泛应用于电子、机械、宇航、建筑、医疗以及日常生活等诸多领域。

6.4.1 形状记忆合金的特性

目前形状记忆合金的应用主要是利用这类材料的形状记忆效应和伪弹性(超弹性)。

1. 形状记忆效应

一般金属材料在受到外力作用后,首先发生弹性变形,达到屈服点后,就产生塑性变形,此时应力消除后会留下永久变形,如图6.24(a)所示。有些金属材料在发生了塑性变形后,经过加热到某一温度之上,材料能够回复到变形前的形状,这种现象就叫作形状记忆效应。具有形状记忆效应的金属通常是两种以上金属元素组成的合金,因此称为形状记忆合金。

形状记忆效应的基本机理是:以低温时的马氏体发生逆向转变,形成高温时的母相高氏体,而使原先形状得以恢复。通常把马氏体相变中的低温相叫作马氏体相,高温相叫作母相。从母相到马氏体相的相变叫作马氏体正相变或马氏体相变,从马氏体相到母相的相变叫作马氏体逆相变。

形状记忆合金的形状记忆过程为:合金的母相在降温过程中,自温度低于马氏体转变开始温度 M_s 起发生马氏体相变,该过程中无大量的宏观变形。在低于马氏体转变完成温度 M_f 以下时,对合金施加应力,马氏体通过变体界面移动,发生塑性变形,变形量可达数个百分点;温度再升高至马氏体逆转变终了温度 A_f 以上,马氏体逆向转变回到母相,合金低温下的"塑性变形"消失,于是恢复原始形状。这就是典型的形状记忆效应。形状记忆效应有单向和双向之分。单向记忆是指合金能够记忆恢复高温时原先的形状;双向记忆则是指合金对高温和低温时的两种不同形状均有记忆恢复能力。

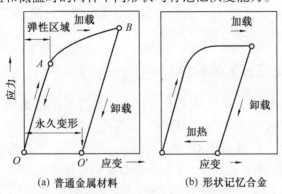

图 6.24　形状记忆效应示意图

目前虽然在不少合金中都发现有不同程度的形状记忆效应,但在工业实际中有实用价值的主要有两种:镍钛(NiTi)合金和铜合金。

2. 伪弹性

除上述形状记忆效应外,形状记忆合金的另一个独特性质是在高温(奥氏体状态)下发生的"伪弹性"(又称"超弹性")行为,表现为这种合金能承载比一般金属大几倍甚至几十倍的可恢复应变。形状记忆合金的这些独特性质源于其内部发生的一种独特的固态相变——热弹性马氏体相变。

产生热弹性马氏体相变的形状记忆合金,在马氏体逆相变终了温度以上诱发产生的马氏体只有在应力作用下才能稳定地存在,应力一旦解除,立即产生逆相变,回到母相状态。在应力作用下产生的宏观变形也随逆相变而完全消失,其中应力与应变的关系表现出明显的非线性,这种非线性弹性和相变密切相关,称为相变伪弹性,或超弹性。

对形状记忆合金的性能要求主要包括:

(1)相变温度

包括合金马氏体相变及其逆相变的特征温度 M_s、M_f 和 A_s、A_f。这些特征温度关系到形状记忆合金使用过程中处理加工的温度限制及工作范围。对大多数形状记忆合金来说,马氏体的相变温度一般在 $-100 \sim +150$ ℃之间,这也是产生记忆效应的温度范围。通过微量改变合金成分的比例,可显著改变相变温度点的高低。因此,根据用途不同,可通过精确调配控制合金成分的比例,来选择一个合适的相变温度点。

(2)热循环及形变循环特性

形状记忆合金在使用过程中,经历热循环(形状记忆效应)或形变循环(伪弹性效应)后,其相变点等性能均有可能发生比较明显的变化。原因是在循环过程中发生的相变,使得合金的微观组织发生变化。这种变化对合金的使用不利,应设法消除或尽量减低,使得合金的性能具有较高的循环稳定性。

(3)疲劳特性

一般情况下,形状记忆合金工作于温度反复变化的热循环条件下,材料要反复改变形状。每次反复形变,合金都要进行马氏体相变,局部发生大量剪切变形。在合金完成形状记忆过程时,有些取向的马氏体变体的产生受到很大限制,多晶合金晶界部位的变形更难于协调,其附近极易形成微裂纹,因此合金容易发生断裂。一般来说,形状记忆合金的疲劳寿命都比较短,限制了形状记忆合金的应用。

6.4.2   形状记忆合金的种类

形状记忆合金有钛镍基合金、铜基合金以及铁基合金等种类。TiNi 形状记忆合金的研究开发比较早,是形状记忆合金中最成熟、应用最广泛的。与 TiNi 形状记忆合金相比,铜基合金的突出优点是合金成本低、加工性能好,因此对人们有很大的吸引力,其中以 CuZnAl 和 CuAlNi 的应用前景最好。不过铜基合金仍有较多的问题,如易于沿晶界断裂、疲劳寿命低、强度低、合金性能稳定性差、存在形状记忆效应衰退等问题。

铁基形状记忆合金包含 FePt、FePd、FeNiCoTi、FeNiC 和 FeMnSi 等多个合金系。其中 FeMnSi 是实用性很强的一种新型铁基形状记忆合金,它的弹性模量与强度均明显高于铜基形状记忆合金,该合金原料丰富,价格低。另外,该合金的马氏体相变及其逆相变的温度滞后大,一般在 100 ℃以上,该合金用作管接头时实际操作过程简便。

6.4.3   形状记忆合金的应用

在形状记忆合金的应用中,可考虑利用形状记忆合金的以下特性。

①形状回复的利用；

②伴随形状回复的应力的应用；

③热敏感性的利用；

④作为能量贮藏体的利用；

⑤准弹性效应的利用。

1. 形状记忆合金热机

形状记忆合金最典型的应用是形状记忆合金热机，其原理图如图 6.25 所示。

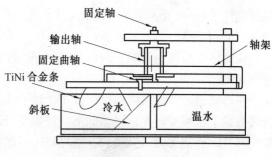

美国的 Banks 最早研制出形状记忆合金热机，他将 TiNi 合金做成条状，并将这些合金条做成 U 形。如果将合金条固定在偏心轮的辐条上，当 U 形条状记忆合金进入高温槽时，U 形条完全伸直，推动轮子转动。当 U 形条进入低温槽时，合金条又回到 U 形状，通过使 U 形合金条在高温槽和低温槽之间反复伸直、弯曲，即可使飞轮连续转动。

图 6.25　形状记忆合金热机原理

Banks 的热机使用 20 根直径为 1.2 mm、长为 150 mm 的 TiNi 合金条，利用太阳能得到 48 ℃的温水作为高温源，24 ℃的冷水作为低温源，回转速度达到 60~80 r/min，输出功率大于 0.2 W。目前，已研制出输出功率达到 650 W 的形状记忆合金热机。

2. 人工心脏

在心脏病人出现心肌梗死或先天性疾病造成的心脏起搏功能衰弱时，常常使用辅助人工起搏器或辅助人工心脏等。1976 年，人们开始试制形状记忆合金人工心脏。在一个由高分子材料做成的口袋状人工心室表面装上很多 TiNi 合金丝，如图 6.26 所示。这些 TiNi 合金丝被做成弹簧状，随着通电加热、送风冷却，合金弹簧圈收缩、伸展，从而形成人工心室的有规律搏动。

由于目前形状记忆合金丝的响应速度还不够理想，力学性能方面也存在缺陷，因此形状记忆合金在人工心脏中的应用还有待于进一步改进和完善。

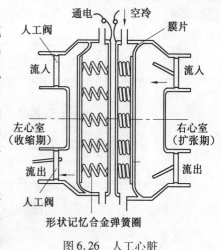

图 6.26　人工心脏

3. 医学应用

在医学应用方面，形状记忆合金已被普遍用于牙齿正畸和制作人造牙根，此外还可用于制作骨髓针、接骨钉、人造关节等。用形状记忆 TiNi 合金制作的薄板结构型牙根，将其埋入颚骨后，用高频感应热和在口腔内不停地盥漱热的生理盐水，使 TiNi 合金牙根的温度上升到约 42 ℃，这时牙根的端部就会有形如舌头状地张开，分别向两侧张开 30°，从而提高牙根的结合支持力，使牙根的固定更加牢固。

4. 日常应用

在日常应用中,形状记忆合金控制的咖啡壶是形状记忆合金最普遍的应用。此外,形状记忆合金还被用于制作眼镜框、胸罩、烟灰缸以及自动控制百叶窗等。

5. 在液压传动技术中的应用

在液压传动系统的应用中,利用形状记忆合金的形状记忆效应,可制作各种管接头及控制元件,以提高液压传动系统的工作性能。

(1)管接头

在流体传动应用领域,形状记忆合金最成功的应用是制作流体传动管路的管接头,其原理如图 6.27 所示。

将形状记忆合金做成内径比被连接管子外径小的管接头,把经过形状记忆处理后的管接头置于比相变温度低很多的温度环境下,比如 TiNiFe 合金在-150 ℃左右,然后把锥形柱塞打入管接头内,使管接头内径扩张,再把管接头存放在液氮里。在低温状态时,去除锥形管,将被连接管子从两端插入管接头,然后使管接头逐渐升温到室温,经过马氏体逆相变,管接头便恢复扩孔前的尺寸,使被连接管子被紧紧卡住。美国 F14 战斗机的液压系统上就使用了几十万个这样的管接头,使用结果表明,该管接头连接无渗漏、无损坏,工作可靠。

除用于金属管件的连接外,形状记忆合金还可用于制作液压管路连接的紧箍件,例如液压软管和各种管接头的扣紧密封连接,如图 6.28 所示,其使用原理和形状记忆合金管接头的使用原理相同。该紧箍件具有抗震、防松以及密封可靠等特点。

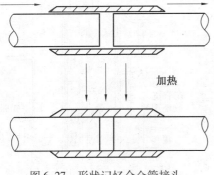

图 6.27　形状记忆合金管接头

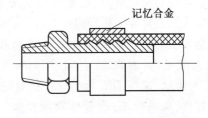

图 6.28　形状记忆合金软管紧箍件

(2)密封

用形状记忆合金可制成密封垫圈,如图 6.29 所示。在低温下将直通管接头旋入油孔,内端面压紧由形状记忆合金制成的密封垫圈。恢复常温后,该密封垫圈欲恢复原张开的形状,由于受到阻挡而产生应力,紧紧抵住管接头和孔体的端表面,形成可靠密封。这类形状记忆合金密封垫圈已被广泛应用于导弹及卫星等各种航空航天设备上的密封,密封效果可靠、无泄漏。

(3)动作部件

根据形状记忆合金的记忆效应,可把形状记忆合金制作成液压系统中的温控动作部件或电控动作部件。由于形状记忆合金在温度升高时有一突变性的形状恢复位移,因此,可以用它作为某一温度点的温敏动作元件。例如,用形状记忆合金制作的内燃机机动车上发动机冷却水温度控制器,其结构如图 6.30 所示。当发动机冷却水的温度低时,冷却水直接用于冷却发动机,如果冷却水的温度高于允许温度后,形状记忆合金制作的弹簧由于要恢复原来记忆的形状而伸长,推动阀杆动作,使流向发动机的阀口关闭,冷却水直接流向散热器,经散热器散热后再流向发动机。过去,这一控制过程是通过测水温后手动拨动油压阀门来实现的,现在有了形状记忆合金后,不用再测水温和手动操作,可以实现自动化。

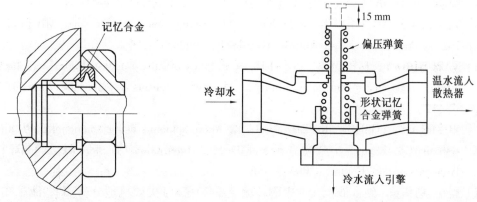

图 6.29 形状记忆合金密封垫圈   图 6.30 内燃机机动车上发动机冷却水温度控制器

同样原理,形状记忆合金可方便地用在液压系统油温的监测控制上。例如,把形状记忆合金温敏动作部件安装在液压系统的油箱中,当油温升高到超过某一限定值时,形状记忆合金恢复原来记忆和形状,发生动作,使某一阀门关闭或打开,或触动相应的电路开关,使阀门动作或使冷却器启动,以防止油温继续升高。形状记忆合金的这一应用原理在太阳能热水器的流体管道上也得到了应用,当热水器中的水温达到一定值后,形状记忆合金动作,使热水器中热水经阀门流入保温池保温。

除做温敏动作元件外,形状记忆合金还可做成电控动作部件,通过给形状记忆合金通电,使合金升温发热,从而产生恢复形变的动作,这一动作可用于驱动阀芯。在这样的应用中,温敏控制变成了电信号控制,形状记忆合金动作装置起到了电磁阀的作用,而与电磁阀相比,形状记忆合金装置结构更加简单,产生电器故障的概率更小。

6.4.4 存在的问题

虽然作为一种新型功能材料,形状记忆合金在液压领域的应用已经取得了一定的进展,但目前其应用也存在着一定的局限性和缺点。例如作为温敏动作部件或电控动作部件,形状记忆合金的响应速度较慢,无法满足快速动作的要求;作为常见的 TiNi 合金,其价格仍然较贵,不少应用中的工艺手段有待于进一步改善等。所有这些缺点和不足都有待于科研人员在形状记忆合金今后的研究中进一步加以改进和完善。

参考文献

[1] 陈鹏,沈亚鹏,田晓耕. 2-3 型压电复合材料有效特性及其静水压性能的研究[J]. 力学季刊, 2006,27(1):29-44.

[2] YUTAKA K, YOKOTA S. Actuators making use of electrorheologigal fluids: movable electrode type ER actuators[J]. Journal of Intelligent Material Systems and Structures, 2000,10(9):718-722.

[3] 周清. Ni-Ti-Nb 宽滞后记忆合金管接头[J]. 机械,1994,21(5):41-43.

[4] YOKOTA S, YOSHIDA K, KONDOH K. A pressure control valve ysing MR fluid[C]. Tokyo: Proceedings of the Fourth JHPS-ISFP, 1999:377-380.

[5] KAZUHIRO Y, PARK J H, YANO H, et al. Study of valve-integrated microactuator using homogeneous electro-rheological fluid[J]. Journal of Sensors & Materials, 2005, 17(3): 97-112.

[6] YOKOTA S, YOSHIDA K, EDAMURA K. Micro actuators using functional fluids and the systems[C]. Hangzhou: Proceedings of the Sixth International Conference on Fluid Power Transmission and Control, 2005:71-76.

[7] 周华,杨华勇. 纯水液压元件中陶瓷涂层零件的腐蚀失效机理分析[J]. 液压气动与密封, 1999(6):1-3.

[8] 张先舟,王奎,吴峰. 磁流变阀控制行波壁的实验研究[J]. 实验力学,2005, 20(2): 253-258.

[9] 张永杲. 电液伺服技术的最新成果——压电元件驱动的超高速电液伺服阀[J]. 中国机械工程, 1992,3(4):11-12.

[10] 贾志新,艾冬梅,张勤河,等. 工程陶瓷材料加工技术现状[J]. 机械工程材料, 2000,24(1):2-4.

[11] 李湘洲. 奇特的记忆合金[J]. 有色金属再生与利用,2003(5):35.

[12] 李廷,王晓东,龚亚军,等. 潜艇高压空气系统铁基形状记忆合金管接头研究[J]. 舰船科学技术,2004(26):37-40.

[13] 郭春丽. 陶瓷零件的加工方法[J]. 陶瓷,2006(3):21-24.

[14] 李素珍. 稀土超磁致伸缩材料与器件发展现状[J]. 动态科技, 2005(4):28-29.

[15] 肖俊东,王占林. 新型超磁致伸缩电液高速开关阀及其驱动控制技术研究[J]. 机床与液压,2006(1):80-83.

[16] 阚君武,杨志刚,程光明. 压电泵的现状与发展[J]. 光学精密工程,2002,10(6): 619-625.

[17] 荆阳,雒建斌,杨文言. 压电陶瓷微致动器的制作及驱动行为研究[J]. 兵工学报,2005, 26(1):77-80.

[18] 刘少军,朱梅生,夏毅敏,等. 压电执行器及其在高响应液压控制阀上的应用[J]. 机床与液压,1999(3):55-56.

［19］程光明,吴博达,曾平,等. 锥形阀压电薄膜泵的初步研究［J］. 压电与声光,1998, 20(5):300-303.

［20］杨杰,吴月华.形状记忆合金及其应用［M］. 合肥:中国科学技术大学出版社,1993.

［21］吴承建.金属材料学［M］.北京:冶金工业出版社,2000.

［22］徐祖耀,江伯鸿.形状记忆材料［M］.上海:上海交通大学出版社,2000.

［23］李树尘,陈成澍.现代功能材料应用与发展［M］. 成都:西南交通大学出版社,1994.

［24］FELDMANN D G, BARTELT H C, SCHEUNEMANN P. Development of ceramic pistons and slippers for radial piston pumps［C］. Bath:Proceedings of Power Transmission and Motion Control, 2003:241-252.

［25］裴宁,梁志华.磁流体密封原理与应用［J］. 真空, 2001(1):46-48.

［26］梁志华,裴宁,邓朝阳. 磁流体密封技术应用的现状与展望［J］. 润滑与密封, 2000(1):40,63.

［27］PARKER HANNIFIN CORP. Magneto-Rheological (MR) fluid［EB/OL］. ［2020-01-01］. https://www.lord.com/products-and-solutions/active-vibration-control/industrial-suspension-systems/magneto-rheological-mr-fluid.

［28］王旭永,刘庆和. 形状记忆合金在液压中的应用［J］. 液压与气动,1991(3):52-55.